现代工程制图

主　编　朱菊香　郭业才　李　鹏
副主编　张赵良　左官芳　潘　琦　郭秀峰
参　编　姚召华　鲍　艳　郜云波　余晓栋　严海军

机械工业出版社

本书是为了适应高等教育院校培养高级工程技术应用型人才的需要，针对工科机械类及近机械类专业工程制图教学特点而编写的新形态教材，全书配有99个二维码，将平面图形以立体模型和动画的形式展示出来。本书主要内容包括：制图的基本知识、正投影法基础、基本立体的投影、立体表面交线、组合体、轴测图、图样基本表示法、标准件与常用件、零件图、装配图、焊接图、三维软件应用等。本书在介绍基本画法几何的同时，适度增加了和工程实践结合的图例，配套了相应的实操例题。本书内容编排执行标准、通俗易懂、简明实用，在满足机械类专业需求的同时，增加了近机械类专业的相应内容，如焊接等内容。

本书配有《现代工程制图习题册》同时出版。

本书可作为高等院校工科专业学生的教材，也可作为高职高专等相近专业学生的教学用书，同时还可作为有关工程技术人员的参考书。

图书在版编目（CIP）数据

现代工程制图/朱菊香，郭业才，李鹏主编. —北京：机械工业出版社，2022.9（2024.8 重印）

ISBN 978-7-111-71549-8

Ⅰ.①现… Ⅱ.①朱… ②郭… ③李… Ⅲ.①工程制图-高等学校-教材 Ⅳ.①TB23

中国版本图书馆 CIP 数据核字（2022）第 165436 号

机械工业出版社（北京市百万庄大街 22 号 邮政编码 100037）
策划编辑：王晓洁　　　　　　责任编辑：王晓洁　杨　璇
责任校对：李　杉　李　婷　封面设计：陈　沛
责任印制：单爱军
保定市中画美凯印刷有限公司印刷
2024 年 8 月第 1 版第 3 次印刷
184mm×260mm · 17.5 印张 · 432 千字
标准书号：ISBN 978-7-111-71549-8
定价：59.80 元

电话服务　　　　　　　　　网络服务
客服电话：010-88361066　　机 工 官 网：www.cmpbook.com
　　　　　010-88379833　　机 工 官 博：weibo.com/cmp1952
　　　　　010-68326294　　金 书 网：www.golden-book.com
封底无防伪标均为盗版　机工教育服务网：www.cmpedu.com

前 言

本书由无锡学院牵头组织编写，主要内容包括制图的基本知识、正投影法基础、基本立体的投影、立体表面交线、组合体、轴测图、图样基本表示法、标准件与常用件、零件图、装配图、焊接图等内容。本书是参照教育部的《高等学校画法几何及机械制图课程教学基本要求》，结合现代技术的发展、企业应用现状等，针对应用型人才培养的具体情况，在坚持遵循标准的前提下，适度创新而编写的。

工程制图的基础是工程图学，工程图学是研究工程与产品信息表达、交流、传递的专业技术学问；工程图形是工程与产品信息的有效载体，是工程界共同的技术语言；工程图样是工程技术部门的重要技术文件，是联系设计者和接受者之间重要的技术桥梁。工程制图正是通过工程图学知识，用工程图形将产品表达为合理的工程图样的过程，是产品设计研发过程中必要的技术表达手段，因此学好这门课程将是进入产品设计领域最基本的敲门砖，同时此课程也是工科类在校大学生的必修课程之一，我们有必要学好该课程，为后续课程的学习奠定必要的技术基础。

正是由于工程制图的通用性，为保证沟通的一致性、有效性、准确性，所以该课程是标准化要求较高的一门课程。本书主要内容均以国家相关标准为基础，同时结合正投影原理及实际阅读工程图样的需要，使其既有系统的理论知识，又有很强的实践操作性。针对高等教育培养应用型人才的需要，本课程中的案例遵循新工科背景下创新思维与工程意识的渗透，注重培养学生绘制和阅读工程图样的能力以及在工程中的实际应用能力，使所学知识能成为贴近实际需求的知识，为将来的工作和发展创造一定的技术条件。

本书绪论、第1章、第8章、第10章、第12章及附录由朱菊香编写，第2章由郭业才编写，第3章由李鹏编写，第4章、第6章由张赵良编写，第5章由郭秀峰编写，第7章由左官芳、潘琦编写，第9章由姚召华、鲍艳编写，第11章由郜云波、余晓栋编写，教材中部分案例由严海军提供，全书由朱菊香负责统稿。

本书在编写过程中得到无锡学院领导及各部门的大力支持，使其得以在繁重的教学期间顺利编写，在此一并感谢！

由于编者水平有限，不妥之处在所难免，恳请读者与专家批评指正，有任何意见与建议可发邮件至 js.yhj@126.com。

编 者

现代工程制图二维码汇总表

图 1-12	图 4-3	图 4-4	图 4-5	图 4-6	图 4-8	图 4-9
图 4-11	图 4-13	图 4-15	图 4-17	图 4-20	图 4-22	图 5-1a
图 5-1b	图 5-1c	图 5-2a	图 5-2b	图 5-3a	图 5-3b	图 5-4
图 5-6	图 5-12	图 5-13	图 5-14	图 5-15	图 5-16	图 5-27
图 5-28	图 6-6	图 6-9	图 6-10	图 6-12	图 6-13	图 7-3
图 7-4	图 7-5	图 7-7	图 7-9	图 7-10a	图 7-10b	图 7-11
图 7-12	图 7-13	图 7-14a	图 7-14b	图 7-15	图 7-16	图 7-17

（续）

图 7-18	图 7-20	图 7-21	图 7-22a	图 7-22b	图 7-23	图 7-24
图 7-25	图 7-26	图 7-27	图 7-28a	图 7-28b	图 7-29	图 7-30
图 7-31a	图 7-31b	图 7-42	图 7-43	图 8-1a	图 8-1b	图 8-1c
图 8-12a	图 8-12b	图 8-12c	图 8-22	图 8-26	图 8-31a	图 8-31b
图 8-31c	图 8-37	表 8-14a	表 8-14b	表 8-14c	图 9-1	图 9-3a
图 9-3b	图 9-4	图 9-16	图 9-17	图 9-18	图 9-21	图 9-54
图 9-55	图 9-57	图 9-59	图 10-1	图 10-3	图 10-18	图 10-22
图 11-2						

目　录

绪　论

1. 课程的研究对象与学习目的

在工程技术中根据一定的投影原理、相关标准或技术规定，准确表达工程对象的外形结构、尺寸要求、技术要求的图样称为工程图样。在现代工业生产中，机械设备、电气设备、仪器仪表、工程建筑等，均需通过工程图样进行表达，而在生产制造过程中则是依据工程图样组织生产，使用者则依据相应的工程图样进行使用、维护、保养等，因此工程图样被称为工程技术界的通用"语言"，绘制工程图样成为每个工程技术人员都必须掌握的基本技能。

本课程主要学习目的是：

1）能够熟悉基本的图样表达规范。

2）能熟练运用各种图形表达方法来思考、分析和表达工程图样。

3）具备图解空间几何问题的初步能力，有一定的空间想象能力和构思能力。

4）初步了解一般机械结构的基本结构知识、尺寸要素、技术要求。

5）具备绘制和阅读机械工程图样的能力。

6）初步了解及应用计算机绘图原理与方法。

传统的工程图样绘制是使用专用图板在图纸上通过手工绘制，如图 0-1 所示。在复杂的工程中，需要大量的工程图样，需要大量的人员协同，手工绘图非常不便，其效率、正确率、可修改性均相当低，随着机械类产品复杂程度的提高，研发周期越来越长，其中很大一部分时间都是浪费在手工绘图这个环节，这就迫切需要一种便捷、易于表达、方便修改的工具出现。

a)　　　　　　　　　　　　　　　　b)

图 0-1　手工绘图场景

随着计算机技术的不断发展，计算机辅助设计（Computer Aided Design，CAD）技术的出现使工程图样的绘制过程与表现手段有了质的飞跃，可以在计算机上很容易对工程图样进行绘制，且易于修改、交流方便，有助于提升设计效率，而且目前三维软件也比较普及，可以在计算机上对设计进行虚拟实体表达。图 0-2 所示为计算机绘图场景及其表现形式。

a)

b)

图 0-2　计算机绘图场景及其表现形式

不管使用什么样的工程图样绘制方法，其基本的投影原理、表达方法是相同的，都需遵循相应的标准。

2. 课程的学习方法

工程制图是按照正投影的方法，并遵循国家相关标准，用图样来表达设计内容与产品信息。它作为基础课程，是机械相关专业课程的先修课，为后续学习机械原理、机械设计、机制工艺、工程规划等课程打下识图和绘图的基础。它又是对设计过程的记录和设计结果的描述。要真正绘制好工程图样还必须熟悉相关的设计、制造、工艺、工程的知识。所以工程制图是一门理论性和实践性都很强的技术基础课，其学习过程也需要科学的规划，注意学习方法。建议的学习方法如下：

1）强基础。在学习基础理论时，要掌握物体上几何元素的投影规律和作图方法，分析和想象空间形体与平面图形之间的对应关系，以便更好地掌握由三维形体到二维图形的转换。

2）勤思考。在学习图示方法时，要多画、多看、多记，积累一些简单几何形体的投影知识，掌握复杂形体的各种表达方法，有意识地对周围环境中的物体进行图形构思是提高形象思维能力较为便捷的方法。

3）多想象。在认真学习正投影理论的同时，通过大量的画图和读图练习，不断地由物画图、由图想物，逐步提高空间逻辑思维和形象思维能力。

4）遵标准。无论用仪器绘图还是用计算机绘图，都应在掌握有关概念及原理的基础上，严格遵守国家标准的有关规定，依据正确的作图方法和步骤，切不可随性而为。

5）依规范。要做到视图选择与配置合理、投影正确、图线分明、尺寸完整、字体工整、图面整洁。

6）观实际。理论联系实际，尽量多接触机械设备及相关零件、部件，增强感性认识，逐步熟悉零件的结构和工艺，为制图与设计相结合打下初步基础。

实际的工程产品远比学习过程中的案例要复杂，为了进一步提高制图技能，需要在后续的机械设计、机械制造基础、课程设计中继续深入学习和提高，达到工程技术人员应具备的制图能力和素质要求。由于工程图样是产品生产和工程建设中最重要的技术文件，绘图和读图的差错都会带来较大损失，所以在工程制图时，应该注意培养认真负责的工作态度和细致严谨的工作作风。

3. 工程中常见的投影法

（1）正投影　如图 0-3 所示，正投影能反映物体的真实尺寸，是工程中最为常用的一种表达方法，但由于直观性差，需要多个视图表达，复杂的物体对读图能力要求较高，有时会辅以轴测投影以弥补正投影的不足。

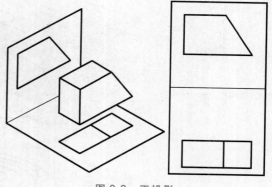

图 0-3　正投影

（2）轴测投影　如图 0-4 所示，通过平行投影法将物体投射在单一投影面上所得到的图形称为轴测投影。轴测投影的直观性与立体感要优于正投影，但其作图过程较为烦琐，工程上通常作为补充视图出现。在设计方案时，有时会手绘简略的轴测图表达设计方案。

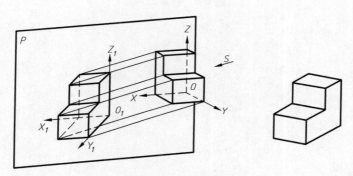

图 0-4　轴测投影

（3）透视投影　图 0-5a 所示为立方体轴测投影，图 0-5b 所示为立方体透视投影。透视投影是一种中心投影法，生成的视图具有近大远小的特点，其立体感要优于轴测投影，但其绘制更为烦琐，通常作为效果图出现。

（4）标高投影　如图 0-6 所示，标高投影一般用来表达较复杂形状的物体，主要用于地形测绘，如地图、水利、土木工程等，其通过与基准面平行且相距一定距离的面，切割对象形成多个截面，投射至基准面形成图形。

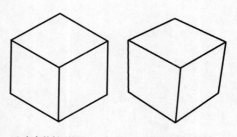

a) 立方体轴测投影　　　b) 立方体透视投影

图 0-5　透视投影

本课程的核心基础理论是投影法。学习本课程必须熟悉投影法的基本规则，能培养学生的识图与绘图能力，增强空间想象能力，本课程还需要很强的动手能力，学习过程中需要切实提高动手实践的时间比，做到理论实践相结合，同时要强调本课程的基础性，其学习的好坏将影响到后续一系列专业课程的学习。

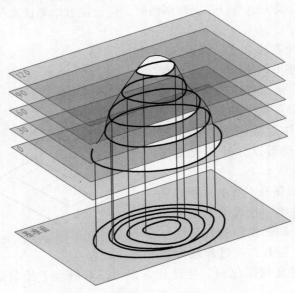

图 0-6　标高投影

第1章
制图的基本知识

工程图样作为工程领域中交流的基本载体，为了最大限度地减少沟通障碍、降低识读的歧义，有着很高的规范化要求。国家标准《技术制图》和《机械制图》等是工程界中最重要的基础标准，是绘制与识读工程图样的基本依据，每个制图者均须严格遵守标准。本章将介绍相关标准要求，同时介绍工程图样的基本绘制方法。

1.1 国家标准

在我国，《机械制图》标准与其他专业制图标准相比，起步早、体系全、影响大，并被许多其他专业标准所借鉴，现行标准中将原有的《机械制图》部分标准已归类于《技术制图》，所以在了解相关标准时，需要对照《技术制图》与《机械制图》两个标准。

我国国家标准的标准代号遵循一定的规则：强制性国家标准代号是"GB"，它是中文"国标"两字汉语拼音"Guo Biao"的第一个字母；推荐性国家标准代号是"GB/T"，其中"T"是"推"字的汉语拼音"Tui"的第一个字母。现行的相关常用标准主要分为四大类，见表1-1。

表 1-1 现行的相关常用标准

序号	类别	标准编号	标准名称
1	基本规定	GB/T 10609.1—2008	技术制图 标题栏
2		GB/T 10609.2—2009	技术制图 明细栏
3		GB/T 14689—2008	技术制图 图纸幅面和格式
4		GB/T 14690—1993	技术制图 比例
5		GB/T 14691—1993	技术制图 字体
6		GB/T 14692—2008	技术制图 投影法
7		GB/T 17450—1998	技术制图 图线
8	基本表示法	GB/T 4457.4—2002	机械制图 图样画法 图线
9		GB/T 17453—2005	技术制图 图样画法 剖面区域的表示法
10		GB/T 4457.5—2013	机械制图 剖面区域的表示法
11		GB/T 4458.1—2002	机械制图 图样画法 视图
12		GB/T 4458.2—2003	机械制图 装配图中零、部件序号及其编排方法
13		GB/T 4458.3—2013	机械制图 轴测图
14		GB/T 4458.4—2003	机械制图 尺寸注法
15		GB/T 4458.5—2003	机械制图 尺寸公差与配合注法

（续）

序号	类别	标准编号	标准名称
16	基本表示法	GB/T 4458.6—2002	机械制图 图样画法 剖视图和断面图
17		GB/T 131—2006	产品几何技术规范（GPS）技术产品文件中表面结构的表示法
18		GB/T 1182—2018	产品几何技术规范（GPS）几何公差 形状、方向、位置和跳动公差标注
19		GB/T 16675.1—2012	技术制图 简化表示法 第1部分：图样画法
20		GB/T 16675.2—2012	技术制图 简化表示法 第2部分：尺寸注法
21	特殊表示法	GB/T 4459.1—1995	机械制图 螺纹及螺纹紧固件表示法
22		GB/T 4459.2—2003	机械制图 齿轮表示法
23		GB/T 4459.3—2000	机械制图 花键表示法
24		GB/T 4459.4—2003	机械制图 弹簧表示法
25		GB/T 4459.5—1999	机械制图 中心孔表示法
26		GB/T 4459.7—2017	机械制图 滚动轴承表示法
27		GB/T 4459.8—2009	机械制图 动密封圈 第1部分：通用简化表示法
28		GB/T 4459.9—2009	机械制图 动密封圈 第2部分：特征简化表示法
29		GB/T 24739—2009	机械制图 机件上倾斜结构的表示法
30	图形符号	GB/T 4460—2013	机械制图 机构运动简图用图形符号
31		GB/T 12212—2012	技术制图 焊缝符号的尺寸、比例及简化表示法

随着机械设计过程中三维软件的普及，国家发布了三维建模相关的标准。需要注意的是，由于三维软件中工程图是基于模型的直接投影，其与《技术制图》和《机械制图》中关于视图的规定有一定差异，实际执行时需根据具体使用环境进行选择。三维建模标准见表1-2。

表1-2　三维建模标准

序号	标准编号	标准名称
1	GB/T 26099.1—2010	机械产品三维建模通用规则 第1部分：通用要求
2	GB/T 26099.2—2010	机械产品三维建模通用规则 第2部分：零件建模
3	GB/T 26099.3—2010	机械产品三维建模通用规则 第3部分：装配建模
4	GB/T 26099.4—2010	机械产品三维建模通用规则 第4部分：模型投影工程图

除了这些国家标准外，还有针对具体行业的制图标准，如电力工程制图标准（DL/T 5028—2015）、汽车车身制图标准（QC/T 490—2013）、水利水电工程制图标准水力机械制图（SL 73.4—2013）、家具制图标准（QB/T 1338—2012）、石油天然气工程制图标准规范（SY/T 0003—2021）等各个行业的专用标准。本书不涉及这些标准的介绍，但在相关专业学习过程中还需熟悉相应的标准。

本书将简要介绍最为基本的几种标准中的相关规定，需了解更为详细的标准内容可参考相关标准。

1.1.1 图纸幅面尺寸、图框格式、标题栏和明细栏

（1）图纸幅面尺寸（GB/T 14689—2008） 国家标准《印刷、书写及绘图用纸幅面尺寸》中有 3 个系列尺寸，即 A 系列、B 系列和 D 系列。《技术制图》国家标准中的图纸幅面选取 A 系列中的 0~4 号幅面，所以图纸幅面代号由 "A" 和相应的幅面号组成，即 A0~A4 共 5 种。

绘制技术图样时，应优先采用表 1-3 所列的基本幅面尺寸，各基本幅面之间的关系如图 1-1 所示，沿着某一号幅面的长边对折，即为下一号幅面的大小。

表 1-3 图纸幅面尺寸和图框尺寸 （单位：mm）

幅面代号	A0	A1	A2	A3	A4
$B \times L$	841×1189	594×841	420×594	297×420	210×297
e	20			10	
c	10			5	
a	25				

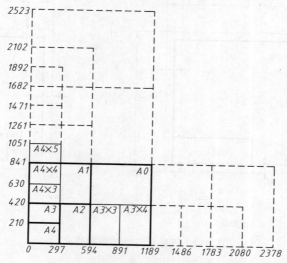

图 1-1 图纸的基本幅面和加长幅面

（2）图框格式（GB/T 14689—2008） 绘制图样时，在图纸上必须用粗实线画出图框，以限定绘图区域，其格式分为留有装订边和不留装订边两种，但在同一产品的图样只能采用一种格式。留有装订边的图框格式如图 1-2 所示，其中字母所表示的尺寸值见表 1-3。不留装订边的图框格式如图 1-3 所示。

当标题栏的长边置于水平方向并与图纸长边平行时，称为 X 型图纸；当标题栏的长边与图纸长边垂直时，称为 Y 型图纸。

为了使图样复制和缩微摄影时定位方便，应在图纸各边的中点处分别画出对中符号。对中符号用粗实线绘制，线宽不小于 0.5mm，长度从图纸边界线开始伸入图框内约 5mm，如图 1-4 所示。对于使用预先印制的图纸时，为了明确绘图与看图时图纸的方向，应在图纸的下边对中符号处画出一个方向符号。方向符号是用细实线绘制的等边三角形，其大小和所处的位置如图 1-4 所示。

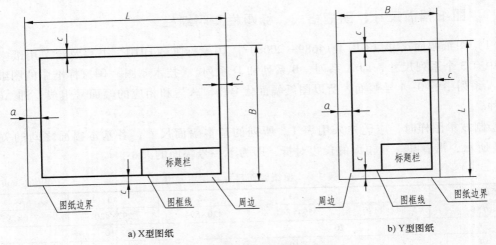

a) X型图纸　　　　　　　　　　b) Y型图纸

图 1-2　留有装订边的图框格式

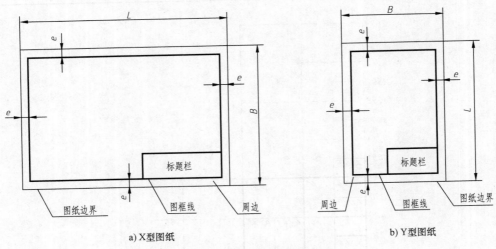

a) X型图纸　　　　　　　　　　b) Y型图纸

图 1-3　不留装订边的图框格式

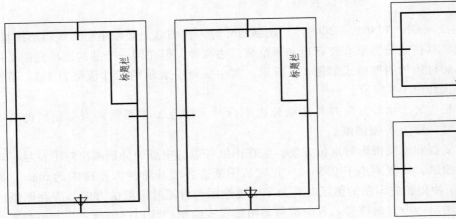

图 1-4　对中符号和方向符号

（3）标题栏（GB/T 10609.1—2008）　　每张技术图样中均应有标题栏，标题栏一般由更改区、签字区、其他区、名称及代号区组成，也可按实际需要增加或减少。标题栏的格式如图1-5所示（图中尺寸单位为 mm）。

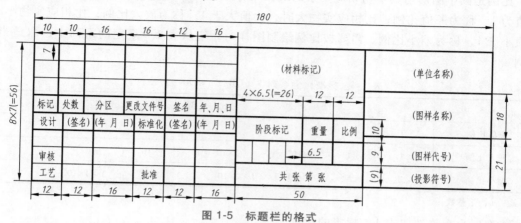

图1-5　标题栏的格式

在学校的制图作业中，可采用如图1-6所示的简化标题栏格式。

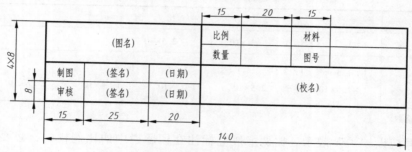

图1-6　简化标题栏格式

（4）明细栏（GB/T 10609.2—2009）　　装配图中一般应有明细栏，明细栏一般配置在装配图中标题栏的上方，按由下而上的顺序填写，其格数应根据需要而定，当由下而上延伸位置不够时，可紧靠在标题栏的左边由下而上延续。

明细栏一般由序号、代号、名称、数量、材料、重量（单件、总计）、备注等组成，也可按实际需要增加或减少。明细栏的格式如图1-7所示。

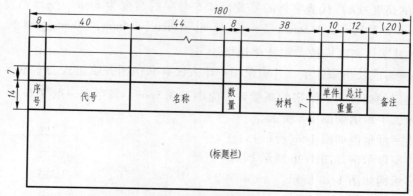

图1-7　明细栏的格式

1.1.2 比例

比例是图中图形与其实物相应要素的线性尺寸之比。图形画得和相应实物一样大小时，比值为 1，称为原值比例；比相应实物大时，比值大于 1，称为放大比例；比相应实物小时，比值小于 1，称为缩小比例。需要按比例绘制图样时，应从表 1-4 规定的系列中选取适当的比例。

表 1-4　标准比例系列 1（GB/T 14690—1993）

种类	比　　例				
原值比例	1：1				
放大比例	5：1	2：1	5×10^{n}：1	2×10^{n}：1	1×10^{n}：1
缩小比例	1：2	1：5	1：10	1：2×10^{n}	1：5×10^{n}　　1：1×10^{n}

注：n 为正整数。

必要时也允许选取表 1-5 规定的比例。

表 1-5　标准比例系列 2（GB/T 14690—1993）

种类	比　　例				
放大比例	4：1	2.5：1	4×10^{n}：1	2.5×10^{n}：1	
缩小比例	1：1.5　　1：1.5$\times10^{n}$	1：2.5　　1：2.5$\times10^{n}$	1：3　　1：3$\times10^{n}$	1：4　　1：4$\times10^{n}$	1：6　　1：6$\times10^{n}$

注：n 为正整数。

比例符号应以"："表示。比例一般应标注在标题栏中的比例栏内，必要时可在视图名称的下方或右侧标出。不论采用哪种比例绘制图样，尺寸数值均按零件实际尺寸值注出。

1.1.3 字体

字体是指图样中的文字、字母、数字的书写形式。国家标准 GB/T 14691—1993 规定图样中字体书写的基本要求如下。

1）书写字体必须做到：字体工整、笔画清楚、间隔均匀、排列整齐。

2）字体的高度（h）代表字体的号数，如 5 号字的高度为 5mm。字体高度的公称尺寸系列为：1.8mm，2.5mm，3.5mm，5mm，7mm，10mm，14mm，20mm 共 8 种。如需要书写更大的字，其字体高度应按 $\sqrt{2}$ 的比率递增。

3）汉字应写成长仿宋体字，并应采用中华人民共和国国务院正式公布推行的《汉字简化方案》中规定的简化字。汉字的高度 h 不应小于 3.5mm，其字宽一般为 $h/\sqrt{2}$。

长仿宋体汉字示例如图 1-8 所示。

大写斜体字母示例如图 1-9a 所示。

小写斜体字母示例如图 1-9b 所示。

斜体数字示例如图 1-10 所示。

综合应用示例如图 1-11 所示。

10号字

字体工整 笔画清楚 间隔均匀 排列整齐

7号字

横平竖直注意起落结构均匀填满方格

5号字

技术制图机械电子汽车航空船舶土木建筑矿山井坑港口纺织服装

3.5号字

螺纹齿轮端子接线飞行指导驾驶舱位挖填施工引水通风闸阀坝棉麻化纤

图 1-8 长仿宋体汉字示例

ABCDEFGHIJKLMNOP

a) 大写斜体字母示例

abcdefghijklmnopq

b) 小写斜体字母示例

图 1-9 斜体字母示例

0123456789

图 1-10 斜体数字示例

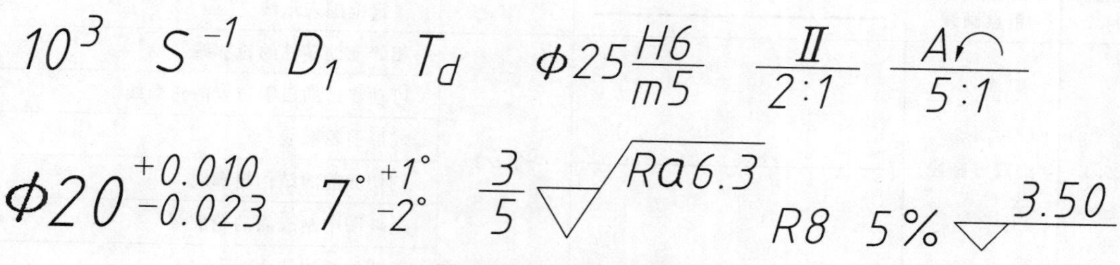

$$10^3 \quad S^{-1} \quad D_1 \quad T_d \quad \phi 25\frac{H6}{m5} \quad \frac{\text{II}}{2:1} \quad \frac{A\frown}{5:1}$$

$$\phi 20^{+0.010}_{-0.023} \quad 7^{\circ}{}^{+1^{\circ}}_{-2^{\circ}} \quad \frac{3}{5} \quad \sqrt{Ra6.3} \qquad R8 \quad 5\% \quad \sqrt{}\,3.50$$

图 1-11 综合应用示例

1.1.4 图线

（1）线型及应用 国家标准 GB/T 17450—1998、GB/T 4457.4—2002 中规定了各种图样的基本线型15种，用于机械工程图样的有4种线素、9种线型，见表1-6。

表 1-6　图线形式和应用

代码	图线名称	图线形式	图线宽度	应用
01.1	细实线	——————	约 $d/2$	过渡线
				尺寸线
				尺寸界线
				指引线和基准线
				剖面线
				重合断面的轮廓线
				短中心线
				螺纹牙底线及齿轮齿根线
				范围线及分界线
				辅助线
				投射线
				不连续同一表面连线
	波浪线	 〰〰〰	约 $d/2$	断裂处边界线、视图与剖视图的分界线
	双折线	 ∿∿∿	约 $d/2$	断裂处边界线、视图与剖视图的分界线
01.2	粗实线	——————	d	可见棱边线、可见轮廓线
				相贯线
				螺纹牙顶线、螺纹长度终止线
				齿顶圆(线)
				剖切符号用线
02.1	细虚线	 – – – – –	约 $d/2$	不可见棱边线、不可见轮廓线
02.2	粗虚线	— — — —	d	允许表面处理的表示线
04.1	细点画线	 –·–·–·–	约 $d/2$	轴线、对称中心线、孔系分布的中心线、剖切线
				分度圆(线)
04.2	粗点画线	—·—·—·—	d	限定范围表示线
05.1	细双点画线	 –··–··–	约 $d/2$	相邻辅助零件的轮廓线
				可动零件的极限位置的轮廓线
				成形前轮廓线
				剖切面前的结构轮廓线
				毛坯图中制成品的轮廓线
				工艺用结构轮廓线

图线分粗、细两种，粗线的宽度 d 应按图的尺寸、比例、复杂程度和缩微复制的要求选用。国家标准规定图线宽度组别为：0.25mm、0.35mm、0.5mm、0.7mm、1mm、1.4mm、2mm，建议优先选用 0.5mm 或 0.7mm。

（2）图线应用示例（图 1-12）

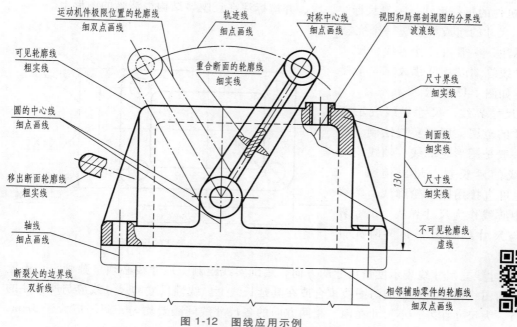

运动机件极限位置的轮廓线
细双点画线

轨迹线
细点画线

对称中心线
细点画线

视图和局部剖视图的分界线
波浪线

可见轮廓线
粗实线

重合断面的轮廓线
细实线

尺寸界线
细实线

圆的中心线
细点画线

剖面线
细实线

尺寸线
细实线

移出断面轮廓线
粗实线

130

轴线
细点画线

不可见轮廓线
虚线

断裂处的边界线
双折线

相邻辅助零件的轮廓线
细双点画线

图 1-12　图线应用示例

（3）图线的画法　图线绘制时需遵守一定的规则，基本规则如下。

1）在同一图样中，同类型的图线宽度应基本一致，虚线、点画线等线段长度与间隔应大致相等。

2）两平行线之间的间隔不小于该图样中所使用的粗线宽度的两倍，且最小距离不得小于 0.7mm。

3）绘制中心线时，两端应超出轮廓线 2~3mm，首末端应为长线段而不应是短画，中间交叉区域应为长线段相交。当所表达的对象尺寸较小时，可用细实线代替细点画线。

4）非连续线与其他图线相交时，应相交于长线段处而不应是间隔处。

5）如多种图线重合时，按所表达对象的重要程度选择用何种线型表达，按可见轮廓线→不可见轮廓线→尺寸线→各种用途的细实线→轴线和对称中心线→假想线的顺序，只画出排列在前的图线。

1.1.5　尺寸标注

图形只能表示物体的形状与结构，而具体的大小及各部分的相互关系则需要通过尺寸进行标注，国家标准 GB/T 16675.2—2012、GB/T 4458.4—2003 对尺寸标注进行了规定，标注时需严格遵守。

（1）基本规则

1）机件的真实大小应以图样上所注尺寸数值为依据，与图形的大小、比例及绘图的准确度无关。

2）图样中的尺寸，以 mm 为单位时，不需标注计量单位的代号或名称。如果要采用其他单位时，则必须标明相应计量单位的代号或名称。

3）图样所标注的尺寸，为该图样所示机件的最后完工尺寸，否则应另加说明。

4）机件的每一尺寸，一般只标注一次，并应标注在反映该结构最清晰的图形上。

（2）尺寸的组成要素　一个完整的尺寸标注，一般由尺寸界线、尺寸线、尺寸线终端以及尺寸数字4个要素组成，如图1-13所示。

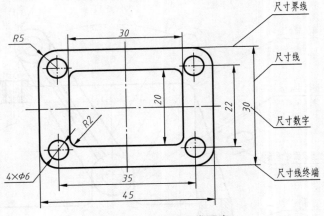

图1-13　尺寸的组成要素

1）尺寸界线。尺寸界线表示所标注尺寸的范围，用细实线绘制。尺寸界线一般是图形轮廓线、轴线或对称中心线的延长线，超出箭头2～3mm；也可直接用图形轮廓线、轴线或对称中心线作为尺寸界线。尺寸界线一般与尺寸线垂直，必要时允许倾斜。

2）尺寸线。尺寸线表示度量尺寸的方向，用细实线绘制。尺寸线必须单独画出，不能由其他任何图线代替，也不能与图线重合或在其延长线上。线性尺寸的尺寸线应与所标注的线段平行，大尺寸在外，小尺寸在内。相同方向的各尺寸线间隔要均匀，间隔应大于5mm，并应尽量避免尺寸线之间及尺寸线与尺寸界线之间相交。

3）尺寸线终端。尺寸线终端有两种形式，箭头或斜线。图1-14a所示为箭头形式，适用于各种类型的图样；图1-14b所示为斜线形式，斜线用细实线绘制，当尺寸线终端采用斜线形式时，尺寸线与尺寸界线应相互垂直。

机械图样中一般采用箭头作为尺寸线终端。

4）尺寸数字。线性尺寸的数字一般注写在尺寸线上方，也允许注写在尺寸线中断处，同一图样中注写方法和字体大小应一致，位置不够可引出标注。线性尺寸数字按如图1-15a所示方向进行注写，并尽可能避免在图示30°范围内标注尺寸，当无法避免时，可按如图1-15b所示标注。

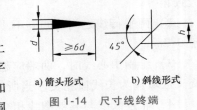

a) 箭头形式　　　　b) 斜线形式

图1-14　尺寸线终端

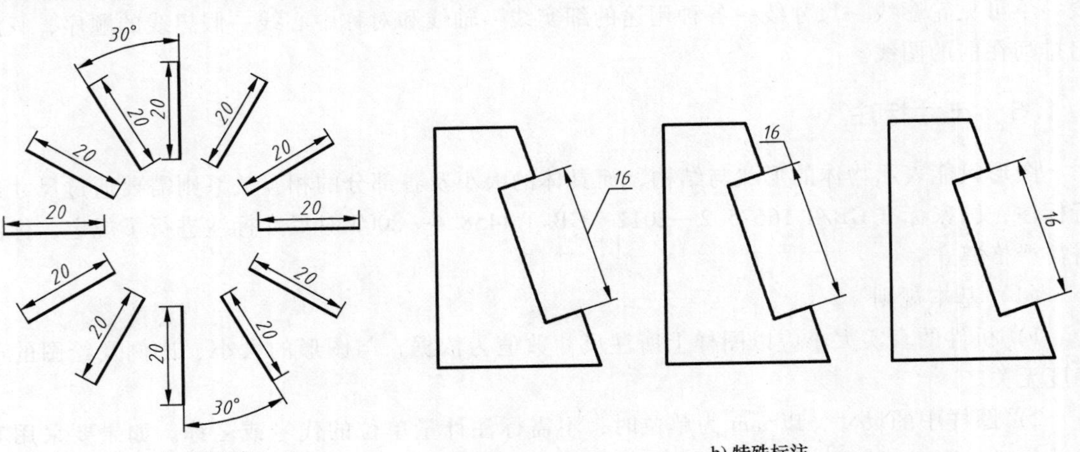

a) 一般标注　　　　　　　　　　　　b) 特殊标注

图1-15　尺寸数字

5）尺寸的符号或缩写词。标注尺寸的符号或缩写词应符合表 1-7 中的规定。

表 1-7 标注尺寸的符号或缩写词

序号	含义	符号或缩写词	序号	含义	符号或缩写词
1	直径	ϕ	9	深度	↓
2	半径	R	10	沉孔或锪平	⨆
3	球直径	$S\phi$	11	埋头孔	∨
4	球半径	SR	12	弧长	⌒
5	厚度	t	13	斜度	∠
6	均布	EQS	14	锥度	◁
7	45°倒角	C	15	展开长	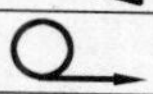 ⌒○
8	正方形	□	16	型材	按 GB/T 4656.1—2008

（3）标注示例 表 1-8 列出了常用尺寸标注示例。

表 1-8 常用尺寸标注示例

标注种类	图例	说明
直线尺寸	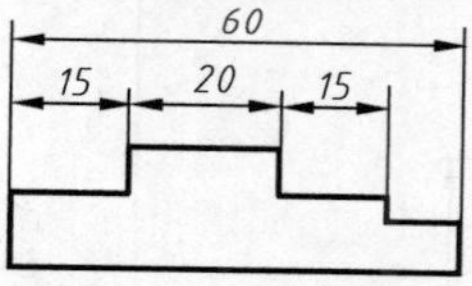	串列尺寸的相邻尺寸线应平齐，小尺寸在内，大尺寸在外，间隔为 5~7mm
直径尺寸	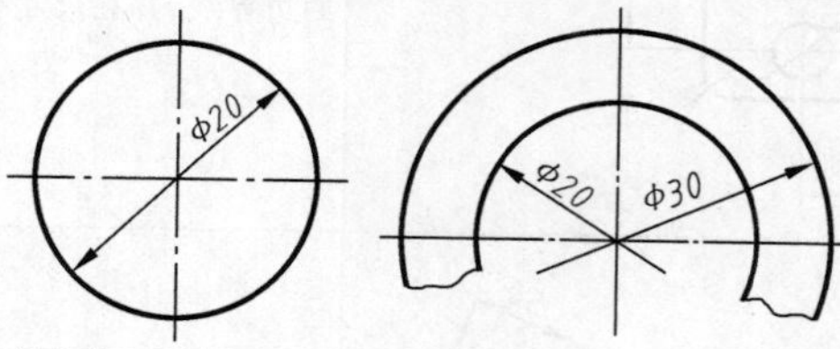	圆或大于半圆的圆弧应标注直径，直径尺寸应在数字前加注符号"ϕ"
半径尺寸	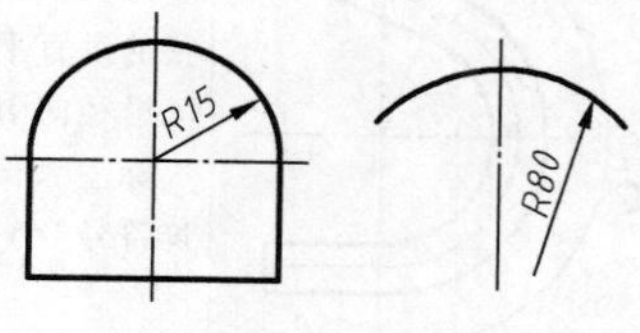	小于或等于半圆的圆弧一般标注半径，半径尺寸应在数字前加注半径符号"R"。当尺寸不可避免地与图线相交时，必须将图线断开
球面尺寸	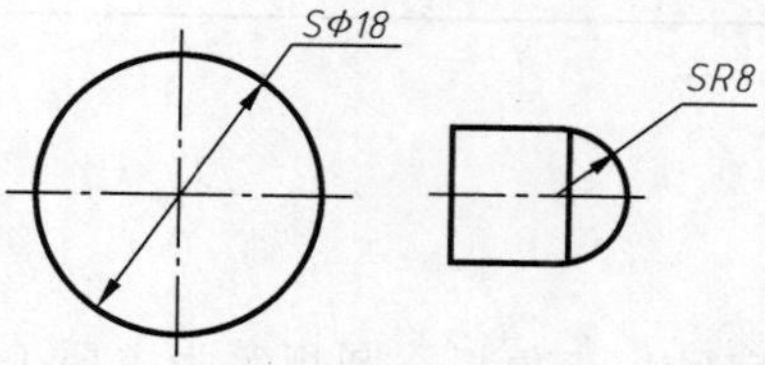	标注球面直径或半径时，应在符号"ϕ"或"R"前面再加注符号"S"。对轴、手柄、标准件的端部球面，在不引起误解的情况下，可省略"S"
小半径尺寸标注	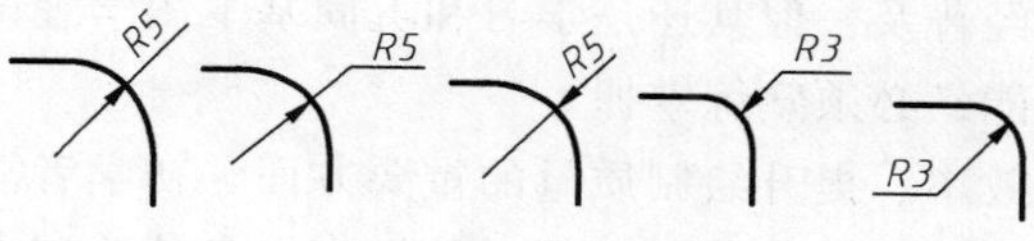	当没有足够位置标注数字和画箭头时，可把箭头或数字布置在图形外

（续）

标注种类	图例	说明
小直径尺寸标注	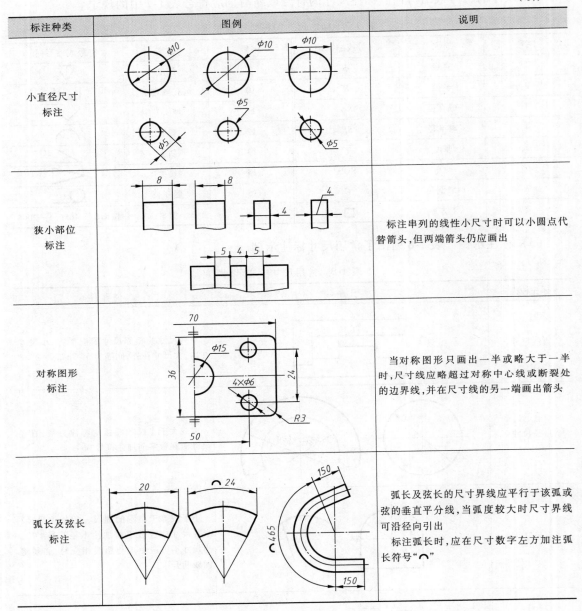	
狭小部位标注		标注串列的线性小尺寸时可以小圆点代替箭头，但两端箭头仍应画出
对称图形标注		当对称图形只画出一半或略大于一半时，尺寸线应略超过对称中心线或断裂处的边界线，并在尺寸线的另一端画出箭头
弧长及弦长标注		弧长及弦长的尺寸界线应平行于该弧或弦的垂直平分线，当弧度较大时尺寸界线可沿径向引出 标注弧长时，应在尺寸数字左方加注弧长符号"⌒"

1.2　常用绘图工具及其使用

　　尺规绘图是指以绘图板、铅笔、丁字尺、三角板、圆规等为主要工具，手工绘制图样的方法。虽然现在计算机绘制图样已经普及，但其还是学习和巩固基本图学理论不可缺少的手段，是工程技术人员必备的基本技能，必须熟练掌握。

　　正确使用绘图工具是提高绘制效率、提升绘制质量的重要方面，初学者需养成正确使用的良好习惯，并进行实际操作训练，不断总结绘制经验，以提高自身的绘制水平。

1.2.1 铅笔

铅笔种类繁多，制图中要使用专用的绘图铅笔。绘图铅笔有专用标号，主要由 "B" 与 "H" 加上数字组成，"B" 表示笔芯偏软，"H" 表示笔芯偏硬。根据不同的使用要求，准备几种不同类型的绘图铅笔，通常 B、HB 用于描黑粗实线，HB、H 用于描黑细实线、点画线、双点画线、虚线和书写文字，2H 用于画底稿。

画粗实线的铅笔磨成扁平形，其余的铅笔磨成圆锥形，其形状如图 1-16 所示。

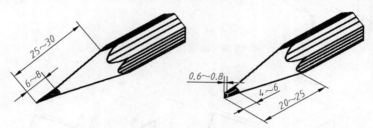

图 1-16 笔尖形状

用铅笔画线时，前后方向应与纸面垂直，向着画线前进方向倾斜约 30°，如图 1-17 所示。画粗实线时铅笔倾斜角度可适当小些。画线时用力要均匀、保持匀速前进。

1.2.2 绘图板和丁字尺

绘图板用作绘图时的垫板，可将图纸用胶带固定在绘图板上；丁字尺与绘图板配合使用，作为水平位置的参考标准，主要用于绘制水平线和使用其他绘图工具的参考。

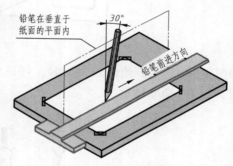

图 1-17 铅笔角度

在使用丁字尺时，其尺头部位需始终紧靠绘图板左侧的导边，如图 1-17 所示。绘制水平线时需从左向右绘制，笔尖尽量靠近尺边。

在使用预先印制好图框及标题栏的图纸上绘制时，应使用图纸中较长的水平线与丁字尺平行作为参考放置图纸，再用胶带固定图纸。

1.2.3 三角板

三角板是绘图过程中重要的直线绘制工具。一副三角板通常由两块组成，一块是 45°，另一块是 30°（60°），其与丁字尺配合使用，可以绘制垂直线与 15°倍角的斜线，如图 1-18 所示。

利用三角板还可以绘制已有直线的平行线与垂直线，如图 1-19 所示。

1.2.4 圆规

圆规用于绘制圆与圆弧。图 1-20a 所示为圆规种类；使用前应调整针脚，使针尖略长于铅芯，如图 1-20b 所示；使用时将钢针轻插入纸面，并将圆规向顺时针旋转方向稍微倾斜，

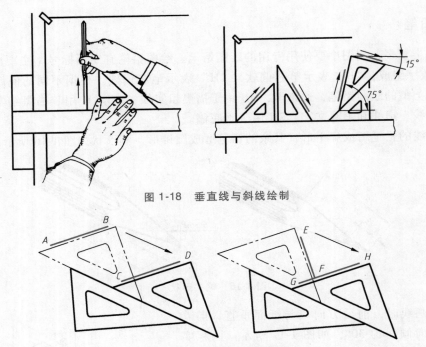

图 1-18　垂直线与斜线绘制

图 1-19　平行线与垂直线绘制

如图 1-20c 所示；绘制较大圆时，可以使用接长杆，并使圆规的钢针与铅芯尽量垂直与纸面，如图 1-20d 所示。

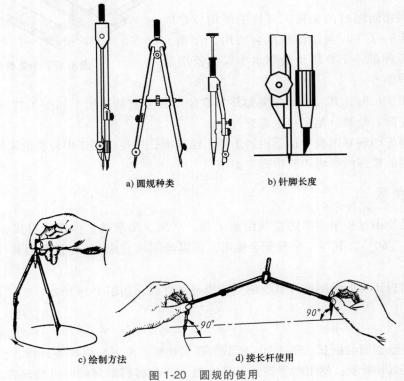

a) 圆规种类　　　　　　b) 针脚长度

c) 绘制方法　　　　　　d) 接长杆使用

图 1-20　圆规的使用

1.2.5 分规

分规的结构与圆规类似，其两脚均为针尖，主要用于截取尺寸和等分线段。为准确量取尺寸，分规的两针尖应平齐，使用时如图 1-21a 所示握住分规量取尺寸，保持量取状态再在图纸上使用两针尖交替为圆心旋转前进，如图 1-21b 所示。

1.2.6 曲线板

曲线板用于绘制非圆曲线，其基本用法如下：

1）由作图求得曲线上的一系列点，如图 1-22a 所示。

2）用铅笔将各点按顺序连成一条光滑曲线，如图 1-22b 所示。

3）从曲线的一端开始，用曲线板上吻合的部分逐步分段加粗，每段匹配不少于 3 个点，如图 1-22c 所示。

4）每次所描曲线必须与上一段有一部分保持重叠，以保证曲线光滑连接，如图 1-22d 所示。

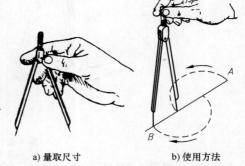

a）量取尺寸　　　　b）使用方法

图 1-21　分规的使用

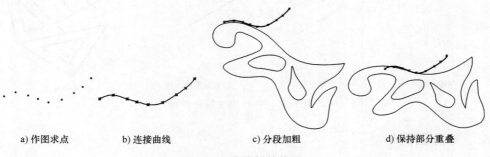

a）作图求点　　　b）连接曲线　　　c）分段加粗　　　d）保持部分重叠

图 1-22　曲线板的使用

1.3　几何作图

机械零件形状多样，但其均可看作是由简单的几何图形组合而成。因此，掌握基本的几何作图方法是学习图样绘制的基本要求，本节将介绍常用的一些平面图形的绘制方法。

1.3.1　线段的等分

将已知线段分成 n 等份，通常有两种方法。

（1）试分法　如图 1-23 所示，需要将线段 AB 四等分，可量取线段的总长为 L，将分规的开度调整至 $L/4$ 左右，然后在线段上试分，得到 U 点（U 点也可能在端点 B 外侧）。设 BU 长度为 e，然后调整分规，增加（或减少）长度 $e/4$ 左右，重新试分，通过多次调整逐步逼近，即可将线段 AB 四等分。

（2）平行线法　图 1-24a 所示为待等分线段 AB，过端点 A 作一与已知直线成任意角度

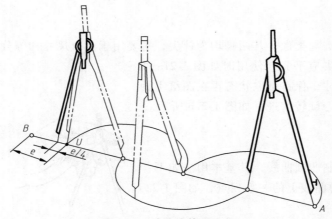

图 1-23　试分法等分线段

的直线 AC，如图 1-24b 所示；自 A 点起在线段 AC 上截取任意长度的四等分点，如图 1-24c 所示；连接 $B4$ 两点，过 AC 上的各等分点作 $B4$ 的平行线，交于线段 AB 上得 $1'$、$2'$、$3'$ 三点，所得点即为四等分点，如图 1-24d 所示。

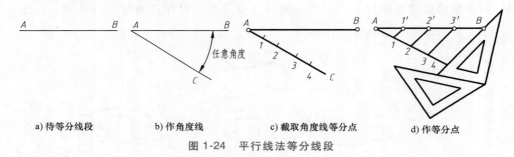

a) 待等分线段　　　b) 作角度线　　　c) 截取角度线等分点　　　d) 作等分点

图 1-24　平行线法等分线段

1.3.2　等分圆周

（1）三等分圆

1）以 30°（60°）三角板的短直边紧贴丁字尺，并使其斜边过圆的象限点 A，绘制直线 AB 交圆于点 B，如图 1-25a 所示。

2）翻转三角板，以同样方法绘制直线 AC，如图 1-25b 所示。

3）连接 BC，得到正三角形，如图 1-25c 所示。

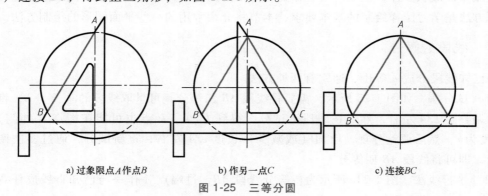

a) 过象限点A作点B　　　b) 作另一点C　　　c) 连接BC

图 1-25　三等分圆

（2）四等分圆

1）以 45°三角板的直边紧贴丁字尺，并使其斜边过圆点 O，绘制直线交圆于点 A、C，如图 1-26a 所示。

2）翻转三角板，以同样方法绘制直线交圆于点 B、D，如图 1-26b 所示。

3）连接 $ABCD$，得到正四边形，如图 1-26c 所示。

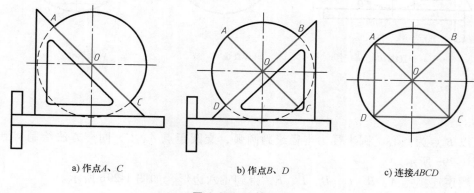

a) 作点 A、C　　　　　b) 作点 B、D　　　　　c) 连接 $ABCD$

图 1-26　四等分圆

（3）五等分圆

1）作半径 OM 的垂直平分线，得点 O_1，如图 1-27a 所示。

2）以点 O_1 为圆心，O_1A 长为半径作圆弧交直径 OM 于点 O_2，如图 1-27b 所示。

3）取 O_2A 为长度，以 A 为起点依次在圆周上截取等分点 B、C、D、E，连接点 $ABCDE$ 得到正五边形，如图 1-27c 所示。

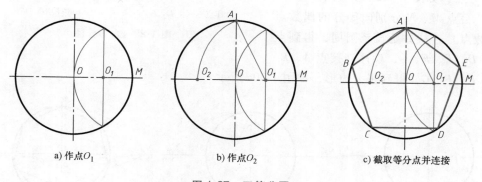

a) 作点 O_1　　　　　b) 作点 O_2　　　　　c) 截取等分点并连接

图 1-27　五等分圆

（4）六等分圆

方法 1：

1）以 30°（60°）三角板的短直边紧贴丁字尺，并使其斜边过圆的左侧象限点 B，绘制直线 AB 交圆于点 A，将三角板向右平移至过圆右侧象限点 E，绘制直线 DE 交圆于点 D，如图 1-28a 所示。

2）翻转三角板，以同样方法绘制直线 BC 与 EF，如图 1-28b 所示。

3）连接 AF、CD 得到正六边形，如图 1-28c 所示。

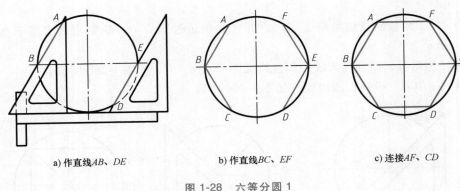

a) 作直线AB、DE   b) 作直线BC、EF   c) 连接AF、CD

图 1-28　六等分圆 1

方法 2：

1）以 B 点为圆心，圆半径为半径绘制圆弧，交圆于点 A、C，同样方法绘制得到点 D、F，如图 1-29a 所示。

2）顺序连接点 A、B、C、D、E、F，得到正六边形，如图 1-29b 所示。

（5）n 等分圆　该方法可以任意 n 等分圆，以七边形为例。

1）以 K 点为中心，圆直径为半径绘制圆弧，与水平直径交于点 M、N，如图 1-30a 所示。

2）将直径 AK 等分为七等分，获得六个等分点，如图 1-30b 所示。

3）自点 M、N 分别向等分的偶数点（或奇数点）连线并延长至圆周，得到点 B、C、D、E、F、G，顺序连接点 A、B、C、D、E、F、G，得到正七边形，如图 1-30c 所示。

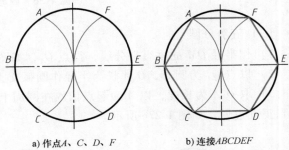

a) 作点A、C、D、F   b) 连接ABCDEF

图 1-29　六等分圆 2

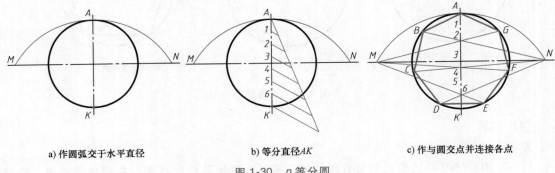

a) 作圆弧交于水平直径   b) 等分直径AK   c) 作与圆交点并连接各点

图 1-30　n 等分圆

（6）近似作图法　随着边数的增多，绘图过程变得越来越复杂，为提高作图效率，可在精度要求不高的前提下，通过近似边长的方法进行作图。表 1-9 列出了正多边形近似边长系数表，作图时用表中所查得的数值乘以外接圆半径，可得到边长值，以该值在圆上截取对应点，再连接各点即可得到相应边数的正多边形。

表 1-9 正多边形近似边长系数表

边数	系数	边数	系数	边数	系数
3	1.732	9	0.684	15	0.416
4	1.414	10	0.618	16	0.390
5	1.176	11	0.563	17	0.368
6	1	12	0.518	18	0.347
7	0.868	13	0.479	19	0.329
8	0.765	14	0.445	20	0.313

1.3.3 斜度和锥度

（1）斜度 斜度是指一直线（或平面）相对另一直线（或平面）的倾斜程度，大小用两条直线（或平面）夹角的正切值来表示。如图 1-31a 所示，直线 AB 对直线 CD 的斜度 $=H/L=(H-h)/l=\tan\alpha$，通常将比例前项化为 1，以 $1:n$ 的形式表示（n 为正整数）。

斜度符号按图 1-31b 所示用细实线绘制，其中 h 为字体高度，斜度符号的斜线方向应与斜度方向一致。

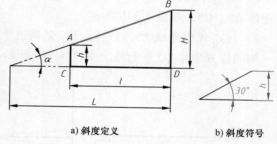

a) 斜度定义　　　　b) 斜度符号

图 1-31 斜度

绘制方法：

1）如图 1-32a 所示，过点 A 向左上方绘制一条 $1:5$ 的斜线。

2）在底边 OM 上取 5 个单位长度，在垂边 ON 上取 1 个单位长度，并连接 $P5$，如图 1-32b 所示。

3）过点 A 作直线 $P5$ 的平行线，交垂边于点 B，线段 AB 即为所求的 $1:5$ 斜度的线，如图 1-32c 所示。

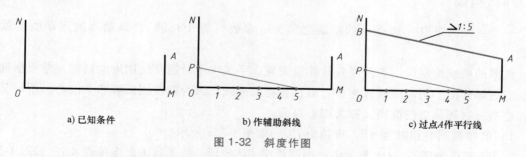

a) 已知条件　　　　　b) 作辅助斜线　　　　　c) 过点A作平行线

图 1-32 斜度作图

（2）锥度 锥度是指正圆锥底圆直径与圆锥高度之比，或正圆锥台两底圆直径之差与锥台高度之比。如图 1-33a 所示，正圆锥或圆台的锥度 $=D/L=(D-d)/l=2\tan(\alpha/2)$，同样把比值化成 $1:n$ 的形式表示（n 为正整数）。

锥度符号按图 1-33b 所示用细实线绘制，其中 h 为字体高度，锥度符号的指向应与锥度方向一致。

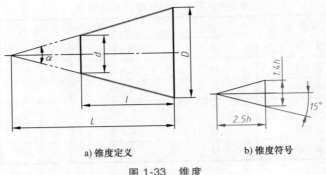

a) 锥度定义　　　　　　　　　b) 锥度符号

图 1-33　锥度

绘制方法：

1）如图 1-34a 所示，过点 A 向左上方绘制一条 1∶5 锥度的斜线。

2）在水平线 OM 上取 5 个单位长度，在垂边 ON 上以 OM 为对称中心取 1 个单位长度，并连接 P5、Q5，如图 1-34b 所示。

3）过点 A 作直线 P5 的平行线，交垂边于点 B，线段 AB 即为所求的 1∶5 锥度的线，另一侧同样方法作 Q5 平行线，如图 1-34c 所示。

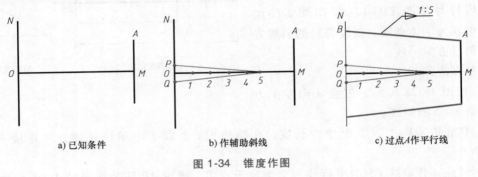

a) 已知条件　　　　　　　　b) 作辅助斜线　　　　　　　c) 过点A作平行线

图 1-34　锥度作图

1.3.4　椭圆

一动点到两定点（焦点）的距离之和为一常数（等于长轴），该动点的运动轨迹就是椭圆。

椭圆的精确绘制应用椭圆规或计算机完成，手工作图时通常使用近似画法，是根据椭圆的长、短轴作图，用四段圆弧连接近似代替椭圆曲线。因为四段圆弧有四个圆心，所以又称为四心法，这样画出的椭圆又称为四心扁圆。

1）已知椭圆的长轴为 AB，短轴为 CD，如图 1-35a 所示。

2）以点 O 为圆心，OA 长为半径画圆弧交 CD 的延长线于点 E，连接点 AC，如图 1-35b 所示。

3）以点 C 为圆心，CE 长为半径画圆弧交 AC 于点 F；作线段 AF 的垂直平分线，其延长线与长轴交于点 O_1，与短轴交于点 O_2，如图 1-35c 所示。

4）在长轴上取点 O_1 的对称点为 O_4，在短轴上取点 O_2 的对称点为 O_3，连接点 O_2O_1、O_3O_1、O_2O_4、O_3O_4 并适当延长，如图 1-35d 所示。

5）以点 O_2 为圆心，O_2C 长为半径绘制圆弧，分别与 O_2O_1、O_2O_4 相交，同样方法绘制另一侧对称圆弧，如图 1-35e 所示。

6）以点 O_1 为圆弧，O_1A 长为半径绘制圆弧，与已完成的两段圆弧端点相连，同样方法绘制另一侧对称圆弧，如图 1-35f 所示即为近似椭圆。

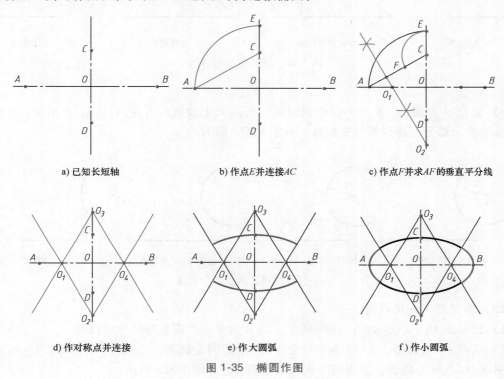

| a) 已知长短轴 | b) 作点E并连接AC | c) 作点F并求AF的垂直平分线 |
| d) 作对称点并连接 | e) 作大圆弧 | f) 作小圆弧 |

图 1-35 椭圆作图

1.3.5 圆弧连接

圆弧连接是指用已知半径的圆弧去连接已知线段（直线或圆弧）。这个起连接作用的圆弧称为连接弧，连接时通常需要光滑连接。在作图时，通过找到连接弧的圆心和切点，以保证圆弧的光滑连接。

（1）圆弧连接两直线画法

1）已知两直线Ⅰ、Ⅱ，如图 1-36a 所示，以 R 为半径作圆弧连接两条直线。

2）分别作两条直线的平行线，距离为 R，交于点 O，如图 1-36b 所示。

3）从点 O 作两已知直线的垂线，得到两点 K_1、K_2，如图 1-36c 所示。

4）以点 O 为圆心，R 为半径绘制圆弧，与已知直线在 K_1、K_2 点相交，去除直线多余部分，得到所需连接弧，如图 1-36d 所示。

（2）圆弧连接直线与圆弧画法

1）已知圆弧Ⅰ、直线Ⅱ，如图 1-37a 所示，以 R 为半径作圆弧连接直线与圆弧。

2）以点 O_1 为圆心，$R+R_1$ 为半径绘制圆弧Ⅰ的同心圆弧；作直线Ⅱ的平行线，距离为 R，所作平行线与圆弧交于点 O，如图 1-37b 所示。

3）连接点 O、O_1 交圆弧Ⅰ于点 K_1，从点 O 作直线Ⅱ的垂线，得到点 K_2，如图 1-37c

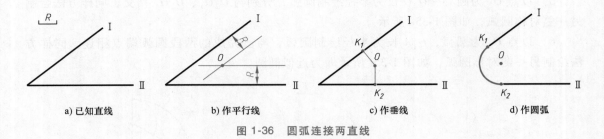

a) 已知直线　　　　b) 作平行线　　　　c) 作垂线　　　　d) 作圆弧

图 1-36　圆弧连接两直线

所示。

4）以点 O 为圆心，R 为半径绘制圆弧，与圆弧 I 及直线 II 在 K_1、K_2 点相交，去除圆弧与直线多余部分，得到所需连接弧，如图 1-37d 所示。

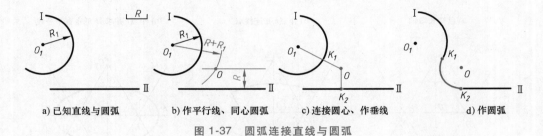

a) 已知直线与圆弧　　b) 作平行线、同心圆弧　　c) 连接圆心、作垂线　　d) 作圆弧

图 1-37　圆弧连接直线与圆弧

（3）圆弧外切连接两圆

1）已知圆 O_1、O_2，如图 1-38a 所示，以 R 为半径作圆弧外切连接两圆。

2）以点 O_1 为圆心，$R+R_1$ 为半径绘制圆 O_1 的同心圆弧，以点 O_2 为圆心，$R+R_2$ 为半径绘制圆 O_2 的同心圆弧，所作两个圆弧交于点 O，如图 1-38b 所示。

3）连接点 O、O_1 交圆 O_1 于点 K_1，连接点 O、O_2 交圆 O_2 于点 K_2，如图 1-38c 所示。

4）以 O 为圆心，R 为半径绘制圆弧，与两个圆分别在 K_1、K_2 点相交，得到所需连接弧，如图 1-38d 所示。

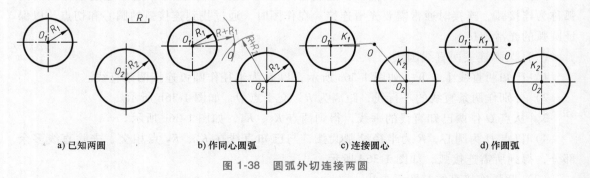

a) 已知两圆　　　　b) 作同心圆弧　　　　c) 连接圆心　　　　d) 作圆弧

图 1-38　圆弧外切连接两圆

（4）圆弧内切连接两圆

1）已知圆 O_1、O_2，如图 1-39a 所示，以 R 为半径作圆弧内切连接两圆。

2）以点 O_1 为圆心，$R-R_1$ 为半径绘制圆 O_1 的同心圆弧，以点 O_2 为圆心，$R-R_2$ 为半径绘制圆 O_2 的同心圆弧，所作两个圆弧交于点 O，如图 1-39b 所示。

3）连接点 O、O_1 并延长交圆 O_1 于点 K_1，连接点 O、O_2 并延长交圆 O_2 于点 K_2，如图 1-39c 所示。

4）以 O 为圆心，R 为半径绘制圆弧，与两个圆分别在 K_1、K_2 点相交，得到所需连接弧，如图 1-39d 所示。

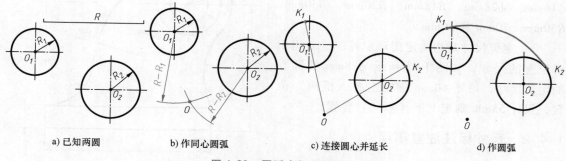

| a) 已知两圆 | b) 作同心圆弧 | c) 连接圆心并延长 | d) 作圆弧 |

图 1-39　圆弧内切连接两圆

（5）圆弧一内切一外切连接两圆

1）已知圆 O_1、O_2，如图 1-40a 所示，以 R 为半径作圆弧与圆 O_1 外切，与圆 O_2 内切。

2）以点 O_1 为圆心，$R+R_1$ 为半径绘制圆 O_1 的同心圆弧，以点 O_2 为圆心，$R-R_2$ 为半径绘制圆 O_2 的同心圆弧，所作两个圆弧交于点 O，如图 1-40b 所示。

3）连接点 O、O_1 交圆 O_1 于点 K_1，连接点 O、O_2 并延长交圆 O_2 于点 K_2，如图 1-40c 所示。

4）以 O 为圆心，R 为半径绘制圆弧，与两个圆分别在 K_1、K_2 点相交，得到所需连接弧，如图 1-40d 所示。

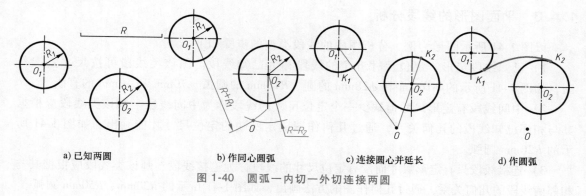

| a) 已知两圆 | b) 作同心圆弧 | c) 连接圆心并延长 | d) 作圆弧 |

图 1-40　圆弧一内切一外切连接两圆

1.4　平面图形的分析与画法

1.4.1　平面图形的尺寸分析

尺寸按其在平面图形中所起的作用分为定形尺寸与定位尺寸，而确定尺寸位置的几何元素称为尺寸基准。

1）尺寸基准是标注尺寸的起点。平面图形一般应有水平和垂直两个方向的尺寸基准。

通常选择圆和圆弧的中心线、对称中心线、图形的底线或边线等作为尺寸基准。如图 1-41 所示图形的尺寸基准为底线与右侧边线。

2）定形尺寸是指平面图形中确定单一几何要素形状大小的尺寸，如图 1-41 所示的尺寸 $\phi16$mm、$\phi28$mm、$R18$mm、$R20$mm、$R30$mm、$R50$mm、70mm 和 10mm。

3）定位尺寸是指确定图形中各部分之间相对位置的尺寸，如图 1-41 所示 $\phi28$mm 圆圆心的定位尺寸，尺寸 60mm 确定左右（横向）位置，尺寸 55mm 确定上下（竖向）位置。

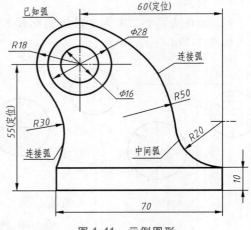

图 1-41　示例图形

1.4.2　尺寸标注注意事项

标注尺寸首先要遵守国家标准有关尺寸注法的基本规定，确定尺寸基准后，通常先标注定形尺寸，再标注定位尺寸。标注要做到如下几点要求：

1）正确。尺寸按照国家标准的规定标注，尺寸数值不能出现错误与矛盾。

2）完整。尺寸要注写齐全，不遗漏各组成部分的定形尺寸和定位尺寸；一般情况下，通过几何作图可以确定的线段不要标注尺寸；不注重复尺寸。

3）清晰。尺寸的位置要安排在图形的明显处，标注清楚，布局整齐。

尺寸标注完成后要检查是否有重复或遗漏。在作图过程中没有用到的尺寸是重复尺寸，要删除；如果按所注尺寸无法完成作图，说明尺寸不齐全，应补注所需尺寸。

1.4.3　平面图形的线段分析

以图 1-41 所示图形为例，分析图中的线段类型的步骤如下：

1）已知线段定形、定位尺寸齐全的线段称为已知线段。画该类线段可按尺寸直接作图，如图 1-41 所示的 $\phi16$mm 和 $\phi28$mm 的圆、$R18$mm 的圆弧、70mm 和 10mm 的直线。

2）中间线段有定形尺寸但缺少一个定位尺寸的线段称为中间线段。画该类线段应根据其与相邻已知线段的几何关系，通过几何作图确定所缺的定位尺寸才能画出，如图 1-41 所示的 $R20$mm 圆弧。

3）连接线段只有定形尺寸而没有定位尺寸的线段称为连接线段。画该类线段应根据其与相邻两线段的几何关系，通过几何作图的方法画出，如图 1-41 所示的 $R30$mm、$R50$mm 圆弧。

1.4.4　尺规绘图的一般步骤

尺规绘制图样时，一般按下列步骤进行：

（1）准备工作

1）根据所绘图形的大小、比例及所确定的各视图分布情况，选取合适的图纸幅面。在确定视图分布时，要注意各视图在图纸上要分布均匀，不可偏挤在某一侧。

2）将所选图纸通过丁字尺找正后用胶带固定在绘图板上，注意图纸与绘图板的下边之间要保留 1~2 个丁字尺尺身宽度的距离。当所选图纸幅面较小时，图纸尽量靠近绘图板左侧固定，以提高作图的准确度。

3）按要求画出图框及标题栏，注意图框和标题栏中的粗实线不要加粗，后期与图形中粗实线一同描黑。

4）分析图形中的各个尺寸，确定尺寸基准及各线段性质。

（2）绘制底稿

1）按设想好的布局方案先画出各视图的基准线，绘制底稿时要尽量利用投影关系，几个视图同步绘制，以提高绘图效率，降低出错率。

2）按已知线段、中间线段、连接线段的顺序绘制图形。绘制时出现错误不要急于擦除、修改，可做出标记，底稿绘制完成后统一修改，以利于图纸清洁。

3）检查图形，对错误的地方进行修改。

（3）加粗描黑 对粗实线进行加粗，对细实线、点画线、虚线等描黑。加粗时要先圆、圆弧、曲线等，接着水平线，再竖直线，最后斜线。

（4）标注

1）绘制尺寸界线、尺寸线及箭头。

2）标注尺寸数字。

3）书写技术要求等说明性文字。

4）填写标题栏。

5）检查尺寸标注是否完整，是否符合相关标准。

1.4.5 作图范例

以图 1-41 所示图形为例，绘制的基本步骤如下：

1）绘制基准线及定位线，如图 1-42a 所示。

2）绘制已知线段，如图 1-42b 所示。

3）绘制中间线段，如图 1-42c 所示。

4）绘制连接线段，如图 1-42d 所示。

5）对图形进行加粗处理，如图 1-42e 所示。

6）标注尺寸，完成如图 1-42f 所示的尺寸标注。

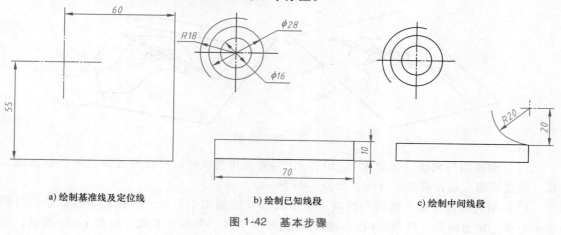

a) 绘制基准线及定位线　　　　b) 绘制已知线段　　　　c) 绘制中间线段

图 1-42 基本步骤

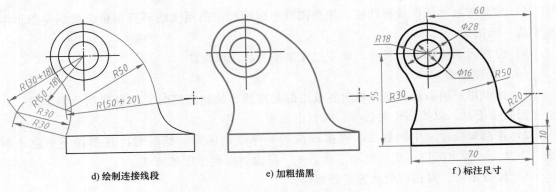

d) 绘制连接线段　　　　　e) 加粗描黑　　　　　f) 标注尺寸

图 1-42　基本步骤（续）

1.5　徒手绘图的基本技能

以目测估计图形与实物的比例，按一定画法要求徒手（或部分使用绘图仪器）绘制的图称为草图。在设计初始阶段，设计方案还未定型，需要经过反复对比、修改，为了提高此过程的图形绘制效率、加快设计速度，此阶段大多采用草图表达；在仿制和修理设备时，同样需要进行现场测绘，由于现场条件限制，一般也是先进行草图绘制，后续再转化为正规图样；草图也是设计者间沟通交流最好的方法。

对于工程技术人员来说，除了要学会尺规、仪器、计算机绘图外，还须具备一定的徒手绘制草图的能力。徒手画图并非随心所欲，绘制时同样需要做到比例协调、表达准确、图面清晰。草图绘制主要包含下述常用绘制方法。

（1）直线的画法　徒手绘图时，手指应握在铅笔上离笔尖 35mm 处，手腕和小手指对纸面的压力不要太大。画直线时手腕不要动，使铅笔与所画线始终保持固定角度，眼睛注视着线段终点，以眼睛的余光控制运笔方向，如图 1-43 所示。为使要画的直线成顺手方向，可将图纸斜放。

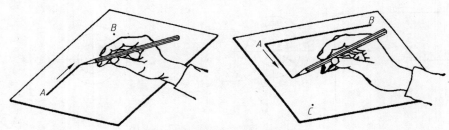

图 1-43　直线的画法

（2）角度线的画法　在画 45°、30°、60°等常见角度线时，可按两直角边的近似比例关系，定出两端点后，再连成直线，如图 1-44 所示。

（3）圆的画法　徒手画较小圆时，先定圆心并绘制出中心线，再根据半径大小，目测在中心线上定出四点，然后过四点画圆，可先画左半圆、再画右半圆，如图 1-45a 所示；当

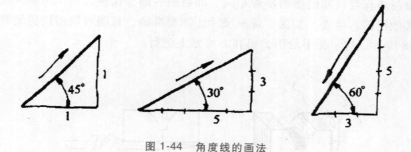

图 1-44　角度线的画法

直径较大时，可过圆心再增加两条 45°斜线，在增加的斜线上再定四个点，然后过八个点连接成圆，如图 1-45b 所示。

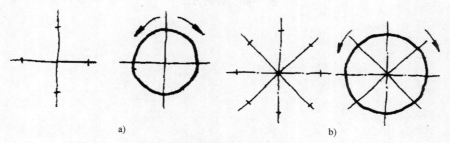

a) 　　　　　　　　　　　　　　　　b)

图 1-45　圆的画法

（4）圆弧的画法　先目测在角平分线上选取圆心位置，该点至两条边线的垂直距离等于圆的半径大小，过圆心向两边引垂线，定出圆弧的起点和终点，并在角平分线上也定出一圆周上的点，最后徒手画连接弧连接三个点，如图 1-46 所示。

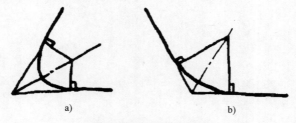

a) 　　　　　　　　　　　　　b)

图 1-46　圆弧的画法

（5）椭圆的画法　首先画出椭圆的长短轴，定出长短轴顶点，过四点画矩形，然后作椭圆与该矩形相切，如图 1-47a 所示；也可以先画出椭圆的外切四边形，然后分别画出两钝角及两锐角的内切弧，四段圆弧连成椭圆，如图 1-47b 所示。

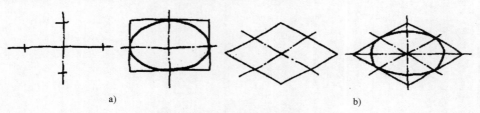

a) 　　　　　　　　　　　　　　　　b)

图 1-47　椭圆的画法

草图的绘制步骤与仪器绘图的步骤相同，即目测各部分比例，画作图基准线，先画特征视图，后画其他视图，检查、加深。目测尺寸比例要准确，目测可以借助铅笔等辅助工具进行，如图 1-48 所示。初学徒手绘图，可在方格纸上进行。

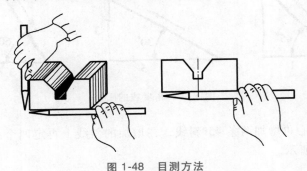

图 1-48   目测方法

第2章
正投影法基础

正投影是绘制工程图样的基础知识，本章主要讨论点、线、面在正投影体系中的投影规律及其作图方法，同时逐步培养初学者的三维空间想象与分析能力。

2.1 投影法和视图

物体在光线的照射下会在地面产生对应的影子，根据这一现象，通过抽象提炼，总结出影子与物体之间的几何关系，逐步形成了把空间物体表示在平面上的基本方法，即投影法。

根据 GB/T 13361—2012《技术制图 通用术语》中的定义，投影法是指投射线通过物体，向选定的面投射，并在该面上得到图形的方法。根据投影法所得到图形称为投影。在投影法中，得到投影的面称为投影面。

如图 2-1 所示，S 为投射中心，A、B、C 为空间点，平面 P 为投影面，S 与点 A、B、C 的连线为投射线，SA、SB、SC 的延长线与平面 P 的交点 a、b、c 称为点 A、B、C 在平面 P 上的投影，将 a、b、c 按空间关系连接所得的平面图形即为空间上 $\triangle ABC$ 在平面 P 上的投影。

2.1.1 投影法的分类

投影法一般分为中心投影法和平行投影法两类。

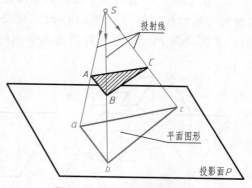

图 2-1 投影法的基本原理

（1）中心投影法 如图 2-1 所示，投射线汇交于一点的投影法，称为中心投影法。中心投影法生成的图形随着投影面、物体和投射中心三者之间的相对距离不同而变化，绘制较为复杂，但其视觉效果较为逼真，工程上常用于画建筑物或产品的富有立体感的辅助图样，用于反映物体立体形状，不注重表达物体的尺寸大小。机械图样中较少采用。

（2）平行投影法 若投射中心位于无限远处，则所有投射线都可看成互相平行。投射线相互平行的投影法，称为平行投影法。无论物体与投影面的距离如何变化，平行投影法获得的投影图形大小均不变。

根据投射线是否垂直于投影面又分为斜投影法与正投影法。

1）斜投影法。投射线与投影面相倾斜的平行投影法称为斜投影法，如图 2-2a 所示。

2）正投影法。投射线与投影面相垂直的平行投影法称为正投影法，如图 2-2b 所示。

由于正投影法能在投影面上真实表达空间物体的形状和大小，而且作图也较方便，因此

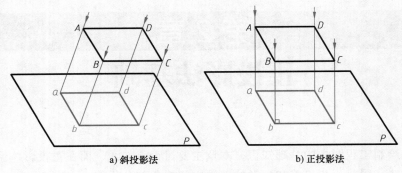

a) 斜投影法   b) 正投影法

图 2-2 平行投影法

在工程制图中得到广泛应用。本书中若无特殊说明,"投影"均指"正投影"。

2.1.2 正投影的基本性质

1)真实性。当直线或平面与投影面平行时,则直线的投影反映实长,平面的投影反映实形,如图 2-3a 所示,这种性质称为真实性或全等性。

2)积聚性。当直线或平面垂直于投影面时,则直线积聚成一点,平面积聚成一直线,如图 2-3b 所示,这种性质称为积聚性。

3)类似性。当直线或平面倾斜于投影面时,直线的投影仍为直线,但小于实长,平面的投影与原形状相似(这里的相似主要是指边数相同、边与边的平行、边的直曲形状相同),如图 2-3c 所示,这种性质称为类似性。

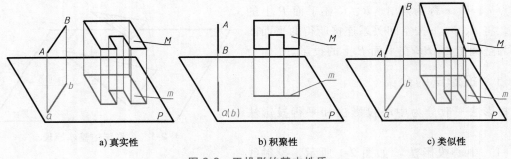

a) 真实性   b) 积聚性   c) 类似性

图 2-3 正投影的基本性质

2.1.3 三视图的形成及其对应关系

点在某一面上的投影无法确定该点的空间位置。由图 2-3b、c 可知,一个面上的投影也无法表达线、面的实际形状。为此,工程上为使投影能唯一确定物体的空间形状,通常需要采用三面正投影,即在空间建立互相垂直的三个投影面,如图 2-4 所示,正立投影面用 V 表示,水平投影面用 H 表示,侧立投影面用 W 表示。三个投影面的交线 OX、OY、OZ 称为投影轴,分别代表长、宽、高三个方向,三根轴交于一点 O,称为原点。

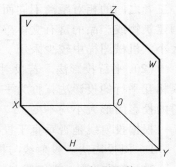

图 2-4 三投影面体系

（1）三视图的形成　用正投影法所绘制的物体的图形称为视图。物体在三投影面体系中用正投影法所得到的图形，称为物体的三视图。

如图 2-5a 所示，将物体放入三投影面体系中，使其处于观察者与投影面之间，分别向三个投影面投射，在 V 面上获得的投影称为物体的正面投影或主视图，在 H 面上获得的投影称为物体的水平投影或俯视图，在 W 面上获得的投影称为物体的侧面投影或左视图。在视图中，物体的可见轮廓的投影画粗实线，不可见轮廓的投影画细虚线。

为了表达、绘图方便，需要将三视图在同一平面上表示。为此，需要将三视图展开，其方法是 V 面保持不动，H 面绕 OX 轴向下旋转 90°，W 面绕 OZ 轴向右旋转 90°，如图 2-5b 所示。最终三个投影面共面，得到物体的三视图，如图 2-5c 所示。

工程上用来表达物体的三视图一般省略投影轴和投影面的边框，各视图之间的距离可根据需要自行确定，如图 2-5d 所示。

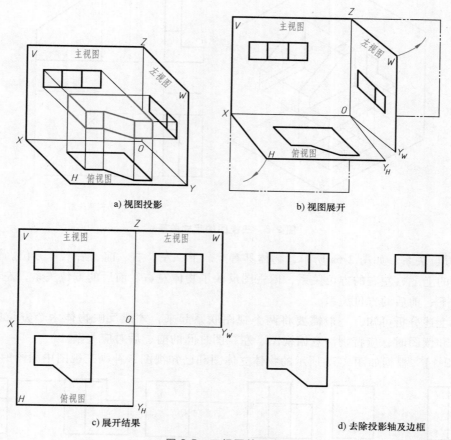

a) 视图投影　　　　　　　　　　b) 视图展开

c) 展开结果　　　　　　　　　　d) 去除投影轴及边框

图 2-5　三视图的形成

（2）三视图的投影关系

1）位置关系。如图 2-5d 所示，三视图位置关系为主视图在上，俯视图在主视图的正下方，左视图在主视图的正右方，按这种位置关系配置的视图，不需要标注视图的名称。

2）尺寸关系。从三视图的形成过程可知，一个视图只能反映物体两个方向的尺寸。X 轴方向为左、右方位，简称为长；Y 轴方向为前、后方位，简称为宽；Z 轴方向为上、下方位，简称为高，如图 2-6a 所示。

从图 2-6b 中可以看到，主视图反映的是长和高，俯视图反映的是长和宽，左视图反映的是宽和高。由于投射过程中物体的大小与位置不变，因此三视图间有如下对应关系。

主、俯视图等长，即"主、俯视图长对正"。

主、左视图等高，即"主、左视图高平齐"。

俯、左视图等宽，即"俯、左视图宽相等"。

三视图之间存在"长对正、高平齐、宽相等"的"三等"尺寸关系，是物体三面正投影的投影规律，不仅物体的投影符合这一规律，物体的局部投影也必须符合这个规律，是画图和读图所必须遵循的依据。

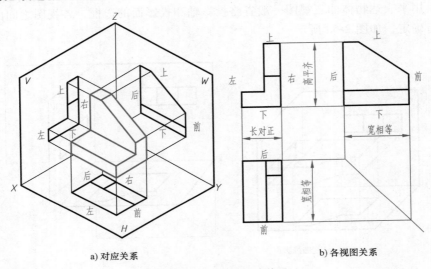

a) 对应关系 b) 各视图关系

图 2-6　三视图的尺寸关系

3) 方位关系。如图 2-6a 所示，物体具有上、下、左、右、前、后六个方位。主视图反映了物体的上下、左右的方位关系，俯视图反映了物体左右、前后的方位关系，左视图反映了物体上下、前后的方位关系。

通过上述分析可知，一般需要将两个视图联系起来，才能反映物体六个方位的位置关系。画图和读图时，应特别注意俯视图、左视图之间的前、后对应关系。

【例 2-1】　根据如图 2-7a 所示的物体立体图和已知视图，补画三视图中漏画的线。

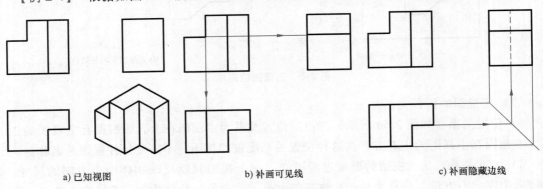

a) 已知视图 b) 补画可见线 c) 补画隐藏边线

图 2-7　补画三视图

作图方法：按三视图尺寸关系中的"高平齐、长对正"关系，参考主视图补画俯视图和左视图中的可见线，如图 2-7b 所示；按三视图尺寸关系中的"宽相等"关系由俯视图补画左视图中的隐藏边线，如图 2-7c 所示。

2.2　点的投影

物体由面组成，面由线构成，线由点确定。为了正确而迅速地画出物体的投影和分析空间几何问题，必须首先研究与分析空间几何元素（点、线、面）的投影。掌握好点、线、面的投影规律及作图方法，是正确绘制和阅读物体三视图的重要基础。

2.2.1　点的三面投影

如图 2-8a 所示，过空间点 A 分别向三个投影面作垂线，其垂足 a、a'、a'' 即为点 A 在三个投影面上的投影。按前述将投影面体系展开，如图 2-8b 所示。去除投影面的边框，保留投影轴，得到点 A 的三面投影图，如图 2-8c 所示。图中 a_X、a_Y、a_Z 分别是点的投影连线与投影轴 OX、OY、OZ 的交点。

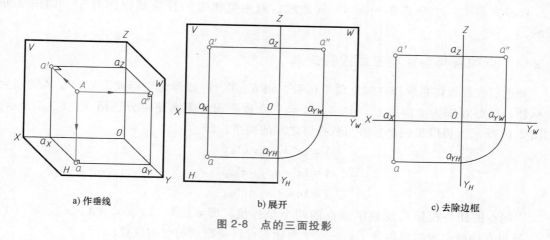

a) 作垂线　　　　　　　　　b) 展开　　　　　　　　　c) 去除边框

图 2-8　点的三面投影

2.2.2　点的投影规律

从图 2-8 所示的点 A 的三面投影形成可得出点的三面投影规律：

1）点在 V 面、H 面的投影连线一定垂直于 OX 轴，即 $aa' \perp OX$（长对正）。

2）点在 V 面、W 面的投影连线一定垂直于 OZ 轴，即 $a'a'' \perp OZ$（高平齐）。

3）点在 H 面的投影到 OX 的距离等于点在 W 面的投影到 OZ 轴的距离，即 $aa_X = a''a_Z$（宽相等）。

根据点的三面投影规律，在点的三面投影中，只要已知点在任意两个面上的投影，就可求出其在第三个面上的投影。

【例 2-2】　如图 2-9a 所示，已知点 A 的正面投影和水平投影，求作其侧面投影。

分析：由于已知点的正面投影 a' 和水平投影 a，则点的空间位置可以确定，根据点的投影规律可以作其侧面投影。

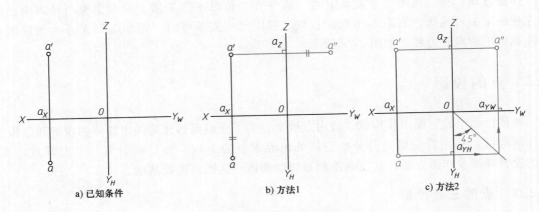

a) 已知条件　　　　　　b) 方法1　　　　　　c) 方法2

图 2-9　求作点投影

作图方法 1：过 a' 作水平线垂直于 OZ 轴，交 OZ 轴于 a_Z，在 $a'a_Z$ 的延长线上量取 $a''a_Z = aa_X$，得到点的侧面投影 a''，如图 2-9b 所示。

作图方法 2：过 O 点作一条 45° 辅助线，利用宽相等的投影规律作点 a''，如图 2-9c 所示。

2.2.3　点的直角坐标与三面投影关系

如把三投影面体系看作空间直角坐标系，则 H、V、W 面即为坐标面，X、Y、Z 轴即为坐标轴，原点 O 即为坐标原点。空间点 A 到三个投影面的距离便可分别用 X、Y、Z 表示。如图 2-10 所示，可以得到坐标值与各投影之间的关系，即

$$X = Aa'' = aa_Y = a'a_Z$$

$$Y = Aa' = aa_X = a''a_Z$$

$$Z = Aa = a'a_X = a''a_Y$$

空间点的任一投影均反映了该点的两个坐标值，即 $a\ (X,\ Y)$、$a'\ (X,\ Z)$、$a''\ (Y,\ Z)$，所以点的两个投影就包含了点的三个坐标，可以确定点的空间位置。

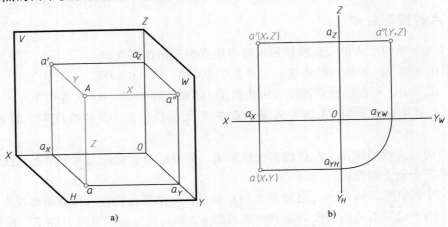

a)　　　　　　b)

图 2-10　点的直角坐标与三面投影关系

【例 2-3】　已知点 A （30，20，35），求作其三面投影。

作图方法：

1）作投影轴，在 OX 轴上向左量取 30mm，得 a_X，如图 2-11a 所示。

2）过 a_X 作 OX 轴的垂线，自 a_X 沿 OY_H 方向量取 20mm 得 a，沿 OZ 方向量取 35mm 得 a'，如图 2-11b 所示。

3）根据点的投影规律，通过 45°辅助线作点 A 的第三面投影 a''，如图 2-11c 所示。

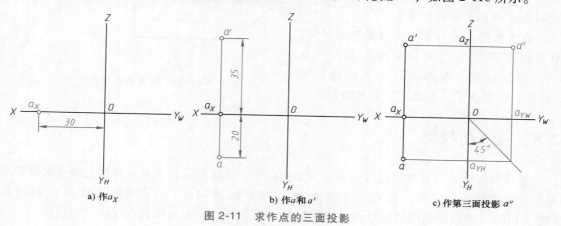

a) 作 a_X　　　　　b) 作 a 和 a'　　　　　c) 作第三面投影 a''

图 2-11　求作点的三面投影

2.2.4　两点间的相对位置

（1）两点相对位置的确定　空间点的位置可以用相对于原点的绝对坐标来描述，也可以用相对于另一点的相对坐标来确定。在物体的投影作图中，大多数情况是表示几何元素之间的相对位置关系。两点的相对位置有上下、左右、前后之分。上下关系可由 Z 坐标确定，Z 坐标大者在上，小者在下；左右关系由 X 坐标确定，X 坐标大者在左，小者在右；前后关系由 Y 坐标确定，Y 坐标大者在前，小者在后。

如图 2-12 所示，$X_A > X_B$，因此点 A 在点 B 的左方；$Y_A > Y_B$，因此点 A 在点 B 前方；$Z_A < Z_B$，因为点 A 在点 B 下方。

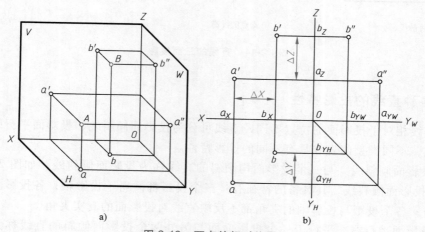

a)　　　　　　　　　　　b)

图 2-12　两点的相对位置

（2）重影点的投影　当两点的某两个坐标值相同（坐标值差为 0）时，该两点处于同一条投射线上，因而对某一投影面具有重合的投影，这两点称为对该投影面的重影点。如图 2-13 所示，点 A 在点 B 的正上方，即 $X_A = X_B$、$Y_A = Y_B$、$Z_A > Z_B$，因此两点在 H 面上的投影重合。

在投影图上，为了区别可见与不可见，通常把不可见的点的投影加上括号，如（b）以示区别。重影点的可见性通常按"前遮后、上遮下、左遮右"来判断。

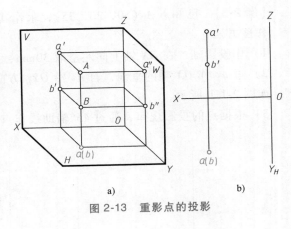

a)

b)

图 2-13　重影点的投影

2.3　直线的投影

通过两点确定一直线的原理，可以确定空间中一直线的投影也可由直线上两点的投影来确定。如图 2-14a 所示，在直线上取两点（通常取两端点），分别作两点的三面投影（图 2-14b），然后将其同面的投影点连接起来（图 2-14c），即可得到直线的三面投影。

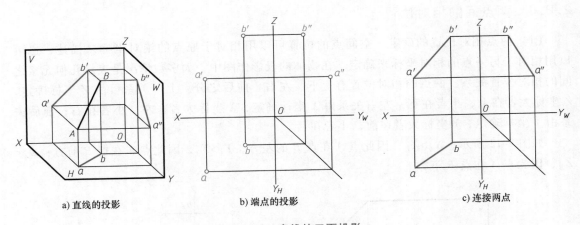

a) 直线的投影　　　　b) 端点的投影　　　　c) 连接两点

图 2-14　直线的三面投影

2.3.1　各种直线的投影特性

根据直线相对于投影面的位置不同，直线可分为投影面倾斜线、投影面平行线、投影面垂直线三类，不同类型的直线具有不同的投影特性。

（1）投影面倾斜线　与三个投影面均倾斜的直线称为投影面倾斜线。如图 2-14 所示直线 AB 即为投影面倾斜线，其具备的特征有：三个投影都倾斜于投影轴；各投影面上的投影均小于实长；各个投影与投影轴的夹角都不反映直线对投影面的真实夹角。

（2）投影面平行线　平行于一个投影面而与另外两个投影面倾斜的直线称为投影面平行线。平行于 V 面的直线称为正平行线，平行于 H 面的直线称为水平线，平行于 W 面的直线称为侧平线。

表2-1列出了投影面平行线的立体图、投影图和投影特性。

表2-1 投影面平行线的立体图、投影图和投影特性

名称	正平线 （//V面，对H、W面倾斜）	水平线 （//H面，对V、W面倾斜）	侧平线 （//W面，对V、H面倾斜）
立体图	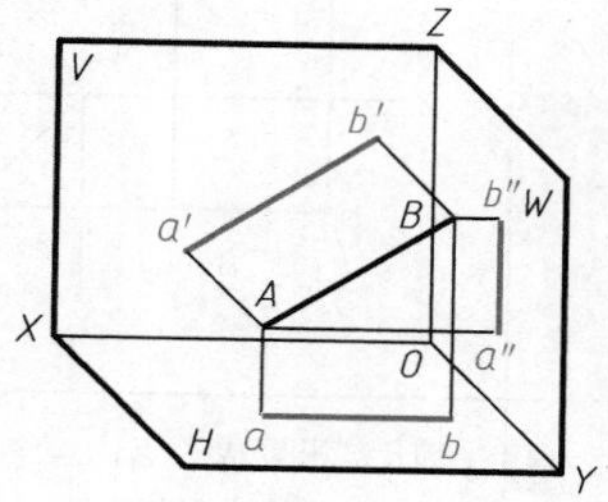	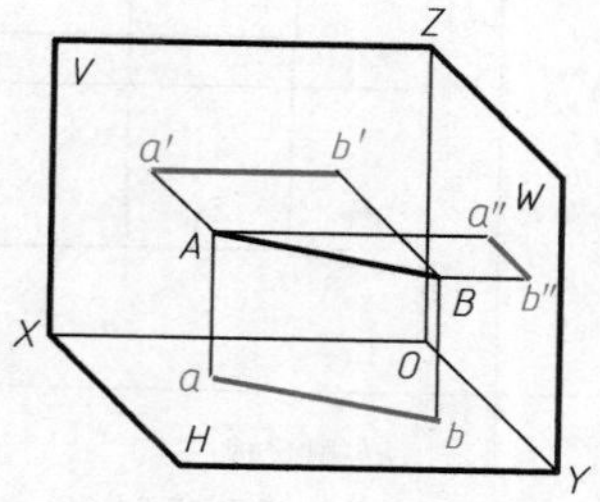	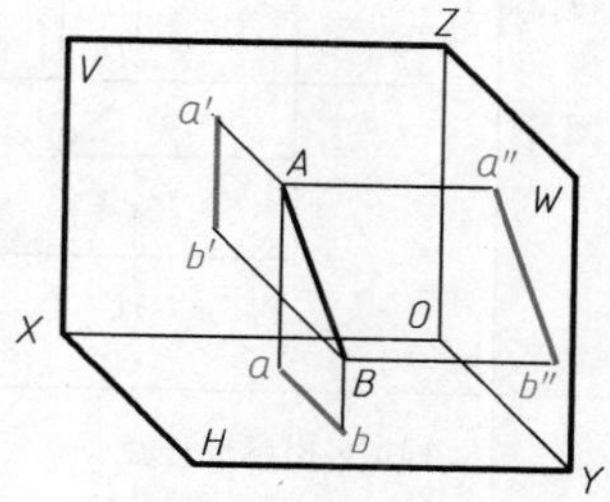
投影图	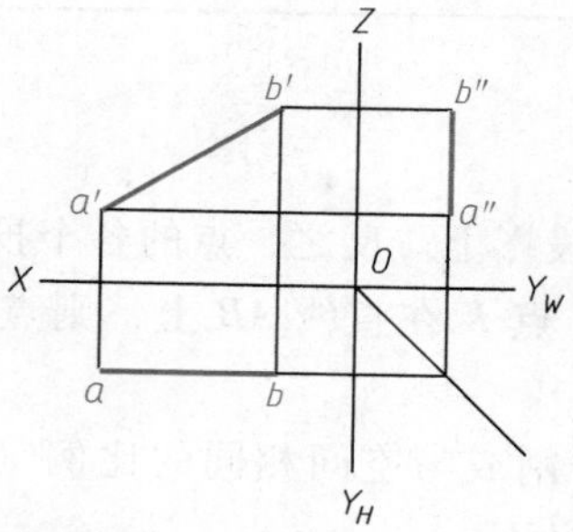	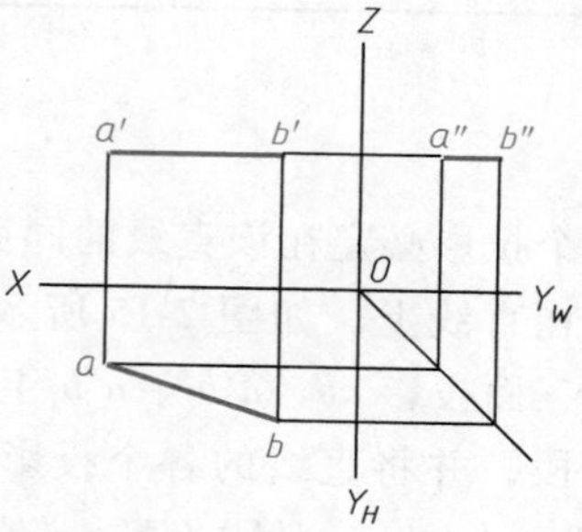	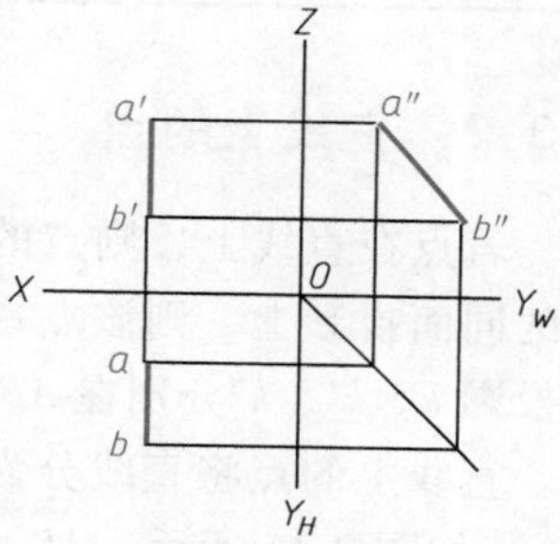
投影特性	1）$a'b'=AB$ 2）$ab//OX$ 3）$a''b''//OZ$	1）$ab=AB$ 2）$a'b'//OX$ 3）$a''b''//OY_W$	1）$a''b''=AB$ 2）$ab//OY_H$ 3）$a'b'//OZ$

（3）投影面垂直线 垂直于一个投影面而与另外两个投影面都平行的直线称为投影面垂直线。垂直于V面的直线称为正垂线，垂直于H面的直线称为铅垂线，垂直于W面的直线称为侧垂线。

表2-2列出了投影面垂直线的立体图、投影图和投影特性。

表2-2 投影面垂直线的立体图、投影图和投影特性

名称	正垂线 （⊥V面，//H面、//W面）	铅垂线 （⊥H面，//V面、//W面）	侧垂线 （⊥W面，//V面、//H面）
立体图	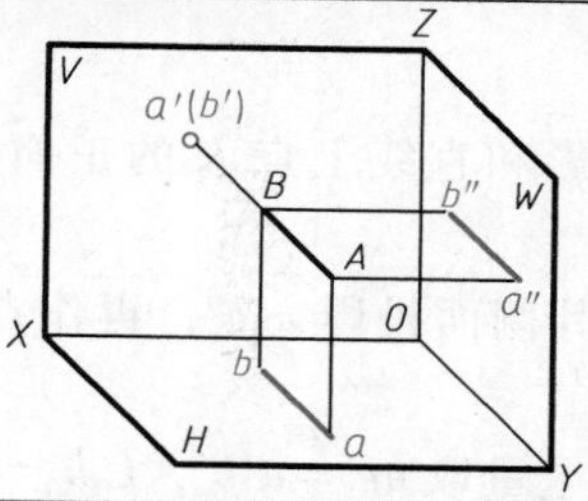	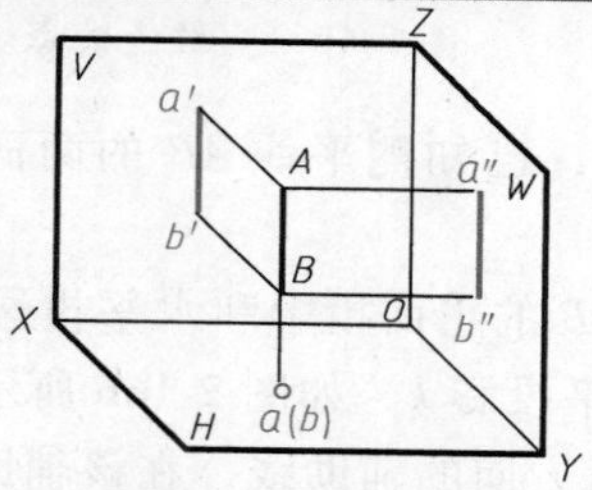	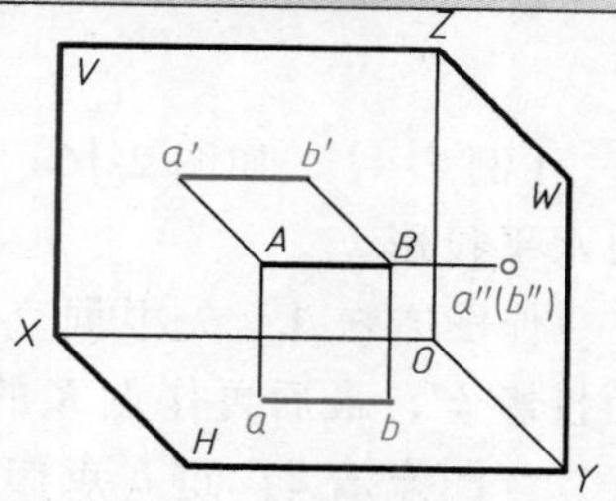

（续）

名称	正垂线 （⊥V面，//H面、//W面）		铅垂线 （⊥H面，//V面、//W面）		侧垂线 （⊥W面，//V面、//H面）	
投影图	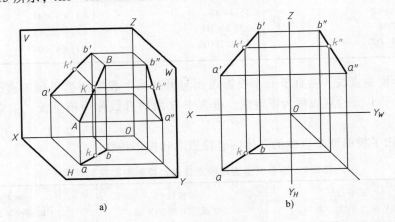					
投影特性	1）$a'b'$积聚成一点 2）$ab⊥OX$、$a''b''//OY_W$ 3）$ab=a''b''=AB$		1）ab积聚成一点 2）$a'b'⊥OX$、$a''b''//OZ$ 3）$a'b'=a''b''=AB$		1）$a''b''$积聚成一点 2）$ab⊥OY_H$、$a'b'//OX$ 3）$ab=a'b'=AB$	

2.3.2　直线上的点

　　若点在直线上，则点的各个投影必定在该直线的同面投影上。反之，点的各个投影在直线的同面投影上，则该点一定在直线上。如图 2-15 所示，点 K 在直线 AB 上，则点 K 的三面投影 k、k'、k'' 分别在 AB 的三面投影 ab、$a'b'$、$a''b''$ 上。

　　直线上的点将直线分为两段，并将直线的各个投影分割成与空间相同的比例（定比定理），如图 2-15 所示，$AK:KB=ak:kb=a'k':k'b'=a''k'':k''b''$。

图 2-15　直线上的点

【例 2-4】　如图 2-16a 所示，已知侧平线 AB 的两面投影和直线上点 K 的正面投影 k'，求水平投影 k。

　　作图方法 1：先根据直线 AB 的正面投影和水平投影作其侧面投影 $a''b''$，再作点 K 的侧面投影 k''，最后再作点 K 的水平投影 k，如图 2-16b 所示。

　　作图方法 2：过 a 点作任意方向的辅助线，在该辅助线上量取 $ak_0=a'k'$，$k_0b_0=k'b'$，连

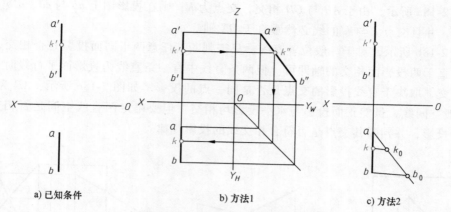

a) 已知条件   b) 方法1   c) 方法2

图 2-16 求作直线上点的投影

接 bb_0，由点 k_0 作 $k_0k//b_0b$，与 ab 的交点 k 即是所求点，如图 2-16c 所示。

2.3.3 两直线的相对位置

空间两直线的相对位置有三种情况：两直线平行、两直线相交、两直线交叉。前两种情况两直线位于同一平面上，称为同面直线；后一种情况两直线不位于同一平面上，称为异面直线。

1）两直线平行。空间平行的两直线，其各组的同面投影必定互相平行。

如图 2-17a 所示，由于 $AB//CD$，则 $ab//cd$、$a'b'//c'd'$。反之，如果两直线的各组同面投影分别互相平行，则空间两直线必互相平行。

如图 2-17b 所示，对于一般位置直线，只要两直线的任意两组同面投影互相平行，就能肯定这两条直线在空间互相平行。但对于两投影面平行线，要判断两直线是否平行，取决于两直线所平行的那个投影面上的投影是否平行。如图 2-17c 所示，AB、CD 为侧平线，虽然 $ab//cd$、$a'b'//c'd'$，但无法确定两条直线是否在空间平行，必须求出侧面投影才能确定。

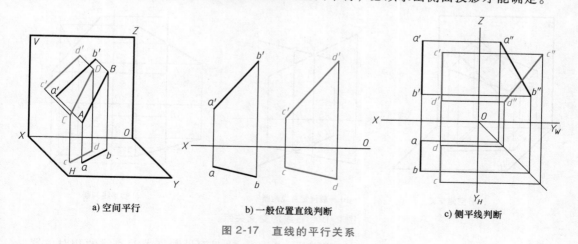

a) 空间平行   b) 一般位置直线判断   c) 侧平线判断

图 2-17 直线的平行关系

2）两直线相交。空间相交两直线，其各组的同面投影必定相交，且两直线各组同面投影的交点，即为两相交直线交点的各个投影。

如图 2-18a 所示，由于 AB 与 CD 相交，交点为 K，则在投影图上 ab 与 cd、$a'b'$ 与 $c'd'$ 也必然相交，并且交点 k 与 k' 的线必然垂直于 OX 轴。

如图 2-18b 所示，对于一般位置直线，只需判断其任意两组同面投影是否相交，且交点的连线垂直于两投影面相交的轴即可。但两条直线中有一条直线为投影面平行线时，要判断其是否相交，取决于直线投影的交点是否是同一点的投影。如图 2-18c 所示，AB 为侧平线、CD 为一般空间线，虽然正面投影与水平投影均相交，但要确定两直线空间是否相交，必须求出侧面投影，并判断其交点是否符合相交线的投影规律。

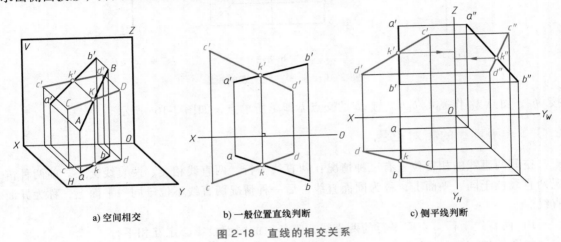

| a) 空间相交 | b) 一般位置直线判断 | c) 侧平线判断 |

图 2-18 直线的相交关系

3）两直线交叉。既不平行又不相交的两直线称为交叉两直线。

如图 2-19a 所示，交叉两直线的投影可能会有一组或两组互相平行，但不会出现三组投影都互相平行的情况。如图 2-19b 所示，交叉直线的某个投影面投影可能相交，但其交点不符合点的投影规律。如果两直线中有一条为投影面平行线时，一定要检查三个投影面上的投影交点是否符合点的投影规律，如图 2-19c 所示。

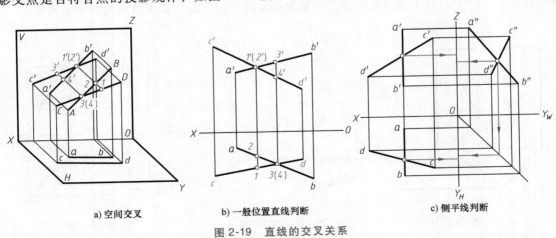

| a) 空间交叉 | b) 一般位置直线判断 | c) 侧平线判断 |

图 2-19 直线的交叉关系

【例 2-5】 如图 2-20a 所示，已知两直线 AB、CD 的两面投影，求两直线的相对位置。

作图方法 1： 根据直线 AB、CD 的正面投影和水平投影作其侧面投影 $a''b''$、$c''d''$，根据侧面投影的关系判断两直线为交叉关系。

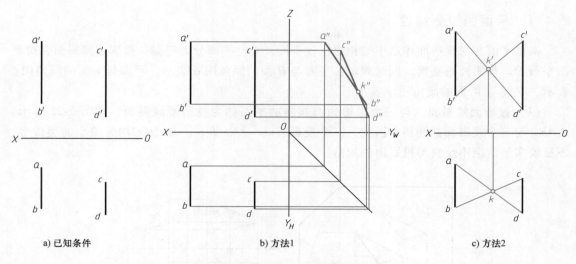

a) 已知条件　　　　　　　　b) 方法1　　　　　　　　c) 方法2

图 2-20　求两直线的相对位置

作图方法 2：连接 ad、bc 得到交点 k，连接 $a'd'$、$b'c'$ 得到交点 k'，通过对 k、k' 两点是否符合点的投影关系的判断确定两直线为交叉关系。

2.4　平面的投影

平面是物体表面的重要组成部分，也是主要的空间元素之一。平面通常用确定该平面的点、直线或平面图形等几何元素的投影表达，常用的有以下几种。

1）不在同一直线的三点，如图 2-21a 所示。

2）一直线和直线外一点，如图 2-21b 所示。

3）两相交直线，如图 2-21c 所示。

4）两平行直线，如图 2-21d 所示。

5）平面几何图形，如三角形、四边形、圆等，如图 2-21e 所示。

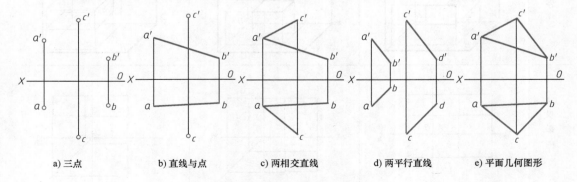

a) 三点　　　　　b) 直线与点　　　　　c) 两相交直线　　　　　d) 两平行直线　　　　　e) 平面几何图形

图 2-21　平面的表达方法

从图 2-21 中可以看出，各种表达方法是可以相互转换的，同一平面可以根据需要切换不同的表达方法。

2.4.1 平面的投影特性

根据平面在三投影面体系中的相对位置不同，可将平面分为三类：投影面倾斜面、投影面平行面、投影面垂直面。同时规定：平面与 H 面的倾角用 α 表示，平面与 V 面的倾角用 β 表示，平面与 W 面的倾角用 γ 表示。

（1）投影面倾斜面 与三个投影面都倾斜的平面称为投影面倾斜面，如图 2-22 所示。$\triangle ABC$ 与三个投影面都倾斜，因此其三个投影 $\triangle abc$、$\triangle a'b'c'$、$\triangle a''b''c''$ 均为缩小的类似形，不反映实形，也不反映与投影面的倾角。

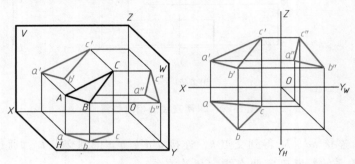

图 2-22 投影面倾斜面

（2）投影面平行面 平行于某一投影面的平面称为投影面平行面，平行于 V 面的面称为正平面，平行于 H 面的面称为水平面，平行于 W 面的面称为侧平面。

表 2-3 列出了投影面平行面的立体图、投影图和投影特性。

表 2-3 投影面平行面的立体图、投影图和投影特性

名称	正平面 （$//V$ 面、$\perp H$ 面、$\perp W$ 面）	水平面 （$//H$ 面、$\perp V$ 面、$\perp W$ 面）	侧平面 （$//W$ 面、$\perp V$ 面、$\perp H$ 面）
立体图			
投影图			
投影特性	1）正面投影反映真实形状 2）水平投影 $//OX$，侧面投影 $//OZ$，并积聚成直线	1）水平投影反映真实形状 2）正面投影 $//OX$，侧面投影 $//OY_W$，并积聚成直线	1）侧面投影反映真实形状 2）正面投影 $//OZ$，水平投影 $//OY_H$，并积聚成直线

（3）投影面垂直面　垂直于某一投影面的平面称为投影面垂直面，垂直于 V 面的面称为正垂面，垂直于 H 面的面称为铅垂面，垂直于 W 面的面称为侧垂面。

表2-4列出了投影面垂直面的立体图、投影图和投影特性。

表2-4　投影面垂直面的立体图、投影图和投影特性

名称	正垂面 （⊥V面，对H、W面倾斜）	铅垂面 （⊥H面，对V、W面倾斜）	侧垂面 （⊥W面，对H、V面倾斜）
立体图			
投影图			
投影特性	1）正面投影积聚成直线，并反映真实的倾角 α、γ 2）水平投影、侧面投影仍为平面图形，面积缩小，具有类似性	1）水平投影积聚成直线，并反映真实的倾角 β、γ 2）正面投影、侧面投影仍为平面图形，面积缩小，具有类似性	1）侧面投影积聚成直线，并反映真实的倾角 α、β 2）正面投影、水平投影仍为平面图形，面积缩小，具有类似性

【例2-6】　如图2-23a所示，已知铅垂面 $ABCD$ 的两面投影，求多边形的侧面投影。

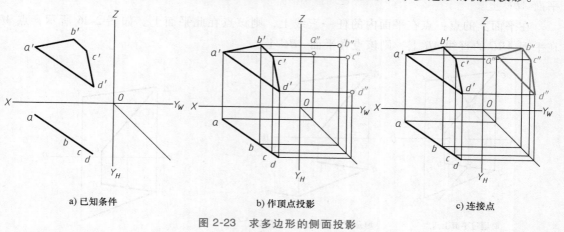

a) 已知条件　　　　　　　　b) 作顶点投影　　　　　　　　c) 连接点

图2-23　求多边形的侧面投影

作图方法：根据铅垂面的投影特性，其侧面投影为正面投影的类似形，先作多边形四个

顶点的侧面投影 a''、b''、c''、d''，再依次连线即可得到所求的侧面投影。

2.4.2 平面的迹线表示法

迹线表示法是用平面与投影面的交线来表示平面的方法。平面与投影面的交线，称为平面的迹线。如图 2-24a 所示，平面 P 与 H、V、W 面的交线分别称为水平迹线 P_H、正面迹线 P_V、侧面迹线 P_W。

由于迹线在投影面上，故迹线在该投影面上的投影必与其本身重合，其另外两面投影与相应的投影轴重合，这种用迹线表示的平面称为迹线平面。为了简化平面迹线表示，一般不画迹线与投影轴重合的投影，如图 2-24b 所示。

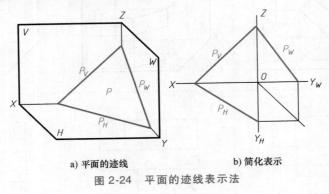

a) 平面的迹线　　　　　b) 简化表示

图 2-24　平面的迹线表示法

2.4.3 平面上的直线和点

在平面上的直线：

1）若直线通过平面上的两点，则此直线必在该平面上。如图 2-25a 所示，已知平面 ABC，直线 MN 通过平面上的 M、N 两点，则直线 MN 在平面 ABC 上。

2）若一直线通过平面上一点，并且平行于平面上的另一直线，则此直线必在该平面上。如图 2-25b 所示，已知平面 ABC，直线 CM 通过点 C，且平行于直线 AB，则直线 CM 在平面 ABC 上。

在平面上的点：点在平面内的任一直线上，则该点在此平面上。如图 2-26 所示，点 M 在平面 ABC 的直线 AB 上，则该点在平面 ABC 上。

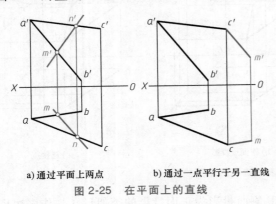

a) 通过平面上两点　　　b) 通过一点平行于另一直线

图 2-25　在平面上的直线

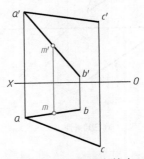

图 2-26　在平面上的点

【例 2-7】 如图 2-27a 所示，已知平面 ABC 的两面投影，点 K 为平面上点，k' 为其正面投影，求作点 K 的水平投影 k。

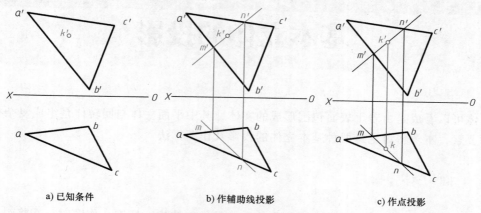

a) 已知条件   b) 作辅助线投影   c) 作点投影

图 2-27 求作平面上点的投影

作图方法：在正面投影上过 k' 点作任意直线，分别交 $a'b'$、$a'c'$ 于点 m'、n'，并作该直线的水平投影 mn，如图 2-27b 所示；根据点的投影规律，作点 K 的水平投影 k，如图 2-27c 所示。

第3章
基本立体的投影

立体可以看成是由若干表面包围形成的实体，其中平面立体与回转体是组成复杂模型最基本的要素，本章将讨论这两种基本立体的投影及作图方法。

3.1 平面立体

实体的表面均为平面时，称为平面立体。常见的有棱柱、棱锥，作图时只需将组成立体的各平面进行投影绘制，就可得到该平面立体的投影。

3.1.1 棱柱

棱柱由一个平面多边形沿与其不平行的方向移动一定距离形成，如图3-1所示。

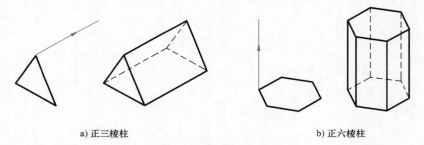

a) 正三棱柱　　　　　　　　　　b) 正六棱柱

图 3-1　棱柱的形成

由原平面多边形形成的两个互相平行的面称为底面，其余的面称为侧面。两相邻侧面的交线称为侧棱，各侧棱互相平行且相等。侧棱垂直于底面的棱柱称为直棱柱，侧棱与底面斜交的棱柱称为斜棱柱。

（1）棱柱三视图的作图方法　图3-2a所示为一正六棱柱，首先将其放置在一个适当的位置，要尽可能多地让棱柱表面与投影面平行或垂直，以方便作图及看图，图中将六棱柱的底面与 H 投影面平行，其中两个侧面与 V 投影面平行。

作图步骤：

1）根据投影规律可以得出正六棱柱在 H 面的投影反映主体特征的真实形状。如图3-2b所示，首先用细点画线绘制对称中心线，对视图位置进行定位，再用细实线绘制其 H 面投影，并根据投影规律，绘制 V 面与 W 面上反映实体高度的两底面投影。

2）根据投影规律绘制六个侧棱的投影，如图3-2c所示。

3）检查并加深图线，可见轮廓用粗实线绘制，不可见轮廓用细虚线绘制，对称中心线、轴线用细点画线绘制，再去除辅助线，如图3-2d所示。

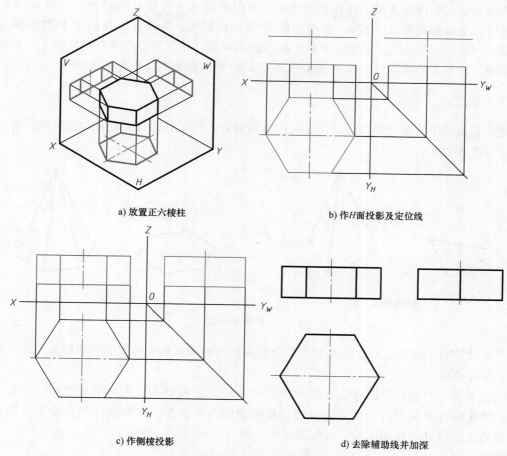

a) 放置正六棱柱　　　　　　　　　　　b) 作H面投影及定位线

c) 作侧棱投影　　　　　　　　　　　d) 去除辅助线并加深

图 3-2　正六棱柱的投影作图

（2）棱柱表面取点　由于棱柱的表面都是平面，在棱柱表面上取点和取线的作图方法，与平面上取点、取线的作图方法相同。由于棱柱各个表面的投影存在互相遮挡的情况，因此，在棱柱上取点、取线时需要判断点、线是否可见，其所处的面可见，则所取的点、线也可见。

【例 3-1】　如图 3-3a 所示，已知棱柱的三面投影，点 A、B 均在棱柱的表面，对应的正面投影为 a'、(b')，求作两点的另外两面投影。

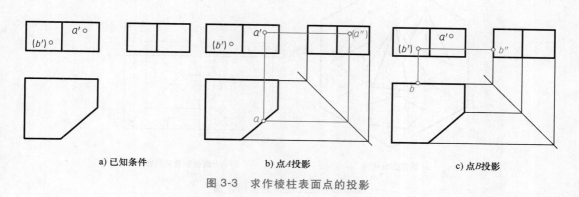

a) 已知条件　　　　　　　　　b) 点A投影　　　　　　　　　c) 点B投影

图 3-3　求作棱柱表面点的投影

作图方法：根据点 A 的正面投影为可见，可以确定点 A 在棱柱的斜面上，由 a' 向 H 面作投射线，交斜面投影线于点 a，由点 a' 向 W 面作投射线，与由点 a 作的 W 面投射线交于点（a''），如图 3-3b 所示；根据点 B 的正面投影不可见，可以确定点 B 在后棱面上，后棱面是正平面，根据点的投影规律作 H 面的投影点 b 及 W 面投影 b''，如图 3-3c 所示。

3.1.2 棱锥

棱锥是由一平面多边形沿与其不平行的方向移动，同时各边按相同比例线性缩小并交于一点，如图 3-4 所示。

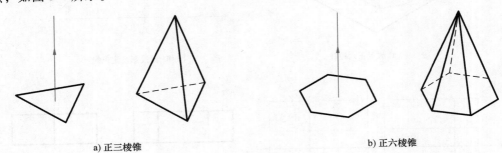

a) 正三棱锥   b) 正六棱锥

图 3-4　棱锥的形成

产生棱锥的平面多边形称为底面，其余的面称为侧面，侧面的交线称为侧棱，所有侧棱的交点称为锥顶。

（1）棱锥三视图的作图方法　图 3-5a 所示为一正五棱锥，首先将其放置在一个适当的位置，使底面与 H 面平行，尽可能多地让棱锥侧面为垂直面，以方便作图及看图，图中将五棱锥的底面与 H 投影面平行，后侧面为侧垂面。

作图步骤：

1）根据投影规律可以得出正五棱锥在 H 面的投影反映主体特征的真实形状。如图 3-5b 所示，首先用细点画线绘制对称中心线，对视图位置进行定位，再用细实线绘制其 H 面投影，并根据投影规律，绘制 V 面与 W 面上反映实体高度的底面及锥顶投影。

2）根据投影规律绘制五个侧面的投影，交于同一顶点，如图 3-5c 所示。

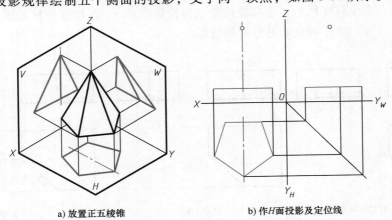

a) 放置正五棱锥   b) 作 H 面投影及定位线

图 3-5　正五棱锥的投影作图

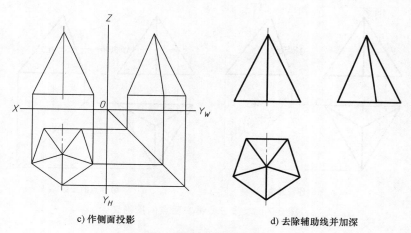

c) 作侧面投影　　　　　　　　d) 去除辅助线并加深

图 3-5　正五棱锥的投影作图（续）

3）检查并加深图线，可见轮廓用粗实线绘制，不可见轮廓用细虚线绘制，对称中心线、轴线用细点画线绘制，再去除辅助线，如图 3-5d 所示。

（2）棱锥表面取点　棱锥的表面同样都是平面，在棱锥表面上取点和取线的作图方法，与平面上取点、取线的作图方法相同。同样注意取点、取线时需要判断点、线的投影是否可见，其所处在面可见，则所取的点、线也可见。

【例 3-2】　如图 3-6a 所示，已知正棱锥的三面投影，点 A 在棱锥的表面，对应的正面投影为 a'，求作该点的另外两面投影。

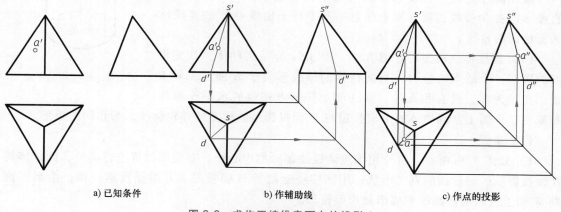

a) 已知条件　　　　　　　　b) 作辅助线　　　　　　　　c) 作点的投影

图 3-6　求作正棱锥表面点的投影 1

作图方法 1：根据点 A 的正面投影可见，可以确定点 A 在棱锥的左前侧面上，设锥顶点为 S，连接 s'a' 并延长至底面的正面投影，交于点 d'，根据点的投影规律，作点 D 在 H 面与 W 面的投影 d、d"，并连接 sd、s"d"，如图 3-6b 所示；点 A 的正面投影在线 s'd' 上，另外两面投影分别在线 sd、线 s"d" 上，根据点的投影规律，即可求得点 A 在 H 面与 W 面的投影 a、a"，如图 3-6c 所示。

作图方法 2：过点 a' 作底面正面投影的平行线，与两相邻侧棱边相交于 d'、e'，根据直线的投影规律作该平行线的 H 面投影 de，如图 3-7a 所示；根据点的投影规律，作点 A 的 H 面投影 a，并通过 a、a' 作点 A 的 W 面投影，如图 3-7b 所示。

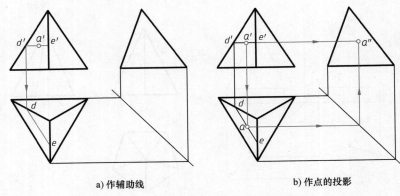

a) 作辅助线　　　　　　　　　　　b) 作点的投影

图 3-7　求作正棱锥表面点的投影 2

3.2　回转体

回转体是由动线（母线）绕一固定直线（轴线）旋转一周形成的。常见的回转体有圆柱体、圆锥体、圆球、圆环等。

3.2.1　圆柱体

圆柱体由圆柱面、底面和顶面组成，如图 3-8 所示。

圆柱面可看成由直线 AA_1 绕与其平行的轴线 OO_1 旋转而成，直线 AA_1 称为母线，圆柱面上任意一条平行于轴线 OO_1 的直线称为圆柱面的素线。

（1）圆柱体三视图的作图方法　图 3-9a 为一圆柱体，首先将其放置在一个适当的位置，当圆柱体的轴线垂直于 H 面时，其 H 面的投影为圆，具有积聚性，圆柱面上任何点和线的水平投影均积聚在这个圆上。圆柱体的 V 面投影与 W 面投影是圆柱面的外轮廓线，为相同的矩形。

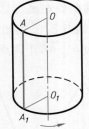

图 3-8　圆柱体的形成

作图步骤：

1）如图 3-9b 所示，首先用细点画线绘制对称中心线，对视图位置进行定位，圆柱体的 H 面投影反映圆柱面的真实形状，用细实线绘制其 H 面投影，并根据投影规律，绘制 V 面与 W 面上反映实体高度的底面及顶面投影。

2）根据投影规律作圆柱面的 V 面、W 面投影，如图 3-9c 所示。

3）检查并加深图线，去除辅助线，如图 3-9d 所示。

（2）圆柱体表面取点　轴线垂直于投影面的圆柱体，其圆柱面与底面的投影均具有积聚性，因此在圆柱体表面取点时可利用积聚性直接求解，注意取点时判断点的投影是否可见。

【例 3-3】　如图 3-10a 所示，已知圆柱体的三面投影，点 A、B 在圆柱体的表面，对应的正面投影为 a'、(b')，求作 A、B 两点的另外两面投影。

作图方法：根据点 A 的正面投影为可见，可以确定点 A 在圆柱体的左前侧，根据点的投影规律，作点 A 在 H 面上的投影 a，W 面上的投影 a''，如图 3-10b 所示；点 B 在 V 面的投

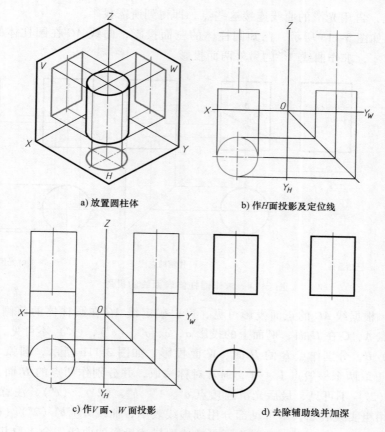

a) 放置圆柱体

b) 作H面投影及定位线

c) 作V面、W面投影

d) 去除辅助线并加深

图 3-9　圆柱体的投影作图

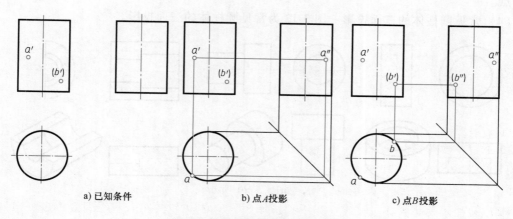

a) 已知条件

b) 点A投影

c) 点B投影

图 3-10　求作圆柱体表面点的投影

影（b'）不可见，可以判断点 B 在圆柱体的右后侧，根据点的投影规律作点 B 在 H 面、W 面的投影 b、（b''），如图 3-10c 所示，在 W 面上的投影也不可见。

（3）圆柱体表面取线　圆柱体表面上取线，除了素线为直线，其余线并非直线，通常会根据已知条件求作线上的特殊点，如端点等，再取几个线上的一般点，作这些点的投影，判断其是否可见，再用光滑的曲线连接这些点，即得到所需投影。

【例3-4】 如图3-11a所示，已知圆柱体的三面投影，曲线 AC 在圆柱体的表面，对应的正面投影为 $a'c'$，求作曲线 AC 的另外两面投影。

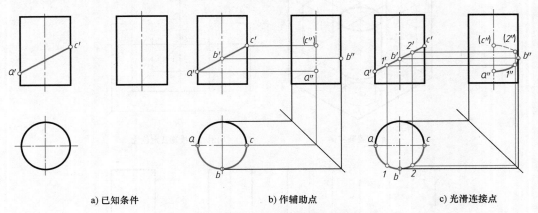

a) 已知条件　　　　　　　b) 作辅助点　　　　　　　c) 光滑连接点

图 3-11　求作圆柱体表面线的投影

作图方法：根据线 AC 的正面投影可见，可以确定线 AC 在圆柱体的前侧面，根据点的投影规律，作点 A、C 在 H 面、W 面上的投影 a、c、a''、(c'')，(c'') 不可见，同时取 AC 的特殊点（中点）B，分别作点 B 的 H 面、W 面投影，如图3-11b所示，圆弧 abc 即为线 AC 的 H 面投影；再取两个一般点 Ⅰ、Ⅱ，通常对称选取，并分别作两点的 H 面、W 面投影 1、2、$1''$、$(2'')$，$(2'')$ 不可见，最后光滑连接点 a''、$1''$、b''、$(2'')$、(c'')，注意该曲线部分可见，可见部分用粗实线表示，不可见部分用细虚线表示，曲线 $a''1''b''(2'')(c'')$ 即为线 AC 的 W 面投影，如图3-11c所示。有时为了更精确地描述投影的曲线，会多取几个一般点作为参考点。

（4）常见圆柱体的三面投影　图3-12为常见圆柱体的三面投影。

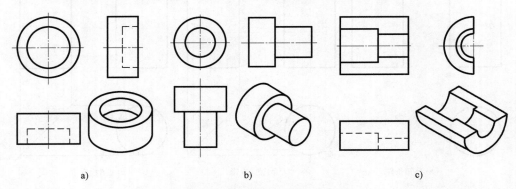

a)　　　　　　　　　　b)　　　　　　　　　　c)

图 3-12　常见圆柱体的三面投影

3.2.2　圆锥体

圆锥体由圆锥面和底面组成，如图3-13所示。

圆锥面可看成由直线 SA 绕与其倾斜相交的轴线 SO_1 旋转而成，直线 SA 称为母线，圆锥面上通过锥顶 S 的任意一条直线称为圆锥面的素线。

（1）圆锥体三视图的作图方法　图 3-14a 所示为一圆锥体，首先将其放置在一个适当的位置，当圆锥体的轴线垂直于 H 面时，其 H 面的投影为圆。圆锥体的 V 面投影与 W 面投影是圆锥面的外轮廓线，为相同的等腰三角形。

作图步骤：

1）如图 3-14b 所示，首先用细点画线绘制对称中心线，对视图位置进行定位，圆锥体的 H 面投影反映底面圆的投影，并根据投影规律，绘制 V 面与 W 面上反映实体高度的底面及锥顶的投影。

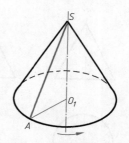

图 3-13　圆锥体的形成

2）连接锥顶点投影与相应的底面投影线端点，如图 3-14c 所示。

3）检查并加深图线，去除辅助线，如图 3-14d 所示。

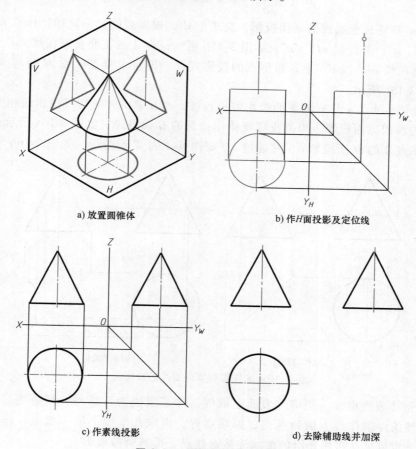

a) 放置圆锥体　　　　　　　　b) 作 H 面投影及定位线

c) 作素线投影　　　　　　　　d) 去除辅助线并加深

图 3-14　圆锥体的投影作图

（2）圆锥体表面取点　当圆锥体轴线垂直于投影面时，圆锥体表面取点时需要利用辅助线求解，注意取点时需要判断点的投影是否可见。

【例 3-5】　如图 3-15a 所示，已知圆锥体的三面投影，点 A 在圆锥体表面，对应的正面投影为 a'，求作点 A 的另外两面投影。

作图方法 1：根据点 A 的正面投影可见，可以确定点 A 在圆锥的左前侧面上，设锥顶点

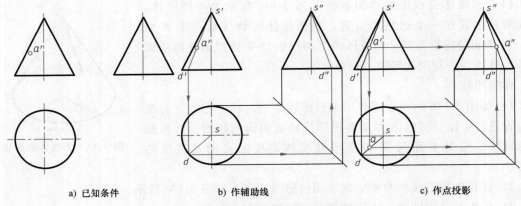

a) 已知条件　　　　　　b) 作辅助线　　　　　　c) 作点投影

图 3-15　求作圆锥体表面点的投影 1

为 S，连接 $s'a'$ 并延长至底面的正面投影，交于点 d'，根据点的投影规律，作点 D 在 H 面与 W 面的投影 d、d''，并连接 sd、$s''d''$，如图 3-15b 所示；点 A 的正面投影在线 $s'd'$ 上，另外两面的投影分别在线 sd、线 $s''d''$ 上，根据点的投影规律，即可求得点 A 在 H 面与 W 面的投影 a、a''，如图 3-15c 所示。

作图方法 2：过点 a' 作底面正面投影的平行线，与相邻的外轮廓线投影线相交于 d'，该线为过点 a' 的纬圆正面投影，根据投影规律作纬圆的 H 面投影，如图 3-16a 所示；根据点的投影规律，作点 A 的 H 面投影 a，并通过 a、a' 作点 A 的 W 面投影，如图 3-16b 所示。

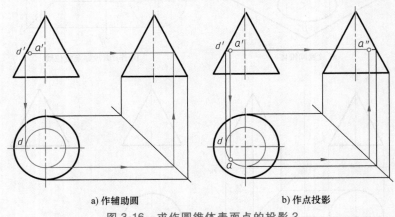

a) 作辅助圆　　　　　　　　b) 作点投影

图 3-16　求作圆锥体表面点的投影 2

（3）圆锥体表面取线　圆锥体表面上取线，除了素线为直线外，其余线并非直线，通常会根据已知条件求作线上的特殊点，如端点等，再取几个线上的一般点，作这些点的投影，判断其是否可见，再用光滑的曲线连接这些点，得到所需投影。

【例 3-6】　如图 3-17a 所示，已知圆锥体的三面投影，线 AC 在圆锥体表面，对应的正面投影为 $a'c'$，求作线 AC 的另外两面投影。

作图方法：根据线 AC 的正面投影可见，可以确定线 AC 在圆锥体的前侧面，根据圆锥体上取点的方法，作点 A、C 在 H 面、W 面上的投影 a、c、a''、(c'')，(c'') 不可见，如图 3-17b 所示；取线 AC 与轴线的交点 B，分别作点 B 的 H 面、W 面投影 b、b''，再取两个一般点 Ⅰ、Ⅱ，并分别作两点的 H 面、W 面投影 1、2、1''、$(2'')$，$(2'')$ 不可见，在 H 面投影上

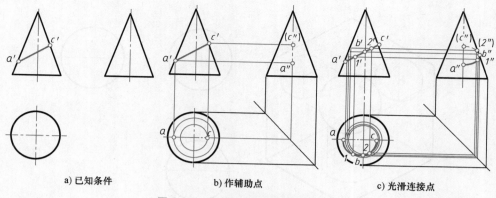

a) 已知条件　　　　b) 作辅助点　　　　c) 光滑连接点

图 3-17　求作圆锥体表面线的投影

光滑连接点 a、1、b、2、c 即为线 AC 在 H 面上的投影，在 W 面投影上光滑连接点 a''、$1''$、b''、($2''$)、(c'') 即为线 AC 的 W 面投影，注意该曲线在点 b'' 上侧部分不可见，用细虚线表示，点 b'' 下侧部分可见，用粗实线表示，如图 3-17c 所示。

（4）常见圆锥体的三面投影　图 3-18 所示为常见圆锥体的三面投影。

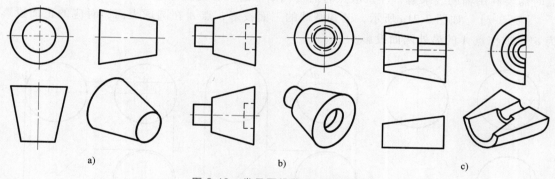

a)　　　　　　　　b)　　　　　　　　c)

图 3-18　常见圆锥体的三面投影

3.2.3　圆球

圆球仅由球面构成，如图 3-19 所示。

球面可看成由半圆 A 绕与其直径重合的轴线 OO_1 旋转而成，半圆 A 称为母线。

（1）圆球三视图的作图方法　图 3-20a 为一圆球。圆球的三面投影均为圆，如图 3-20b 所示，其直径与圆球的球面直径相等，分别是圆球三个方向轮廓的实形投影。

作图步骤：

1）用细点画线画出三个圆球的对称中心线，中心线的交点为球心。

2）以球心为圆心分别作三个与圆球直径相等的圆，如图 3-20b 所示。

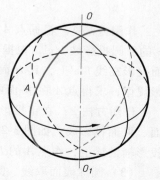

图 3-19　圆球的形成

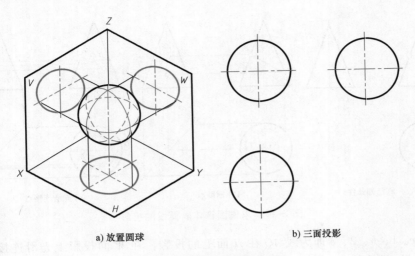

a) 放置圆球　　　　　　　　　　b) 三面投影

图 3-20　圆球的投影作图

（2）圆球表面取点　圆球的三面投影均没有积聚性，除特殊点外，其余在圆球表面取点时需要利用辅助线求解，注意取点时需要判断点的投影是否可见。

【例 3-7】　如图 3-21a 所示，已知圆球的三面投影，点 A 在圆球表面，对应的正面投影为 a'，求作点 A 的另外两面投影。

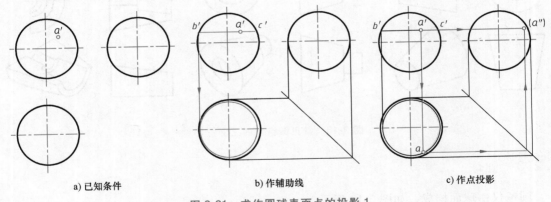

a) 已知条件　　　　　　　b) 作辅助线　　　　　　　c) 作点投影

图 3-21　求作圆球表面点的投影 1

作图方法 1：根据点 A 的正面投影可见，可以确定点 A 在圆球的右前上球面上，作过点 a' 的纬圆投影线 $b'c'$，根据投影规律，作该纬圆的 H 面投影圆，如图 3-21b 所示；点 A 的正面投影在线 $b'c'$ 上，其 H 面投影必在对应的纬圆上，根据位置作其 H 面投影 a，根据点的投影规律，求得点 A 在 W 面的投影 (a'')，如图 3-21c 所示。

作图方法 2：在正投影上以球心为圆心作过点 a' 投影圆，根据投影规律作该投影圆的 H 面、W 面投影线，如图 3-22a 所示；根据辅助圆的积聚规律，点 A 的投影必在 H 面、W 面的投影辅助线上，作点 A 的 H 面投影 a，W 面投影 (a'')，如图 3-22b 所示。

（3）圆球表面取线　圆球表面上取线，除了素线为圆弧外，其余线均为空间线，通常会根据已知条件求作线上的特殊点，如端点等，再取几个线上的一般点，作这些点的投影，判断其是否可见，再用光滑的曲线连接这些点，得到所需投影线。

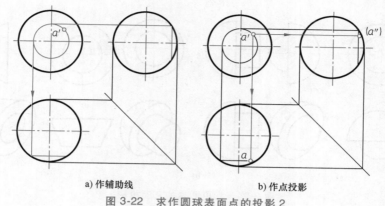

a) 作辅助线　　　　　　　　　　b) 作点投影

图 3-22　求作圆球表面点的投影 2

【例 3-8】　如图 3-23a 所示，已知圆球的三面投影，线 AC 在圆球表面，对应的正面投影为 a'c'，求作线 AC 的另外两面投影。

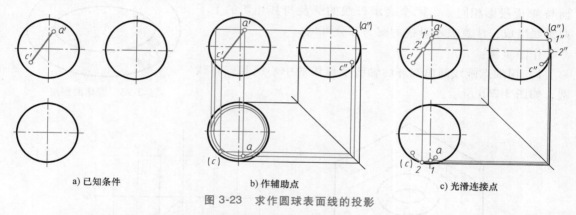

a) 已知条件　　　　　　　b) 作辅助点　　　　　　　c) 光滑连接点

图 3-23　求作圆球表面线的投影

作图方法：根据线 AC 的正面投影可见，可以确定线 AC 的水平轴线以下段在圆球的左前下侧，水平轴线以上段在圆球的右前上侧，根据圆球上取点的方法，作点 A、C 在 H 面、W 面上的投影 a、(c)、(a")、c"，(c)、(a") 不可见，如图 3-23b 所示；取线 AC 与竖直轴线的交点 1，分别作点 1 的 H 面、W 面投影 1、1"，再取线 AC 与水平轴线的交点 2，分别作其 H 面、W 面投影 2、2"，在 H 面投影上光滑连接点 a、1、2、(c) 即为线 AC 在 H 面上的投影，注意该曲线点 2 的左侧部分不可见，用细虚线表示，点 2 的右侧部分可见，用粗实线表示，在 W 面投影上光滑连接点 (a")、1"、2"、c" 即为线 AC 的 W 面投影，注意该曲线点 1" 的上半部分不可见，用细虚线表示，点 1" 的下半部分可见，用粗实线表示，如图 3-23c 所示。

（4）常见圆球的三面投影　图 3-24 为常见圆球的三面投影。

3.2.4　圆环

圆环是由圆环面构成，如图 3-25 所示。

圆环面可看成由圆 ABCD 绕一条与圆共平面，且位于圆周外的轴线旋转而成。圆 ABCD 称为母线。离轴线较远的半圆 BAD 旋转形成的曲面称为外环面，离轴线较近的半圆 BCD 旋转形成的曲面称为内环面，上半圆 ABC 旋转形成的曲面称为上环面，下半圆 ADC 旋转形成的曲面称为下环面。

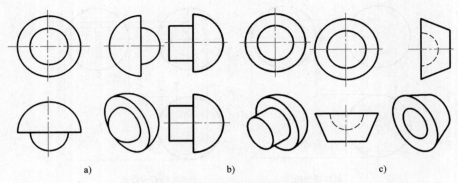

a)   b)   c)

图 3-24　常见圆球的三面投影

（1）圆环三视图的作图方法　图 3-26a 为一圆环，圆环的
H 面投影为两个同心圆与一表示母线圆心轨迹的点画线圆，V
面与 W 面投影相同，由两个表示母线的圆及与其相切的上下
两条线组成，注意表示母线的圆为部分可见。

作图步骤：

1）用细点画线画出圆环的轴线及母线的中心线和点画线
圆，如图 3-26b 所示。

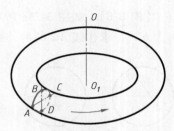

图 3-25　圆环的形成

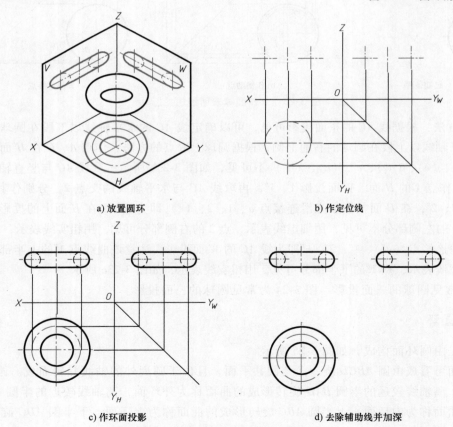

a) 放置圆环　　　　　　　　　　　　b) 作定位线

c) 作环面投影　　　　　　　　　　　d) 去除辅助线并加深

图 3-26　圆环的投影作图

2）画出三面投影中表示母线的圆的投影，在 *V* 面投影和 *W* 面投影上画出母线的上下公切线，如图 3-26c 所示。

3）将可见部分与不可见部分分别用相应的线型表示，检查并加深图线，去除辅助线，如图 3-26d 所示。

（2）圆环表面取点　圆环的三面投影均没有积聚性，除特殊点外，圆环表面取点时需要利用辅助线求解，注意取点时需要判断点的投影是否可见。

【例 3-9】　如图 3-27a 所示，已知圆环的三面投影，点 *A* 在圆环表面，对应的正面投影为（*a*′），求作点 *A* 的另外两面投影。

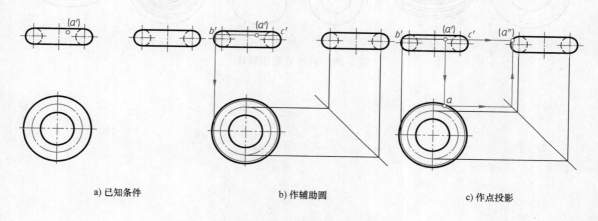

a) 已知条件　　　　　　　b) 作辅助圆　　　　　　　c) 作点投影

图 3-27　求作圆环面点的投影

作图方法：根据点 *A* 的正面投影不可见，可以确定点 *A* 在圆环面的右后上环面上，作过点 *a*′ 的辅助圆投影线 *b*′*c*′，根据投影规律，作该辅助圆的 *H* 面投影圆，如图 3-27b 所示；点 *A* 的正面投影在线 *b*′*c*′ 上，其 *H* 面投影必在对应的辅助圆上，根据位置作其 *H* 面投影 *a*，根据点的投影规律，求得点 *A* 在 *W* 面的投影（*a*″），如图 3-27c 所示。

（3）常见圆环的三面投影　图 3-28 为常见圆环的三面投影。

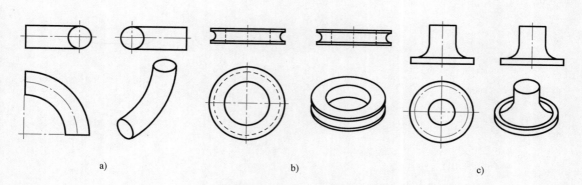

a)　　　　　　　　　　b)　　　　　　　　　　c)

图 3-28　常见圆环的三面投影

3.2.5 其他常见回转体

图 3-29 为其他常见回转体。

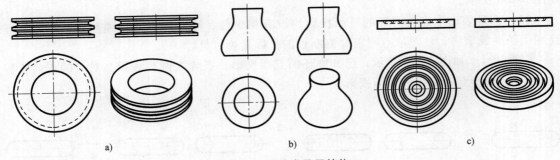

图 3-29　其他常见回转体

第4章
立体表面交线

在工程上常会遇到立体与平面相交的情形：如图 4-1a 所示，车刀是由作为基本体的四棱柱，被多个平面相交切割而成；如图 4-1b 所示，车床尾座固定顶尖是由作为基本体的圆锥回转体，被两个平面相交切割而成。在作图时，为了清楚表达这类物体的形状，必须画出平面与立体相交所形成的截交线投影。本章将介绍平面立体与回转体的截交线投影及作图方法。

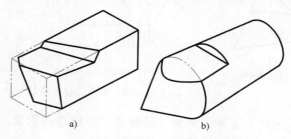

a)   b)

图 4-1 立体与平面相交

4.1 平面与平面立体相交

与立体相交的平面称为截平面，截平面与立体的交线称为截交线，截交线围成的图形称为截断面。

4.1.1 截交线的特性

平面与平面立体的截交线一般为多段直线围成的多边形，其基本特性如下：

（1）共有性 截交线为平面与立体表面共有线，截交线上的点为平面与立体表面的共有点。

（2）封闭性 截交线是封闭的多边形，多边形的各顶点是截平面与立体各棱线的交点。

截交线的形状主要取决于平面与立体的相对位置。如图 4-2 所示，同一平面立体，平面位置不同，其截交线也不同。

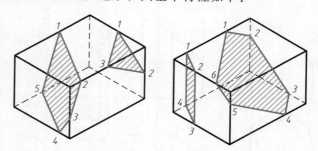

图 4-2 截交线的形状

4.1.2 截交线的作图方法

根据截交线的性质，求作截交线可看成是求截平面与立体表面的共有点、共有线的问题，通常先作截平面与平面立体的交点，然后再依次连接成截交线。

【例 4-1】 如图 4-3a 所示，已知三棱锥被正垂面 P 截切，求作截切后立体的另外两面投影。

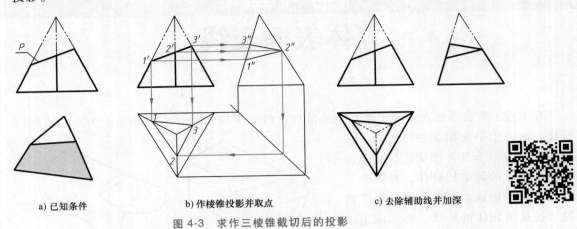

a) 已知条件   b) 作棱锥投影并取点   c) 去除辅助线并加深

图 4-3   求作三棱锥截切后的投影

分析：正垂面 P 与三棱锥的三个棱边均相交，其交点为截交线的端点，求作三个端点投影再连接即可求截交线的投影。

作图方法：根据投影规律作完整三棱锥另外两个面的投影，再根据棱锥上取点方法，以正面投影截交面上特殊点的投影 1′、2′、3′，作另外两个投影面上点的投影 1、2、3 与 1″、2″、3″，分别连接点 1、2、3 与 1″、2″、3″，所连接形成的多边形即为截平面与实体截切后形成的面，如图 4-3b 所示；去除辅助线并加深，如图 4-3c 所示，由于三棱锥的上半部分实际是被截平面截去的，作图时为了方便参考画出完整的三棱锥，所以需要对上半部分形成的投影进行处理，可用双点画线替代这部分线条，实际工作过程中这部分可完全擦除。

【例 4-2】 如图 4-4a 所示，已知六棱柱被正垂面 P 截切，求作截切后立体的另外两面投影。

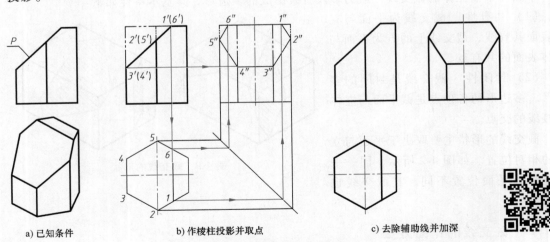

a) 已知条件   b) 作棱柱投影并取点   c) 去除辅助线并加深

图 4-4   求作六棱柱截切后的投影

分析：正垂面 P 只截去了六棱柱的部分角，其与六棱柱的截交线一部分在顶面上，一部分在侧面上，分别作相应的投影点再连接。

作图方法：由于给出的条件不包含完整的六棱柱投影，为方便作图，进行相应补充，根据投影规律作完整六棱柱另外两个面的投影，再根据棱柱上取点的方法，以正面投影截交线上特殊点的投影 1′（6′）、2′（5′）、3′（4′），作另外两个投影面上点的投影 1、2、3、4、5、6 与 1″、2″、3″、4″、5″、6″，连接点 1、6 完成俯视图投影，连接 1″、2″、3″、4″、5″、6″ 形成的多边形即为截平面左视图投影，如图 4-4b 所示；去除辅助线并加深，如图 4-4c 所示。

4.2 平面与回转体相交

平面与常见回转体相交时，通常截交线为平面曲线或平面曲线与直线首尾相连所构成的封闭形状，特殊情况下其结果为直线首尾相连所构成的形状，如过圆柱体轴线的平面与圆柱体形成的截交线为一矩形。

4.2.1 平面与圆柱体相交

根据平面与圆柱体轴线的相对位置不同，平面与圆柱体相交时，截交线有三种：圆、矩形、椭圆，见表 4-1。

表 4-1 平面与圆柱体相交的截交线

截平面位置	垂直于轴线	平行于轴线	倾斜于轴线
截交线形状	圆	矩形	椭圆
截平面形状	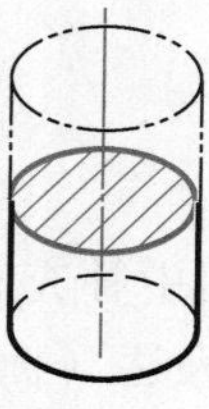	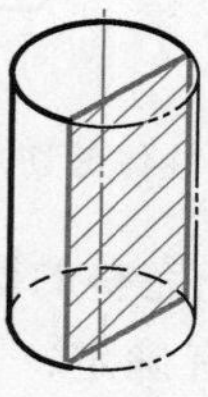	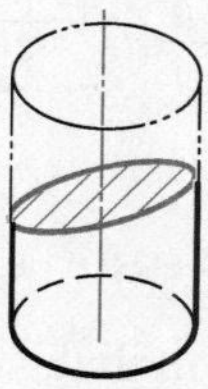
投影图	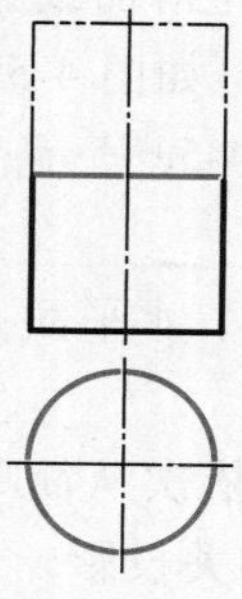	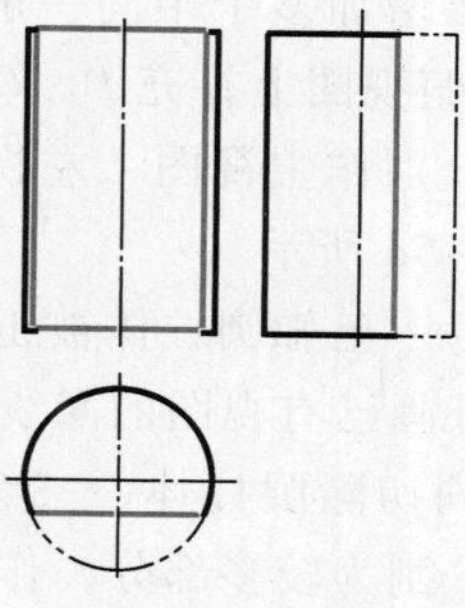	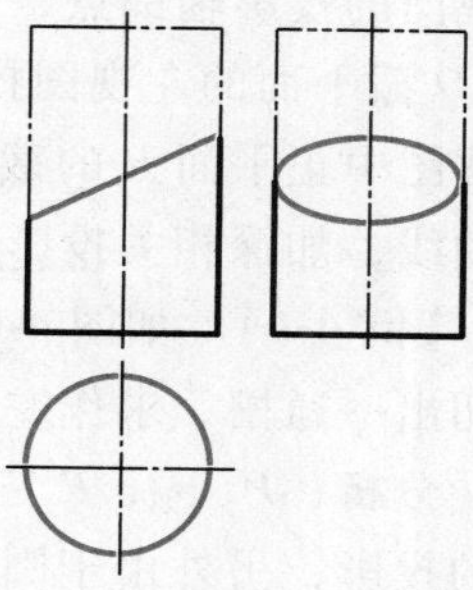

【例 4-3】 如图 4-5a 所示，一已知圆柱体被两个正垂面 *P*、*Q* 和一正平面 *R* 截切，求作左视图并补充已有视图的漏线。

分析：正垂面 *P*、*Q* 只截切了半个圆柱面，所以实际的投影分别为两个半椭圆，两个半椭圆基于轴线对称，而椭圆投影又被正平面 *R* 切除了一部分，作图时可先作半个椭圆，再根据正平面 *R* 的投影去除截去部分。

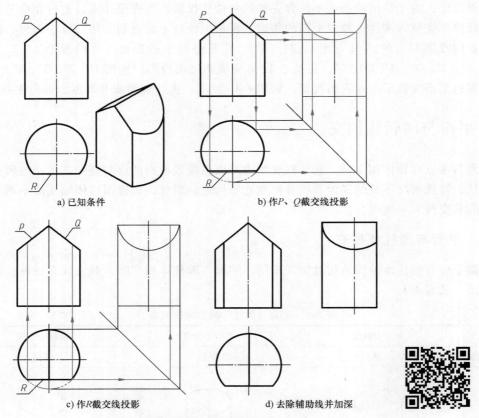

a) 已知条件   b) 作 P、Q 截交线投影

c) 作 R 截交线投影   d) 去除辅助线并加深

图 4-5　求作圆柱体截切后的投影 1

作图方法：根据已有视图，补充完整的圆柱体视图，俯视图中补充时线条用双点画线，而左视图由于正平面 R 截切位置没有确定，可先全部用细实线表达（标准作图时最终结果中有假想而作的线条，需用双点画线表达），根据投影规律选取 P、Q 截交线上的特殊点作左视图的投影辅助点，根据需要增加多个中间一般点作为辅助，用光滑曲线连接各点形成 P、Q 截平面的左视图投影，在俯视图上补充 P、Q 两面交线的投影，如图 4-5b 所示；根据俯视图中正平面 R 的截交线，分别作主视图、左视图的投影，如图 4-5c 所示；检查并去除辅助线，加深相关投影，如图 4-5d 所示。

【例 4-4】　如图 4-6a 所示，一已知圆柱体被正垂面 P、侧平面 Q、水平面 R 三个平面结合切出一通槽，求作左视图并补画已有视图的漏线。

分析：P、Q、R 三个面共同切除圆柱体，三个面首尾相连，可依次从简单到复杂作相应的投影，另外由于圆柱体被分割为较多部分，作图时先作截交线相关投影，最后再作圆柱体的相关轮廓线。

作图方法：先作完整圆柱体的左视图外形，用双点画线表示，再作水平面 R 的左视图投影及俯视图的投影，由于俯视图中水平面 R 所产生的直截交线不可见，用细虚线表示，如图 4-6b 所示；侧平面 Q 平行于圆柱轴线，根据投影规律，作其左视图的矩形截交线投影，由于其与正平面 R 相连，在作图时可直接利用已有正平面 R 的俯视图投影，如图 4-6c 所示；正垂面 P 倾斜于圆柱体轴线，通过其主视图上的特殊点作左视图的参考点，并增加两个中间一般点作为辅助，用曲线光滑连接所生成的各点，如图 4-6d 所示；补充圆柱体的左视图投影，如图 4-6e 所示；检查并去除辅助线，加粗相关投影，如图 4-6f 所示。

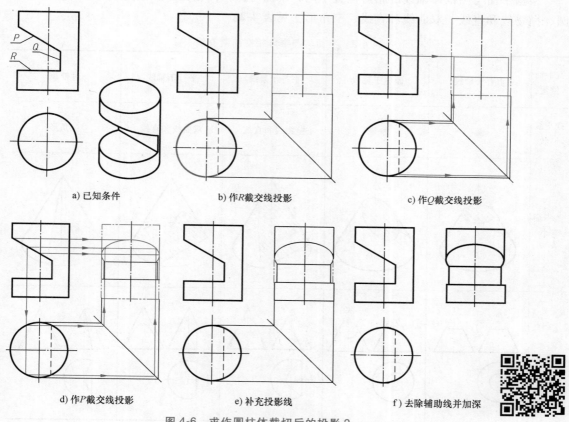

a) 已知条件　　　　　　b) 作R截交线投影　　　　　　c) 作Q截交线投影

d) 作P截交线投影　　　　　e) 补充投影线　　　　　f) 去除辅助线并加深

图 4-6　求作圆柱体截切后的投影 2

其余常见的圆柱体截切形式，如图 4-7 所示。

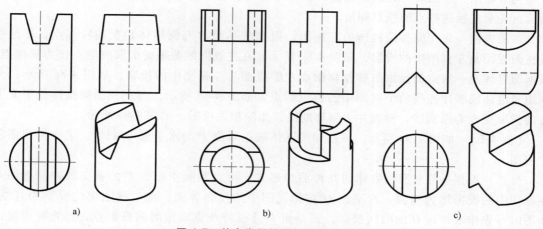

a)　　　　　　　　　　b)　　　　　　　　　　c)

图 4-7　其余常见的圆柱体截切形式

4.2.2 平面与圆锥体相交

根据平面与圆锥体轴线的相对位置不同，平面与圆锥体相交时，截交线有五种：圆、椭圆、抛物线和直线、双曲线和直线、三角形，见表 4-2。

表 4-2 平面与圆锥体相交的截交线

截平面位置	垂直于轴线	倾斜于轴线	平行于素线	平行于轴线	过锥顶
截交线形状	圆	椭圆	抛物线和直线	双曲线和直线	三角形
截平面形状	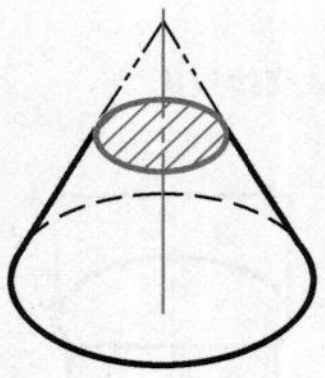	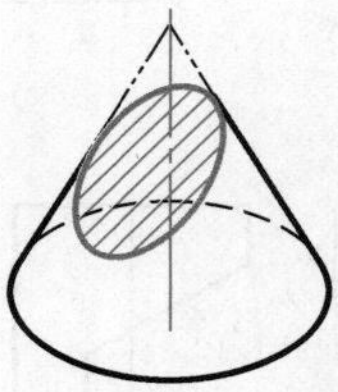	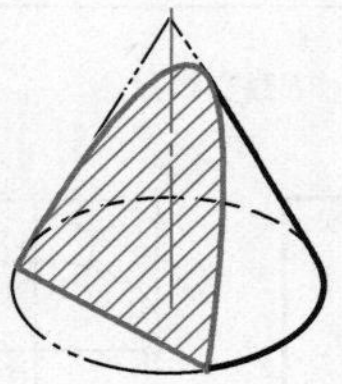	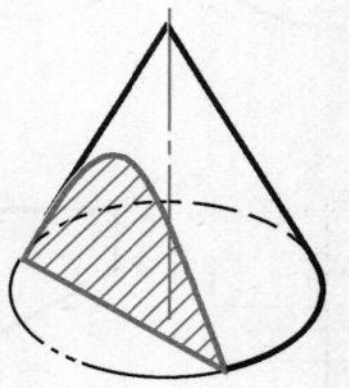	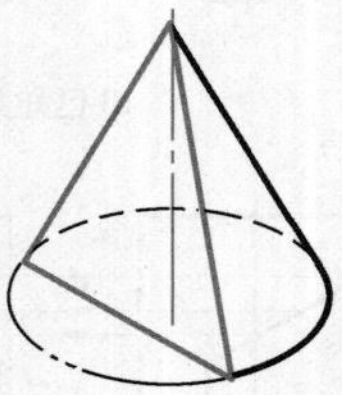
投影图	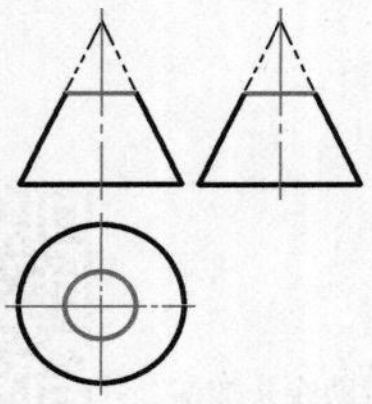	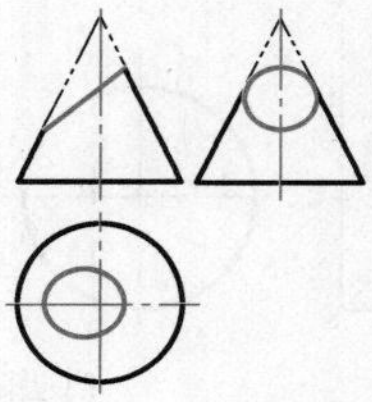	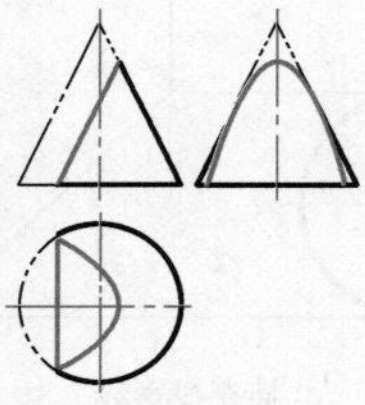	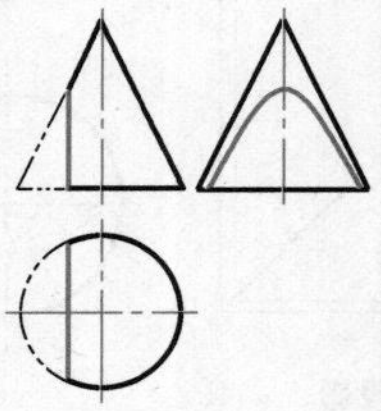	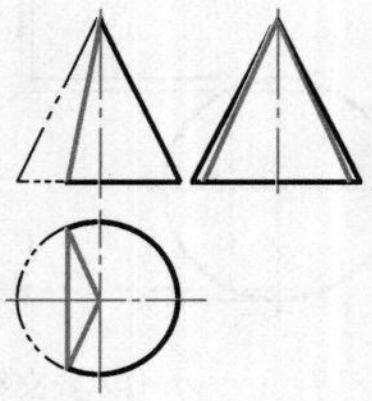

【例 4-5】 如图 4-8a 所示，一已知圆锥体被正垂面 P 截切，求作俯视图和左视图。

分析：根据条件对照圆锥体的几种截切形式，可以判断其截交线在俯视图与左视图中的投影均为椭圆，作图时可先找出椭圆的长、短轴的投影点，再适当添加一定的辅助点投影，最后再光滑连接这些点的投影即可。

作图方法：先作完整圆锥体的左视图，根据截平面 P 与圆锥体相交的特殊点，作这些点在俯视图及左视图中的投影，如图 4-8b 所示；在主视图的截平面上取一般点作为辅助点，根据圆锥体上一般点的投影规律作辅助点在俯视图与左视图中的投影，如图 4-8c 所示；分别用光滑曲线顺序连接两个视图中的各投影点，如图 4-8d 所示；将左视图圆锥体截平面下方的投影更改为粗实线，检查并去除辅助线，加深相关投影，如图 4-8e 所示。

【例 4-6】 如图 4-9a 所示，一已知圆锥体被正垂面 P 与水平面 Q 截切，求作俯视图和左视图。

分析：根据条件对照圆锥体的几种截切形式，可以判断正垂面 P 的截交线在俯视图与左视图中的投影均为椭圆，水平面 Q 在俯视图中的投影为圆，在左视图中的投影为直线，作图时可先作水平面 Q 的两面投影，正垂面 P 通过特殊点求作两面投影点，再光滑连接这些点即可。

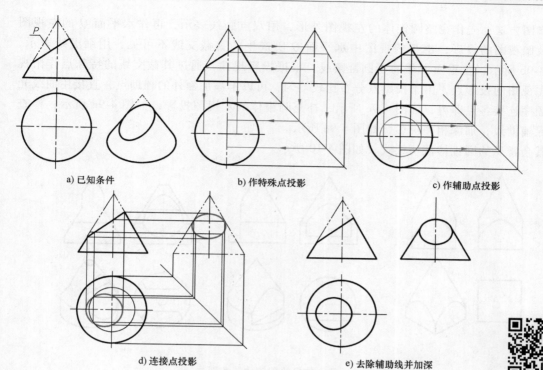

a) 已知条件　　　b) 作特殊点投影　　　c) 作辅助点投影

d) 连接点投影　　　e) 去除辅助线并加深

图 4-8　求作圆锥体截切后的投影 1

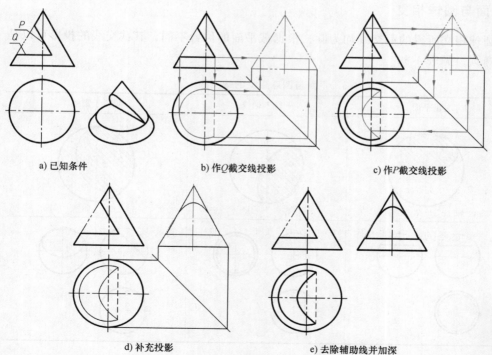

a) 已知条件　　　b) 作Q截交线投影　　　c) 作P截交线投影

d) 补充投影　　　e) 去除辅助线并加深

图 4-9　求作圆锥体截切后的投影 2

作图方法：先作完整圆锥体的左视图外形，用双点画线表示，再作水平面 Q 的左视图投影及俯视图的投影，由于俯视图中水平面 Q 所产生的直截交线不可见，用细虚线表示，如图 4-9b 所示；正垂面 P 平行于圆锥素线，根据投影规律，通过其截交线的特殊点作俯视图与左视图的投影点，由于投影点分布比较均匀，可以不添加额外的辅助点，直接用曲线光滑的顺序连接各点即可，如图 4-9c 所示；补充圆锥体的左视图投影，如图 4-9d 所示；检查并去除辅助线，加深相关投影，如图 4-9e 所示。

其余常见的圆锥体截切形式，如图 4-10 所示。

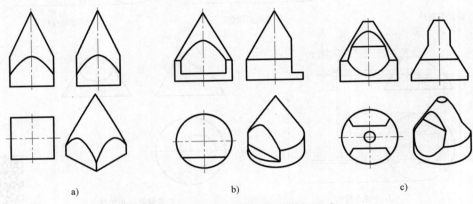

图 4-10　其余常见的圆锥体截切形式

4.2.3　平面与圆球相交

平面与圆球相交所得的截交线均为圆，根据截平面的位置不同，其截交线的投影可以是直线、圆或椭圆，见表 4-3。

表 4-3　平面与圆球相交的截交线

截平面位置	正平面	平行于轴线	倾斜于素线
截平面形状			
投影图			

【例 4-7】　如图 4-11a 所示，一已知圆球被侧平面 P、R 及水平面 Q 截切，求作俯视图和左视图。

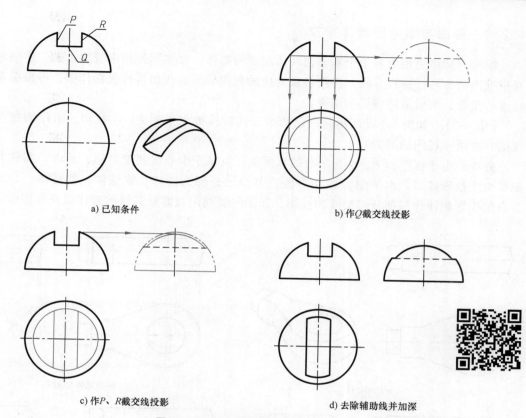

a) 已知条件　　　　　　　　　　　　　　　　b) 作Q截交线投影

c) 作P、R截交线投影　　　　　　　　　　　d) 去除辅助线并加深

图 4-11　求作圆球截切后的投影

分析：由于截平面为水平面与侧平面，所以其截交线投影为直线与圆，根据圆的投影规律，先作水平面的两个视图投影，再作侧平面的两个视图投影。

作图方法：先作球体的左视图，不确定的范围用细双点画线表示，根据圆球的投影规律作水平面 Q 的截交线在俯视图与左视图中的投影，左视图中的投影线不可见，用细虚线表示，如图 4-11b 所示；作侧平面 P、R 的截交线在左视图中的投影，如图 4-11c 所示；检查并去除辅助线，加深相关投影，如图 4-11d 所示。

其余常见的圆球截切形式，如图 4-12 所示。

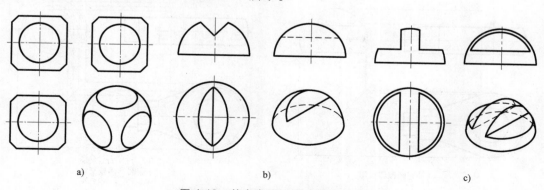

a)　　　　　　　　　　　　　　b)　　　　　　　　　　　　　　c)

图 4-12　其余常见的圆球截切形式

4.2.4　平面与组合回转体相交

组合回转体是指由若干个基本回转体组成的整体，在实际使用中较为常见，作图时首先要根据回转体特性进行分段，再按各段对应的截交线形成规律进行投影作图，再根据需要连接这些投影，形成最终需要的结果。

【例 4-8】　如图 4-13a 所示，一已知组合回转体被水平面 P、Q 截切，求作俯视图和左视图并补画主视图的漏线。

分析：由于截平面 P、Q 为平行的水平面，且基于中心线两侧对称，所以只需作其中一侧截交线投影即可。水平面 P 截切分为三部分，分别为圆球、圆锥体、圆柱体，分别利用各自的投影规律作三部分截交线的投影，作图时要利用过渡处共线的规律提高作图效率。

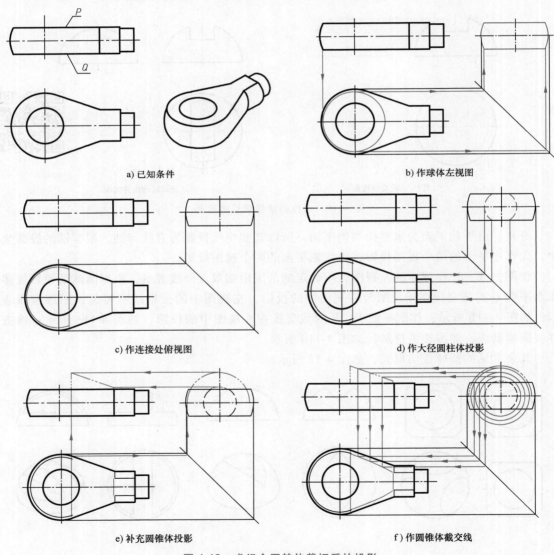

a) 已知条件　　　b) 作球体左视图
c) 作连接处俯视图　　　d) 作大径圆柱体投影
e) 补充圆锥体投影　　　f) 作圆锥体截交线

图 4-13　求组合回转体截切后的投影

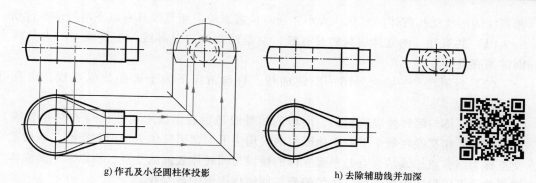

g) 作孔及小径圆柱体投影　　　　　　　　h) 去除辅助线并加深

图 4-13　求组合回转体截切后的投影（续）

作图方法：从组合体分析可以得到左视图中外轮廓应为球体部分的投影，其余部分不可见，根据球体的投影规律作左视图，如图 4-13b 所示；作俯视图中三部分连接处的纬圆投影，并将球体部分的投影多余部分去除（随着图形复杂程度的提高，作图过程中某些辅助线要适时去除），如图 4-13c 所示；根据圆柱体的投影规律作右侧大径圆柱体在左视图中的投影，其为不可见，用细虚线表示，再根据左视图中的投影及平行于轴线的面截切圆柱体的规律，作俯视图中的截交线投影，如图 4-13d 所示；中间圆锥体部分是本例题中的难点，首先将主视图与左视图中圆锥体部分的投影补充完整，通过俯视图中圆球与圆锥的交线作左视图中圆锥体的投影，再作主视图中圆锥体的投影，如图 4-13e 所示；根据圆锥体截切投影规律，取截切面上三个一般点，作俯视图中三个点的投影，用光滑曲线顺序连接圆球与圆锥体的共点、三个辅助点、圆锥体与圆柱体的共点，得到俯视图中圆锥体截交线一侧的投影曲线，同样的方法作另一侧的投影曲线，如图 4-13f 所示；根据俯视图内孔及左侧小圆柱体的投影分别作主视图、左视图中的投影，如图 4-13g 所示；检查并去除辅助线，加深相关投影，如图 4-13h 所示。

其余常见的组合回转体截切形式，如图 4-14 所示。

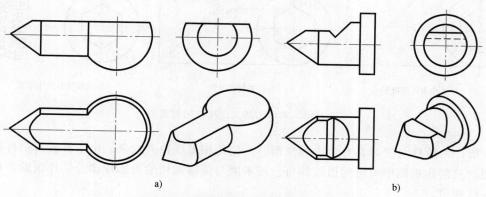

a)　　　　　　　　　　　　　　b)

图 4-14　其余常见的组合回转体截切形式

4.3　平面立体与回转体相交

立体与立体相交（又称为相贯），在立体表面产生的交线称为相贯线。两立体相贯时，相贯线的形状受相贯体的形状、大小、相对位置影响。相贯线具有以下两种基本性质：

（1）共有性　两立体表面的共有线，也是两立体的分界线，相贯线上的点是两立体表面的共有点。

（2）封闭性　一般为封闭的空间曲线，特殊情况下为平面曲线或直线，也有可能不封闭。

平面立体与回转体表面相交，所得的相贯线是由若干段平面曲线（有时是直线）组成的空间线。相贯线在每个平面立体面上的线均为平面在回转体表面的截交线，两段截交线的交点称为结合点，该结合点是平面立体的棱线与回转体表面的交点，所以求平面立体与回转体相贯线可以简化为求平面立体的棱面与回转体表面的截交线。

【例 4-9】　如图 4-15a 所示，一已知圆球与六棱柱相交，求作左视图并补齐主视图的漏线。

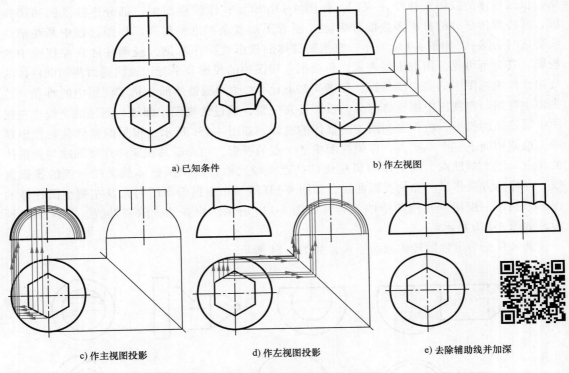

a) 已知条件　　　　　　　b) 作左视图

c) 作主视图投影　　　d) 作左视图投影　　　e) 去除辅助线并加深

图 4-15　求作圆球与六棱柱的相贯线

分析： 六棱柱与圆球共有六个相交面，产生的相贯线也有六条，由于其具有对称性，所以作图时只需作视图中可见的边线即可，按平面与圆球截切的投影规律分别作辅助点再光滑连接成线即可。

作图方法： 先作相贯体的左视图，如图 4-15b 所示；根据平面截切球体的投影规律，通过辅助点作六棱柱左前面在主视图中的投影，同样方法作右前面在主视图中的投影，如图 4-15c 所示；根据平面截切球体的投影规律，通过辅助点作六棱柱左后面在左视图中的投影，同样方法作左前面在左视图中的投影，六棱柱左侧棱面为侧平面，其左视图中的投影为圆，通过棱边交点作该投影，如图 4-15d 所示；检查并去除辅助线，加深相关投影，如

图 4-15e 所示。

其余常见的平面立体与回转体相交形式，如图 4-16 所示。

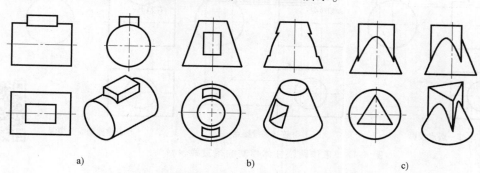

a)　　　　　　　　　　　b)　　　　　　　　　　　c)

图 4-16　其余常见的平面立体与回转体相交形式

4.4　两回转体相交

两回转体相交，其相贯线一般为光滑的、封闭的空间曲线，该曲线上的点都是两个回转体表面的共有点。根据相贯体的几何性质不同，可采用积聚性法、辅助平面法等方法作出相贯线。

4.4.1　积聚性法

当相交的两个回转体中有一个（或两个）圆柱面，其轴线垂直于投影面时，圆柱面在该投影面上的投影为圆，具有积聚性，交线上的点在该投影面上的投影也一定积聚在该圆上，其他投影面上的投影可用表面取点方法根据投影规律画出。

【例 4-10】　如图 4-17a 所示，两圆柱体垂直相交，求作相贯线在主视图中的投影。

分析：两圆柱体的轴线垂直相交，相贯线是围绕小圆柱体的空间曲线，两圆柱体在各自轴线的垂直投影面上投影具有积聚性，投影线为圆，再根据圆柱体上点的投影规律作参考点，光滑连接即可。

作图方法：根据左视图作主视图中相贯线特殊点投影，如图 4-17b 所示；取一般点，按圆柱体上点的投影规律作其主视图中的投影，如图 4-17c 所示；顺序光滑连接主视图中的各投影点，如图 4-17d 所示；检查并去除辅助线，加深相关投影，如图 4-17e 所示。

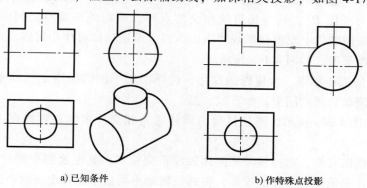

a) 已知条件　　　　　　　　　　b) 作特殊点投影

图 4-17　求作两圆柱体相交的相贯线

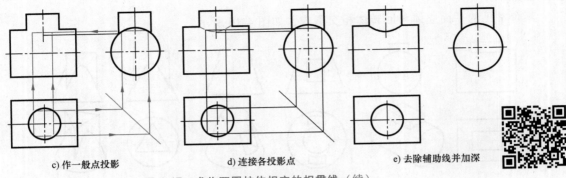

c) 作一般点投影　　　　　　　　d) 连接各投影点　　　　　　　e) 去除辅助线并加深

图 4-17　求作两圆柱体相交的相贯线（续）

其余常见的可用积聚性法作图的两回转体相交形式，如图 4-18 所示。

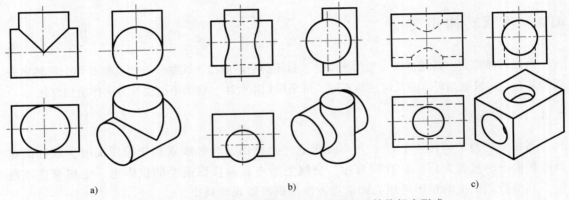

a)　　　　　　　　　　　b)　　　　　　　　　　　c)

图 4-18　其余常见的可用积聚性法作图的两回转体相交形式

4.4.2　辅助平面法

用平面作辅助面，该平面同时与两相贯体相交，求共有点的方法称为辅助平面法。当两回转相贯体不能用积聚法作时，可使用辅助平面法进行求解。

（1）辅助平面法原理　如图 4-19a 所示，一圆锥体与一圆柱体相贯，为求作其产生的相贯线上的点，现假想一辅助平面 P 切割该相贯体，切割产生的平面上的所有点均为三面所共有（两个切割面与平面 P），其与相贯线相交的点即为所需的辅助点，如图 4-19b 所示，这些点的投影可依据回转体上点的投影规律求出，再光滑连接即可作相贯线，为提高相贯线的精度可用多个辅助平面，如图 4-19c 所示。

（2）辅助平面的选择原则　为使作图简化，选择辅助平面的原则是辅助平面与两回转面的交线投影都是简单易画的图形，如直线、圆。

【例 4-11】　如图 4-20a 所示，圆柱体与圆锥体垂直相交，求作相贯线在主视图及俯视图中的投影。

分析：从已知视图可知，圆柱体与圆锥体轴线正交相贯，其左视图中圆柱体积聚为圆，相贯线与该圆重合，先确定特殊点的投影，再通过辅助平面法增加几个一般点的投影，最后顺序光滑连接这些点得到相贯线的投影线。

a) 相贯体   b) 辅助平面切割   c) 多个辅助平面

图 4-19 辅助平面法原理

作图方法：根据主视图圆柱体的投影，作其轴线与圆锥右侧轮廓线相交位置在俯视图上的辅助投影圆，延长圆柱体在俯视图上已有的投影线至该圆，从与该圆的交点作其在主视图的投影点，再根据主视图圆柱体与圆锥体投影的交点作两个交点在俯视图中的投影点，如图 4-20b 所示；作辅助平面 P、Q，利用平面截切的投影规律作与辅助平面 P、Q 相交的点在俯视图中的投影，并根据俯视图中的投影点作其在主视图中的投影，如图 4-20c 所示；分别用光滑曲线顺序连接主视图、俯视图中各投影点，如图 4-20d 所示；检查并去除辅助线，加深相关投影，注意相贯线的可见性，不可见部分用细虚线表示，如图 4-20e 所示。

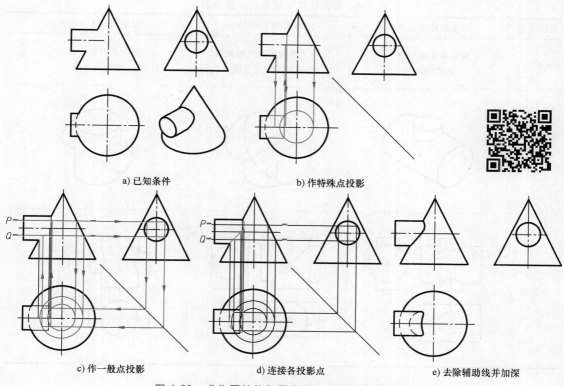

a) 已知条件   b) 作特殊点投影

c) 作一般点投影   d) 连接各投影点   e) 去除辅助线并加深

图 4-20 求作圆柱体与圆锥体垂直相交的相贯线

其余常见的可用辅助平面法作图的两回转体相交形式，如图 4-21 所示。

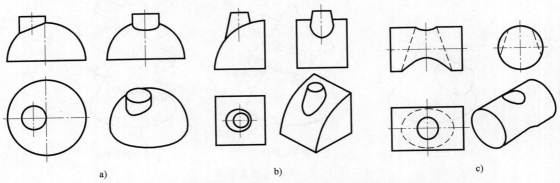

图 4-21　其余常见的可用辅助平面法作图的两回转体相交形式

4.4.3　相贯线的特殊情况

两回转体的相贯线一般情况下为空间曲线，在特殊情况下可以是平面曲线，同一种类型的相贯回转体，因其尺寸与位置的不同，其相贯线也不同，首先通过几种不同情况下的回转体了解相贯线的变化。

1）两圆柱体位置不变，直径变化，见表 4-4。

表 4-4　两圆柱体位置不变，直径变化

直径关系	铅垂圆柱体直径小	两圆柱体直径相等	铅垂圆柱体直径大
相贯线特点	围绕铅垂圆柱面上的空间曲线	围绕两圆柱体的平面椭圆，正面投影为直线	围绕水平圆柱面上的空间曲线
立体图			
投影图			

2）两圆柱体直径不变，位置变化，见表 4-5。

3）圆柱体与圆锥体相贯时，圆锥体不变，圆柱体变化，见表 4-6。

表 4-5 两圆柱体直径不变,位置变化

位置关系	两轴线垂直相交且偏心	两轴线垂直相交且圆柱面相切	两轴线相交
相贯线特点	前后不对称的空间曲线	相交于切点的两段空间曲线	空间曲线
立体图	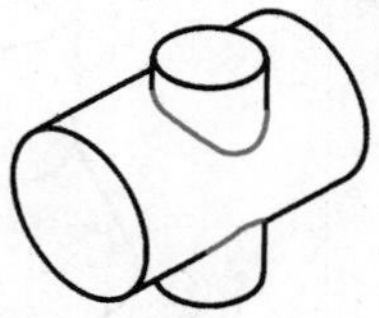	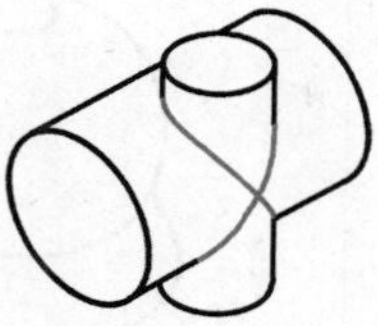	
投影图	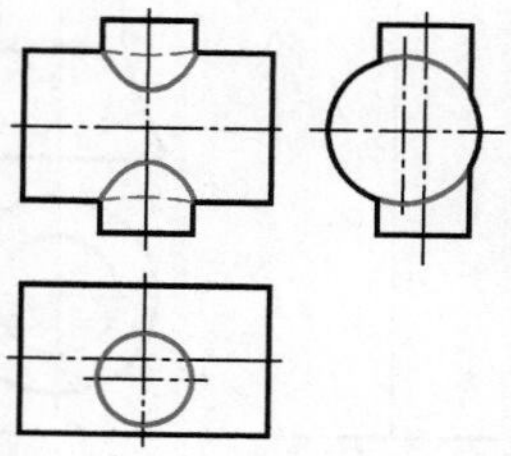	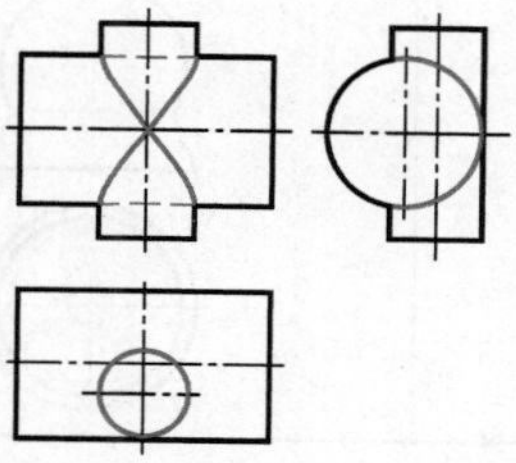	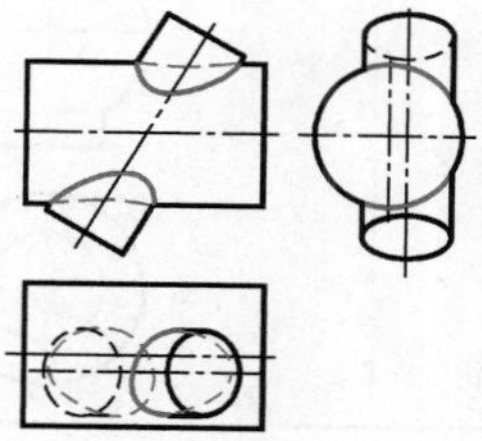

表 4-6 圆锥体不变,圆柱体变化

位置关系	两轴线垂直相交且圆柱面与圆锥面相切	两轴线垂直相交且圆柱面直径大于相交处的圆锥面直径	两轴线相交
相贯线特点	平面椭圆,正面投影为直线	上下两条空间曲线	左右两条空间曲线
立体图	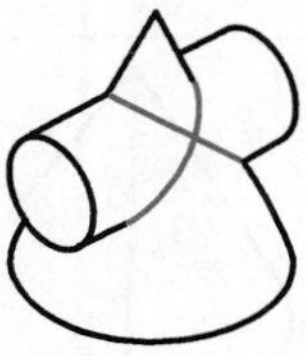	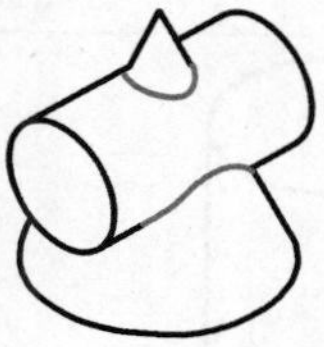	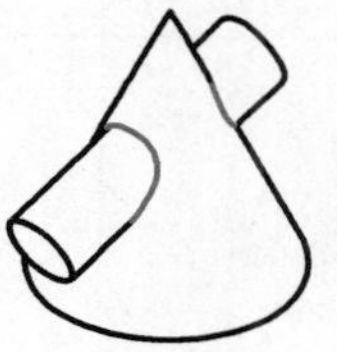
投影图	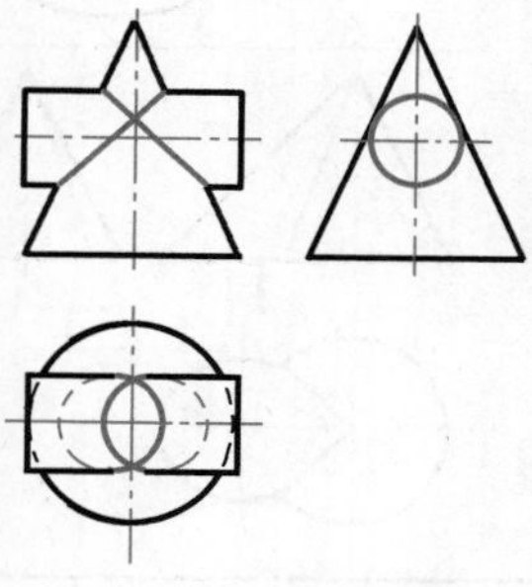	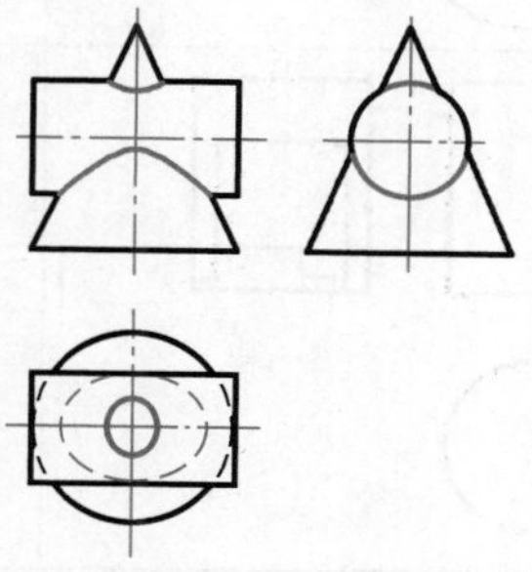	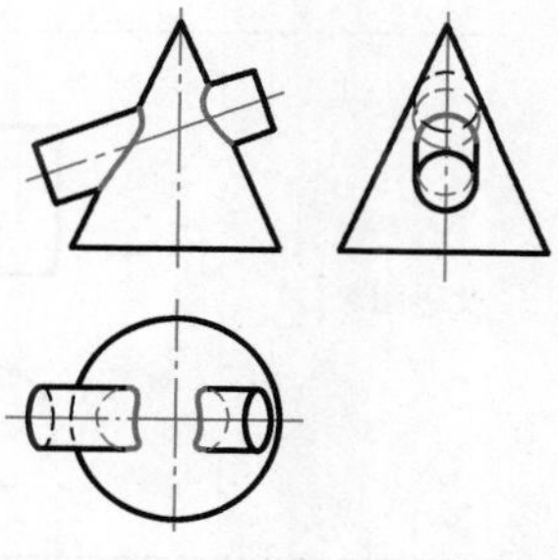

除了上述三个表格中的常见回转体相贯线外,还有部分较特殊的相贯线形式,这些相贯体的相贯线通常为直线或圆等较为简单的投影,作图过程较简单,了解这些特殊形式可以在作图过程中减少不必要的辅助工作量。

1)两回转体同轴线相贯,见表4-7。

表 4-7 两回转体同轴线相贯

位置关系	圆柱体与球体相贯	圆锥体与球体相贯	圆锥体与圆柱体相贯
相贯线特点	相贯线为圆		
立体图			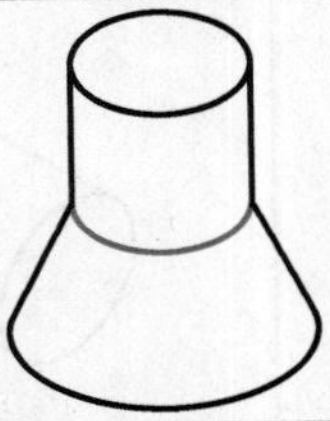
投影图	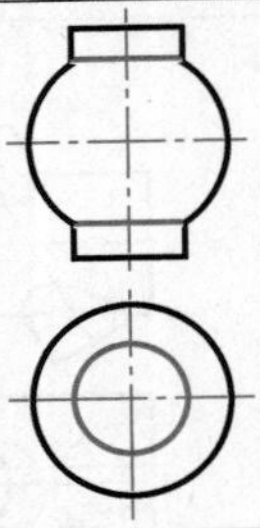	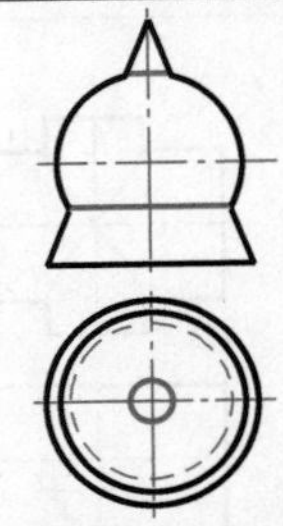	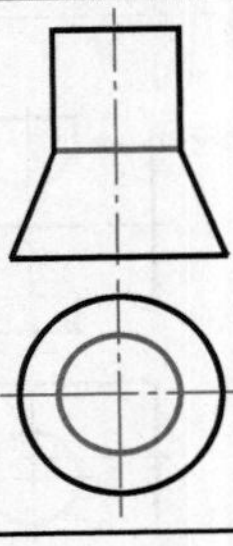

2）两回转体公切于球时，其相贯线为平面椭圆，正面投影为直线，见表 4-4、表 4-6 中的对应范例。

3）两圆柱体轴线平行、共锥顶的两圆锥，见表 4-8。

表 4-8 两圆柱体轴线平行、共锥顶的两圆锥

位置关系	两圆柱体轴线平行	共锥顶的两圆锥
相贯线特点	相贯线为直线和圆弧	
立体图	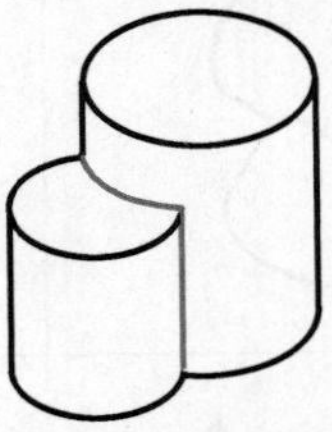	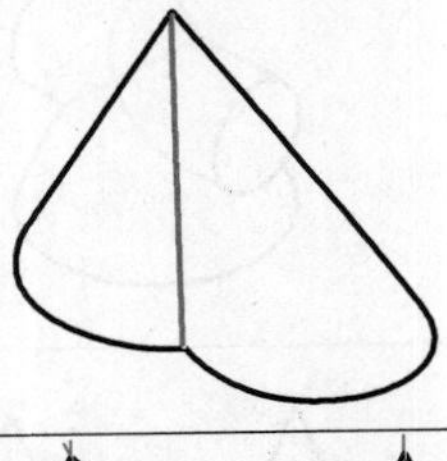
投影图	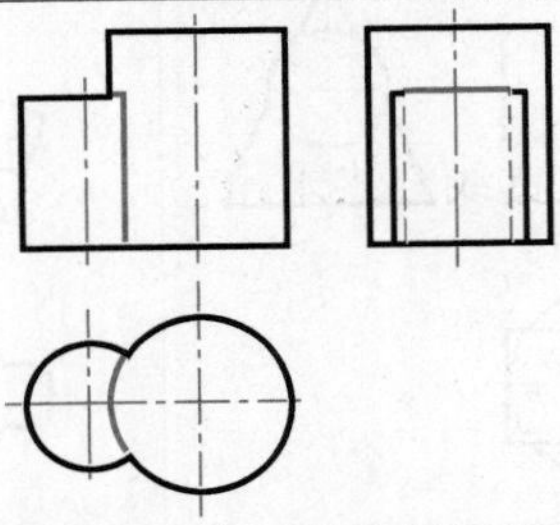	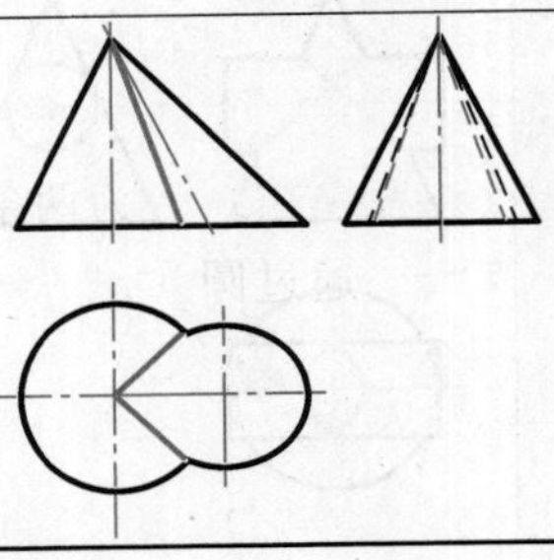

4.5 多个立体相交

在实际工程中，常会遇到多个立体相交的情况，交线较为复杂，其相贯线由多个两两立体间的交线组合而成，求解时分别求作各段交线，并判断出各段交线的分界点，其求解步骤

如下。

1）首先分析参与相交的立体分属于哪些基本立体，是平面立体还是曲面立体，对于不完整的立体应想象成完整的基本立体。

2）分析哪些立体间有相交关系，产生了几段交线，各段交线的分界点的位置。

3）分段求作各段交线的投影，通过各自的分界点连接成所需的组合曲线。

【例4-12】 如图4-22a所示，三个圆柱体相交，求作主视图相贯线的投影，并补画左视图的投影。

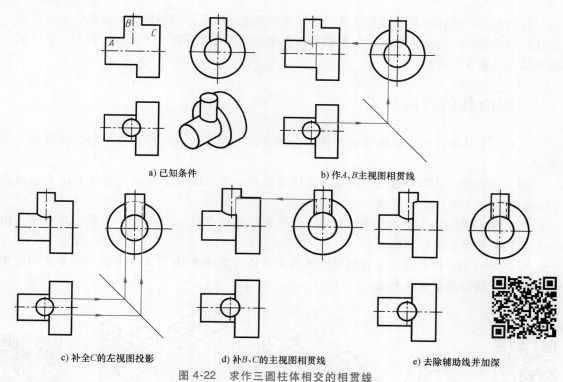

a) 已知条件　　　　　　　　b) 作A、B主视图相贯线

c) 补全C的左视图投影　　　d) 补B、C的主视图相贯线　　　e) 去除辅助线并加深

图 4-22　求作三圆柱体相交的相贯线

分析： 实体由A、B、C三段圆柱体组成，A与C共端面连接，不产生相贯线，圆柱体A与B、B与C相交，相贯线为空间曲线，A与B的相贯线侧面投影积聚在圆柱体A的左视图投影上，B与C的相贯线水平投影积聚在圆柱体B的俯视图投影上，圆柱体B表面与C端面的交线投影在左视图上为两条铅垂线，各相贯线分步求出。

作图方法： 通过圆柱体B在俯视图上的投影与圆柱体C端面投影的交点，求出A与B在主视图投影的右侧端点，再根据两圆柱体相贯的投影规律求作A与B的主视图投影，如图4-22b所示；在左视图中补全圆柱体C投影中不可见部分圆弧，根据俯视图中B与C端面交点求出B与C交线的左视图投影，用细虚线表示，如图4-22c所示；根据左视图中B与C的交线投影，求出在主视图中相贯线的左侧端点，再根据两圆柱体相贯的投影规律求作B与C的主视图投影，如图4-22d所示；检查并去除辅助线，加深相关投影，如图4-22e所示。

第5章

组　合　体

任何复杂的立体，从形体角度看，都可看作是由一些简单的形体组合而成。本章讨论组合体的构成形式，包括叠加型、切割型和综合型，运用形体分析法画组合体视图，学习组合体的读图方法及尺寸标注。

5.1　组合体的构成形式

由平面立体和曲面立体组成的物体称为组合体。组合体有三种：叠加型、切割型、综合型。

（1）叠加型　由两个或以上的基本立体叠加在一起形成的组合体，如图5-1a所示组合体，由六棱柱与圆柱叠加而成。

（2）切割型　由一基本立体经截切、挖孔而形成的组合体，如图5-1b所示组合体，由一长方体截切多个部分形成。

（3）综合型　既有叠加又有切割形成的组合体，如图5-1c所示，由数个基本立体叠加后再切割了部分基本立体形成。

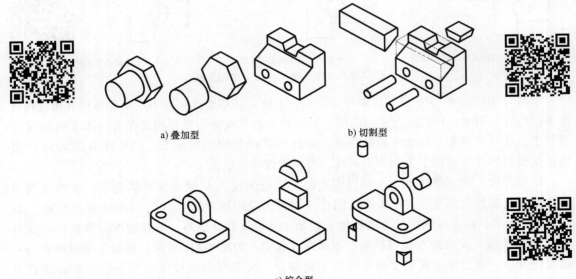

a) 叠加型　　　　　　b) 切割型

c) 综合型

图 5-1　组合体的构成形式

同一组合体的形成方法并不是唯一的，可以有多种方式，在分析其构成时要从易于理解、方便读图的角度考虑。

5.2 组合体表面间的过渡关系

组合体中相邻形体表面间的过渡关系分为四种：不共面、共面、相切、相交。

1）不共面。当两相邻形体表面不共面时，两形体表面的交界处应该画出分界线，如图 5-2a 所示。

2）共面。当两相邻形体表面共面时，两形体表面的交界处不应画分界线，如图 5-2b 所示。

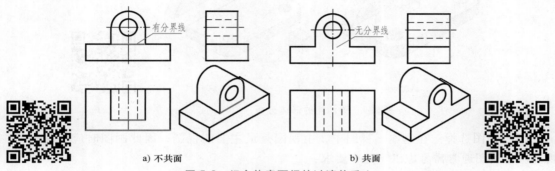

a) 不共面   b) 共面

图 5-2 组合体表面间的过渡关系 1

3）相切。当两相邻形体表面相切时，其相切处光滑过渡，无分界线，如图 5-3a 所示。

4）相交。当两相邻形体表面相交时，两形体表面交界处应画出交线，如图 5-3b 所示。

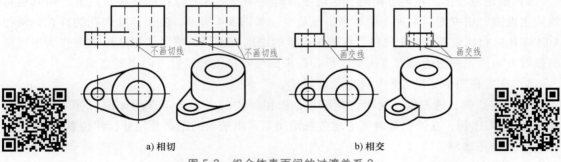

a) 相切   b) 相交

图 5-3 组合体表面间的过渡关系 2

作图时必须注意分析这些形体表面间的过渡关系，才能不多线、不漏线；读图时也必须关注这些过渡关系，才能避免看错图样。

5.3 作组合体的三视图

组合体的三视图通常采用形体分析法，按组合体的特点分解成若干个简单的基本形体，确定其构成形式、位置关系、过渡形式，按合理步骤作图。

5.3.1 叠加型组合体

以图 5-4a 所示轴承座为例说明此类组合体作图的基本步骤。

（1）形体分析　如图 5-4b 所示，轴承座可以分解成五个部分：底板、支承板、肋板、圆筒、凸台。

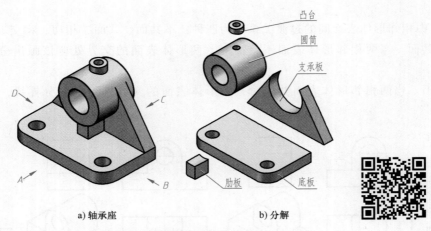

a) 轴承座　　　　　　　b) 分解

图 5-4　轴承座的形体分析

（2）视图选择　在基本三视图中，主视图是最主要的视图，因此画图时应首先选择主视图。主视图通常需考虑以下几个要求：

1）选择时，通常将物体放正（主要平面或轴线平行或垂直于投影面），并选择最能反映物体形状结构特征的视图作为主视图。图 5-4 所示的轴承座，将底板放在水平位置，圆筒放在正垂位置作为主视图，A 向、B 向为主视图较合理的备选方案。

2）确定主视图的投射方向时，尽可能多地反映各基本形体特征及相对位置，同时尽可能使主视图、俯视图、左视图中的细虚线最少。如图 5-4 所示，由于圆筒中孔的存在，使得 A 向与 B 向相比较而言，A 向在主视图中产生的细虚线更少，所以优先选用 A 向作为主视图的投射方向。主视图的投射方向确定后，俯视图与左视图的投射方向也随之确定。

3）在主视图中尽量考虑物体的长度尺寸。

（3）定比例、选图幅　视图选择好后，根据物体的大小选定作图比例与标准图幅，尽量选择 1∶1 比例，在选图幅时要考虑各视图间要留出适当的距离及尺寸标注位置。

（4）作图步骤

1）作轴线及基准线，合理布置三视图。基准线是指作图时尺寸的标注基准，通常每个视图需确定两个方向的基准，优先选用对称中心线、轴线、底面、大端面作为基准线，如图 5-5a 所示。

2）作底板三视图。由于俯视图最能体现其形状特征，先作俯视图，再作对应的主视图与左视图，注意孔不可见，用细虚线表达，圆角处为相切过渡，不画切线，如图 5-5b 所示。

3）作圆筒三视图。先作主视图，再作俯视图与左视图，注意俯视图中圆筒的投影遮挡了部分底板，所以被遮挡处要更改为细虚线，如图 5-5c 所示。

4）作支承板与肋板三视图。先作主视图，再作俯视图与左视图。支承板与圆筒相切，在俯视图与左视图中不画切线；肋板在俯视图中不可见，用细虚线表达，肋板在左视图中与圆筒交线的投影会遮挡部分圆筒投影，将遮挡部分去除，如图 5-5d 所示。

5）作凸台三视图。先作俯视图，再作主视图与左视图，注意左视图中与圆筒的相贯

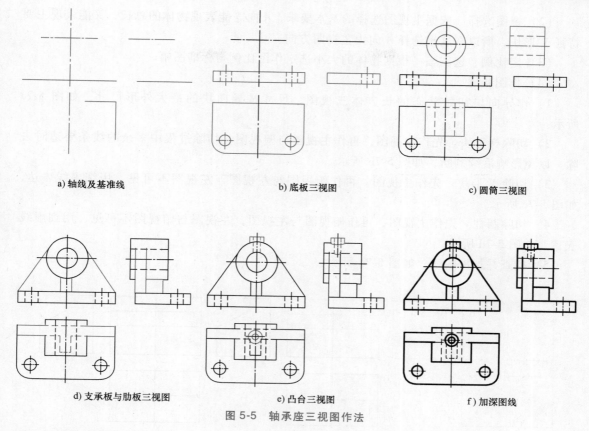

a) 轴线及基准线　　　　　　　　　　b) 底板三视图　　　　　　　　　　c) 圆筒三视图

d) 支承板与肋板三视图　　　　　　e) 凸台三视图　　　　　　　　f) 加深图线

图 5-5　轴承座三视图作法

线，如图 5-5e 所示。

6）检查并加深图线，如图 5-5f 所示。

5.3.2　切割型组合体

以图 5-6a 所示导向块为例说明此类组合体作图的基本步骤。

（1）形体分析　如图 5-6b 所示，导向块可看成是由长方体依次切去梯形块、V 形块、圆柱形成的切割型组合体。

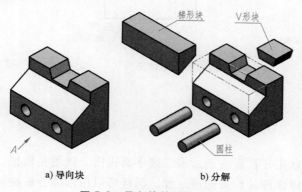

a) 导向块　　　　　　　　　b) 分解

图 5-6　导向块的形体分析

（2）视图选择　依据主视图选择的基本要求，A 向既能表现物体的总长，又能表现主要特征 V 形块，所以在这里选择 A 向为主视图方向。

（3）定比例、选图幅　根据物体的大小选定作图比例与标准图幅。

（4）作图步骤

1）作导向块初始状态的长方体三视图，尺寸按导向块的最大外形尺寸，如图 5-7a 所示。

2）切除梯形块。先作左视图，再作主视图与俯视图，切除过程中多余的线条要适时去除，以免影响后续判断，如图 5-7b 所示。

3）切除 V 形块。先作主视图，再作俯视图与左视图，左视图不可见，用细虚线表达，如图 5-7c 所示。

4）切除圆柱。先作主视图，再作俯视图与左视图，左视图与俯视图不可见，用细虚线表达，如图 5-7d 所示。

5）检查并加深图线，如图 5-7e 所示。

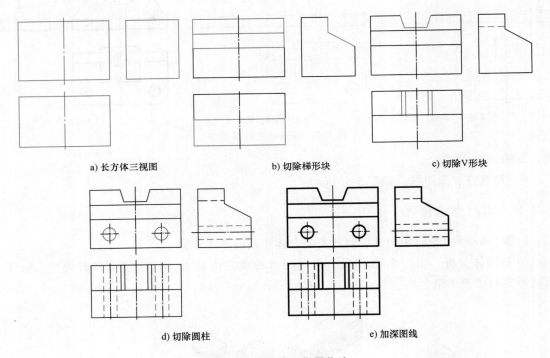

a) 长方体三视图　　　　b) 切除梯形块　　　　c) 切除 V 形块

d) 切除圆柱　　　　e) 加深图线

图 5-7　导向块三视图作法

5.4　读组合体三视图

作图是将组合体的空间形状用正投影法表示成二维平面视图，读图是根据二维平面视图想象出组合体的空间形状。所以读图是作图的逆过程，同样可以用形体分析法与线面分析法进行分析。

5.4.1 读图的基本要领

（1）联系几个视图分析 通常主视图是对物体形状特征反映最明显的视图，但在没有标注的情况下，只看一个视图无法确定物体的形状。如图 5-8 所示，主视图相同，但不同的俯视图所表达的物体形状是不一样的。如果只看主视图，展开想象还有更多的可能形状。

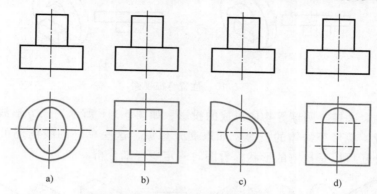

a)　　　　　　b)　　　　　　c)　　　　　　d)

图 5-8 一个视图无法确定物体形状

如果视图选择不合理，有时两个视图也不能确定物体的空间形状。如图 5-9 所示，如果只看主视图与俯视图，无法确定物体形状，需要配合左视图才能确定物体形状。

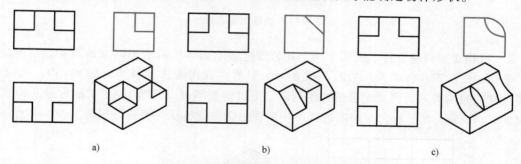

a)　　　　　　　　　　b)　　　　　　　　　　c)

图 5-9 两个视图无法确定物体形状

（2）从形状特征和位置特征视图开始 形状特征视图是表达构成组合体的各基本形体形状特征最明显的视图，如图 5-8 所示的俯视图为主要的形状特征视图，如图 5-9 所示的左视图为主要的形状特征视图。有时组合体中不同的基本形状所对应的形状特征视图分布在不同的投影视图中，要注意对应查看。

位置特征视图是表达组合体各基本形体之间相互位置关系的视图。如图 5-10a 所示，主视图为形状特征视图，但只从主视图与俯视图是无法判断半圆体与长方体的位置关系，通过左视图可以很容易判断出半圆体在前上方，长方体在后下方，此时左视图为半圆体与长方体的位置特征视图。再观察一下图 5-10b，同样的主视图与俯视图，由于表达位置特征的左视图不同，其结果也完全不同。

（3）分析视图上线框与线条的含义 线条是视图最基本的图素，由线条又组成了若干个封闭线框，要迅速、正确地想象出物体的形状，需要注意分析视图上线框与线条的含义。

1）线框的多义性。单一的线框可以表达多种形状物体的投影。如图 5-11a 所示，圆形

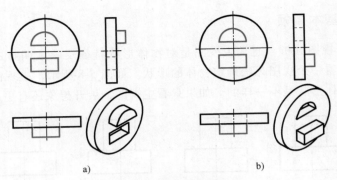

图 5-10　位置特征视图

线框可以是圆柱、圆锥、圆球等物体形成的投影；如图 5-11b 所示，长方形线框可以是长方体、三棱柱、键、棱形等物体的投影。如果展开想象，这些单一的线框还可以表示更多物体，除了实体外还可以是挖空的形状，看图时一定要仔细分析。

图 5-11　线框的多义性

2）相邻线框判断位置。视图上两个相邻线框表示物体上两个不同面的投影，可能是相交、平行、错位等几种关系。如图 5-12 所示，只看主视图无法判断 A、B、C、D、E、F 各相邻线框之间的关系，需要配合俯视图判断，通过俯视图可以判断出 A、B 前后错开，B、C 相交，B、D、E、F 平行，在判断过程中一定要结合位置特征视图进行判断。

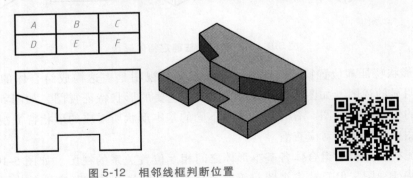

图 5-12　相邻线框判断位置

5.4.2　读图的基本方法

（1）形体分析法　形体分析法是指读图时根据组合体的特点，把表达形状特征最明显的视图按轮廓线的构成分成若干个封闭线框，再根据投影规律及各视图之间的联系，分析出各组成部分及相互之间的相对位置，最终想象出物体的整体形状，是读图的一种基本方法。

【例5-1】　图5-13a为一基座视图，试通过形体分析法分析其读图步骤。

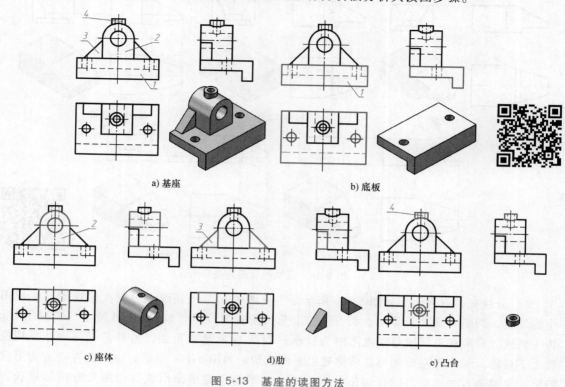

a) 基座　　　b) 底板

c) 座体　　　d) 肋　　　e) 凸台

图 5-13　基座的读图方法

读图步骤：

1）形体分析。根据形状特征、线框找对应投影。按先简单后复杂、先大线框后小线框、先实线框后虚线框的顺序，结合给定的视图，将主视图中分成1、2、3、4共四个部分，根据投影规律分别找出这些线框在俯视图、左视图中的对应投影，如图5-13a所示。

2）对投影。按对应的投影关系依次分析各部分形状，首先确定各线框的形状特征，再根据投射的"三等"对应关系，找出各部分的其余视图中的投影，最终确定其形状，如图5-13b~e所示。

3）综合想象。分析完各部分的基本形状后，再依据位置特征确定各形状之间的相对位置、构成形式及过渡关系，从而得到物体的整体形状。

（2）线面分析法　线面分析法是形体分析法读图的补充。当形体被切割形成不规则形状或形体投影重合时，用形体分析法往往不能直接想象出物体的形状，这时就需要用线面分析法帮助读图。线面分析法是根据视图中线条、线框的含义，分析相邻表面的相对位置、表面形状及面与面的交线，从而确定物体的结构形状。线面分析法通常用于切割型组合体的读图。

【例5-2】　图5-14a为一压块视图，试通过线面分析法分析其读图步骤。

读图步骤：

1）恢复初始形状。根据形状特征将截切部分补齐，想象出切割前的基本立体的形状。如图5-14b所示，补齐截切部分后的基本立体为一长方体。

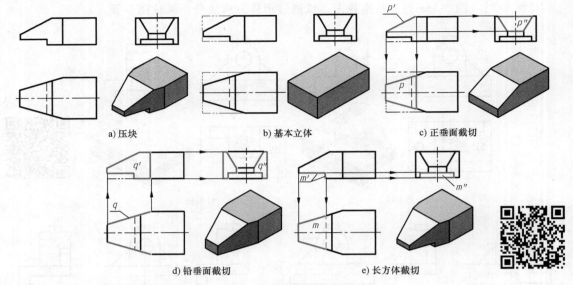

a) 压块　　　　　　　b) 基本立体　　　　　　c) 正垂面截切

d) 铅垂面截切　　　　　　　e) 长方体截切

图 5-14　压块的读图方法

2）分线框、对投影。如图 5-14c 所示，主视图中 p' 是一斜线，对应在俯视图与左视图中为线框，判断 P 面是正垂面，长方体左上角被正垂面截切。如图 5-14d 所示，俯视图中 q 为一斜线，对应在主视图与左视图中为线框，判断 Q 面是铅垂面，另外俯视图中 q 截切位置上下对称，长方体左前侧与左后侧被铅垂面截切。如图 5-14e 所示，主视图左下方为形状特征，是两垂直的切面共同截切长方体，M 由水平面与侧平面组成，切割长方体形成长方形通槽，也可以理解为切除一小长方体。

3）综合想象。根据各截切要素想象出物体的结构形状。

5.4.3　根据两视图补画第三视图

有些组合体通过两个视图就可以想象出其形状，看懂图后根据投影规律补画第三视图。叠加型、综合型组合体一般用形体分析法，形体特征不明显的切割型组合体一般用线面分析法，对于较复杂的组合体则要两种方法结合使用。

【例 5-3】　如图 5-15a 所示，已知物体的主、俯视图，补画其左视图。

作图步骤：

1）形体分析。从主视图分析，该组合体可分解为 1′、2′、3′、4′ 四个部分，根据投影规律找到四个部分在俯视图中的对应投影 1、2、3、4。对照两个视图可以判断出组合体中 I 是被截切的长方体，左侧为半圆，中间有一长圆形孔，右前方有一倒角；II 叠加在 I 上方，也是被截切的长方体，外形类似于 I；III 是一截切的长方体，叠加在 I 上方，与 II 相交，有两个相贯的孔；IV 是一截切长方体与 III 相贯形成，分解后如图 5-15b 所示。

2）绘制左视图。按顺序逐步绘制 I、II、III、IV 的左视图，绘制过程中要注意及时去除两部分共面的交线，注意相贯线的绘制，绘制过程如图 5-15c 所示。

3）检查、加深。左视图绘制完成后按原绘制顺序检查，尤其是注意共面线、相交线、切线、相贯线是否符合要求，检查完成后去除辅助线并按线型要求加深相关线条，如图 5-15d 所示。

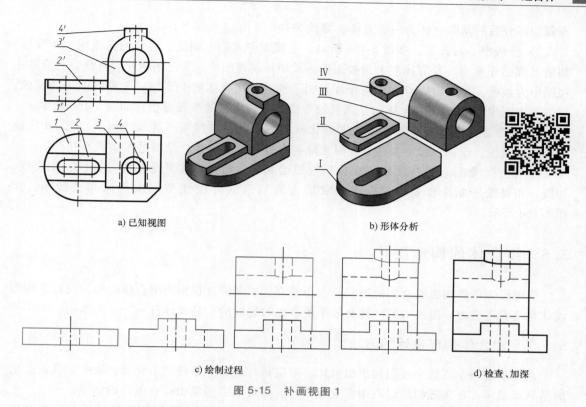

a) 已知视图

b) 形体分析

c) 绘制过程

d) 检查、加深

图 5-15 补画视图 1

【例 5-4】 如图 5-16a 所示，已知物体的主、俯视图，补画其左视图。

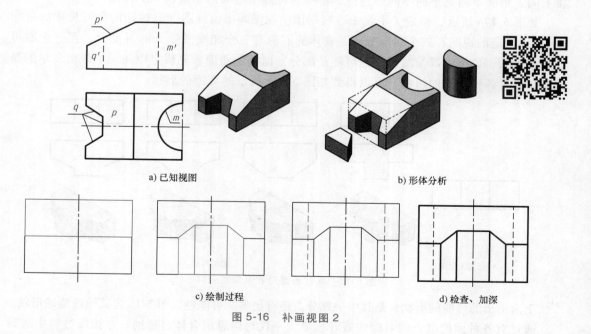

a) 已知视图

b) 形体分析

c) 绘制过程

d) 检查、加深

图 5-16 补画视图 2

作图步骤：

1）恢复初始形状。根据形状特征将截切部分补齐，想象出切割前基本立体的形状。补齐截切部分后的基本立体为一长方体,如图 5-16b 所示。

2)分线框、对投影。如图 5-16a 所示,主视图中 p' 为一斜线,对应的俯视图中为线框,判断 P 面是正垂面,长方体左上角被正垂面截切;俯视图中 q 为三条相连的直线,对应的主视图中为线框,判断组成 Q 面的三个面是铅垂面,截切物体的 V 形槽;俯视图中 m 为圆弧,对应主视图中为线框,判断 M 面是圆弧铅垂面,截切物体的半圆形槽,如图 5-16b 所示。

3)绘制左视图。先按长方体基本形状画出左视图,再按顺序逐步绘制 P、Q、M 三面截切的左视图,绘制过程中要注意及时去除两部分共面的交线,绘制过程如图 5-16c 所示。

4)检查、加深。左视图绘制完成后按原绘制顺序检查,尤其是注意共面线、相交线、切线、相贯线是否符合要求,检查完成后去除辅助线并按线型要求加深相关线条,如图 5-16d 所示。

5.5 组合体的构形设计

根据已知条件构思组合体的形状、大小并表达成图的过程称为组合体的构形设计。构形设计是培养创造力、想象力的一种有效手段,也为后续的产品设计打下一定的基础。

5.5.1 组合体构形设计的方法

通过给定一个或数个视图构思组合体,给定条件越少、条件越不充分,通常能满足要求的结果就越多,在实际构思过程中要充分联想,尽可能多想象出符合条件的结果。

(1)通过表面形状联想组合体 通过组合体的基本学习,我们知道物体的表面存在位置不同、角度不同、平曲不同等特性,不同的特性所组成的结果也大不相同。

如图 5-17a 所示,给定了主视图,根据该主视图画出俯视图(只讨论前侧可见面的可能性)。从给定的视图有三个线框分析,物体的前侧有三个相交或错开的可见面,而三个面可能都是平面,也可能都是曲面,也可能是部分平面部分曲面。先假定中间一个线框表示的是平面,通过各种可能的组合,可以得到如图 5-17b 所示的可能的形状。

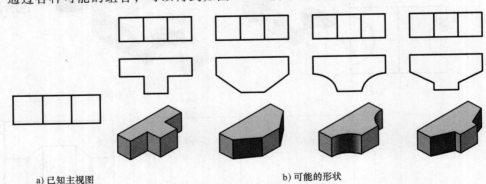

a) 已知主视图   b) 可能的形状

图 5-17 通过表面形状联想组合体

上面给出的可能的形状只是其中一部分,还有更多的可能性。图 5-18 为其他可能的形状。

通过对各种面的组合的可能性展开想象,不仅对构思组合体有帮助,在读图过程中遇到难点时,进行先假定、再验证,也是一种较有效的读图方法。通过这个例子也可以看到,图形表达要素不完整时,其结果将不是唯一的,所以在以后的绘图、设计过程中要严谨对待,

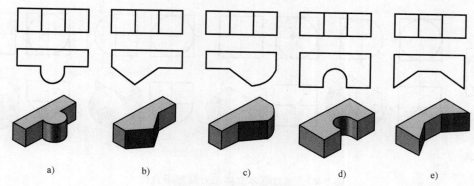

图 5-18　其他可能的形状

确保图形不会给读图人员造成不必要的误解。

（2）通过叠加、切割联想　组合体叠加、切割是分析组合体主要的方法，在构形设计时也是重要的手段。

如图 5-19a 所示，给定了主视图与俯视图，需要分析出合理的左视图。给定两个视图求第三个视图是实际应用中较多的一种形式。通过分析每个线框可能的基础形状，再对这些基础形状进行叠加，或将其补充为完整的基本立体再切割进行求解。通过各种可能的基本立体的组合可以得到如图 5-19b 所示的可能的形状。

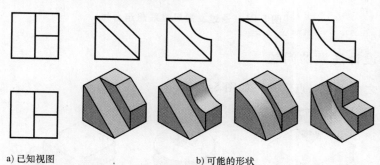

a) 已知视图　　　　　　　　　　　b) 可能的形状

图 5-19　通过叠加、切割联想组合体

通过这个例子也可以看到，通过两个视图不一定能确定物体的形状。如果要通过两个视图表达，其中一定要有表达形状特征的视图，以减少读图出错的可能性。

（3）通过基本立体组合联想　按给定的条件分线框想象成各自合理的基本立体，再进行组合，这种方法类似于叠加法，叠加法注重基础形状，反映形状的特征即可，而该方法注重基本立体。

如图 5-20a 所示，给定了主视图，分析出合理的俯视图与左视图。给定的条件中主要包含两个线框，正方形与圆，产生正方形投影的基本立体可以是四棱柱、圆柱等，产生圆投影的基本立体可以是圆柱、球、圆锥等，再根据这些基本立体进行组合，得到如图 5-20b 所示组合。如果考虑这些组合体以切割的方式组合则会产生更多的组合，可以展开想象。

对于构形设计一定要思维发散、懂得变通，以构思出更多的组合体，还要展开想象以期找到更多新颖、独特的组合体。根据图 5-20a 给定的条件，还可以得到图 5-21 所示的组合体形式，而这些正是发散思维的结果。

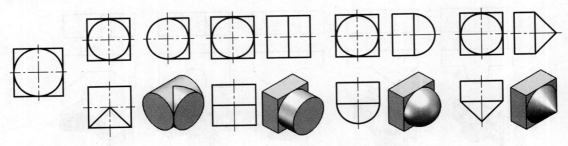

a) 已知视图   b) 可能的形状

图 5-20　通过基本立体组合联想组合体

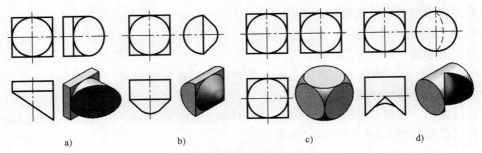

a)　　　　　　b)　　　　　　c)　　　　　　d)

图 5-21　通过发散思维联想组合体

5.5.2　构形设计注意的问题

1）两形体之间不能以点连接，如图 5-22 所示。

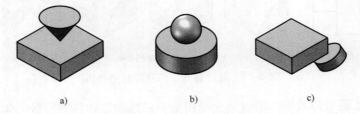

a)　　　　　　　　b)　　　　　　　　c)

图 5-22　不能以点连接

2）两形体之间不能以线连接，包括直线与曲线，如图 5-23 所示。

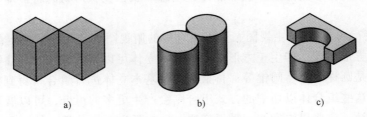

a)　　　　　　　　b)　　　　　　　　c)

图 5-23　不能以线连接

3）尽量不要出现封闭的型腔。封闭的型腔将对加工制造、维护维修带来严重不便。

5.6　组合体的尺寸标注

视图只能表达物体的结构形状，物体的真实大小则需要尺寸表达，加工、制造、检验等环节也需要依据图样上的尺寸进行。因此，尺寸是工程图样中重要的组成部分。尺寸标注的基本要求如下：

（1）正确　尺寸数值应正确无误，符合国家标准中有关尺寸标注的规定。

（2）完整　尺寸要完整，必须能将物体各部分的大小及相对位置完全确定下来，不允许遗漏，一般也不要标注重复尺寸。

（3）清晰　尺寸要布置恰当、排列整齐、清晰醒目，便于阅读和查找。

（4）合理　尺寸标注应尽可能考虑设计要求与工艺要求。

5.6.1　基本立体的尺寸标注

（1）平面立体　平面立体通常需要标注立体的长、宽、高，主要尺寸要标注在形状特征视图中。图 5-24 是常见平面立体的标注方法。

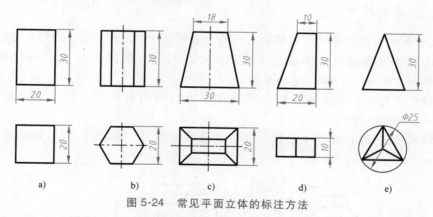

图 5-24　常见平面立体的标注方法

（2）回转体　回转体的尺寸主要是直径方向与轴线方向的尺寸，直径前加"φ"，半径前加"R"，球径前加"Sφ"。如果标注半径时，通常需标注在投影为圆弧的视图上。图 5-25 为常见回转体的标注方法。

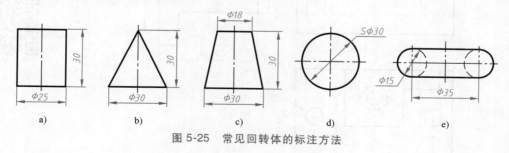

图 5-25　常见回转体的标注方法

5.6.2　切割体的尺寸标注

切割体中的截交线是截切后自然产生的，因此不在截交线上标注定形尺寸，只需要标注出截平面的定位尺寸即可,如图 5-26a 所示的两种切割状态下的截交线尺寸均是不需要标注的。图 5-26b 为常见切割体的一般标注方法。

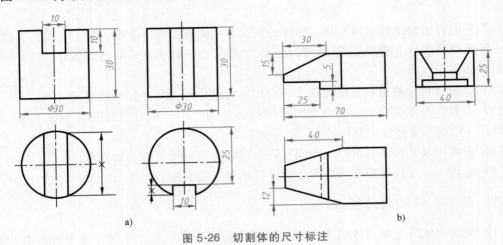

图 5-26 切割体的尺寸标注

5.6.3 组合体的尺寸标注

(1) 尺寸种类 组合体尺寸一般分为三类:定形尺寸、定位尺寸、总体尺寸。

1) 定形尺寸是确定组合体各基本形状大小的尺寸,如图 5-27 所示的尺寸 ϕ13mm、ϕ15mm、30mm、50mm、10mm、18mm 等。

2) 定位尺寸是确定组合体各组成基本立体之间的相对尺寸,如图 5-27 所示的尺寸 35mm、25mm、60mm 等。

3) 总体尺寸是确定组合体总长、总宽、总高的尺寸,如图 5-27 所示的尺寸 50mm、80mm、40mm、20mm。

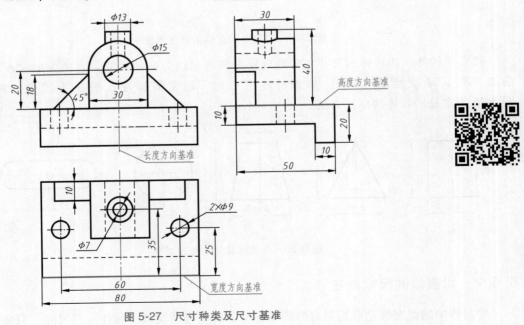

图 5-27 尺寸种类及尺寸基准

（2）尺寸基准　位置是相对而言的，标注时必须在长、宽、高三个方向分别确定尺寸基准，基准通常选择物体的底面、大端面、对称平面、回转体轴线等，除了要考虑物体自身的形状外，还要考虑加工制造的需要，如所选面要方便测量、便于作为划线基准、优先精加工面等。图 5-27 所示的主视图对称线选为长度方向基准，左视图中间的大平面选为高度方向基准，俯视图中的前侧边线选为宽度方向基准。

（3）标注步骤

【例 5-5】　完成如图 5-28a 所示三视图的尺寸标注。

标注步骤：

1）形体分析。将组合体分解为几个基本的组成形体。

2）确定基准。确定标注的长度、宽度、高度方向基准，如图 5-28b 所示。

3）标注尺寸。逐个标注各基本形体的定形、定位尺寸，如图 5-28c～f 所示。

4）检查整理。按基本形体检查所标注尺寸有无重复或遗漏，并进行适当整理，如图 5-28g 所示，完成标注。

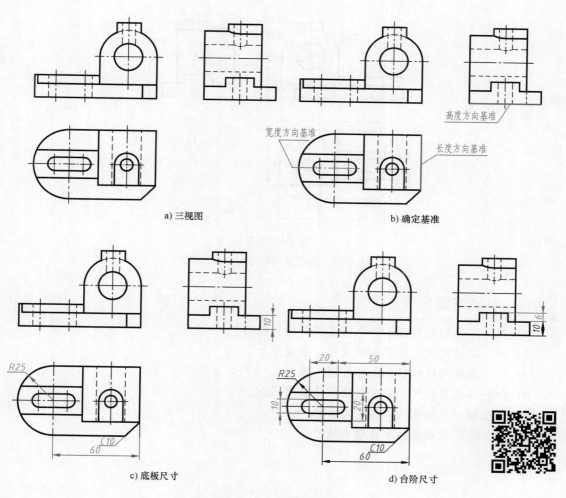

a) 三视图　　　　　　　　　　　　　　b) 确定基准

c) 底板尺寸　　　　　　　　　　　　　d) 台阶尺寸

图 5-28　组合体的尺寸标注

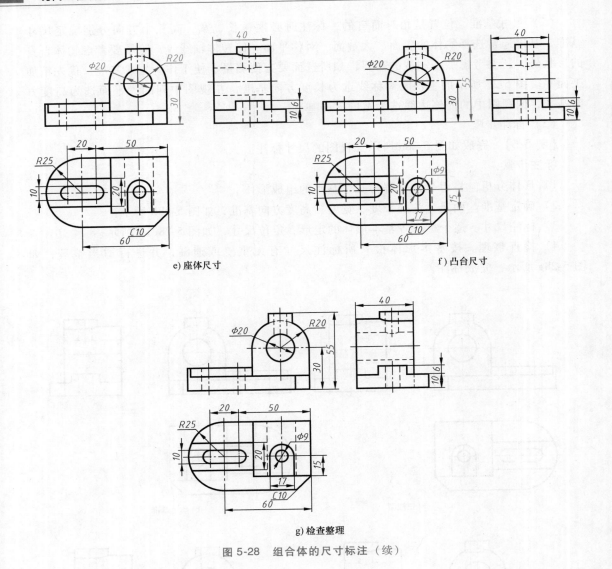

e) 座体尺寸   f) 凸台尺寸

g) 检查整理

图 5-28　组合体的尺寸标注（续）

5.6.4　标注注意事项

1）尺寸尽量标注在表示形体特征最明显的视图上。

2）同一形体尺寸尽量集中标注在一个视图上。

3）同一基准的尺寸尽量标注在同一侧。

4）回转体的直径尺寸尽量标注在非圆视图上。

5）尽量减少在视图内部标注尺寸。

6）尺寸应尽量避免标注在细虚线上。

第6章
轴　测　图

　　轴测图就是轴测投影,其立体感较强、直观性较好,但由于绘制烦琐、度量性较差,在工程应用中通常仅作为辅助图样,以补充表达物体的结构形状,提高读图效率。

6.1　轴测图基本知识

6.1.1　轴测图的形成

　　物体连同其参考的直角坐标系,沿不平行于任一坐标系平面的方向,用平行投影法投射在单一投影面上所得到的图形,称为轴测图,如图6-1所示。

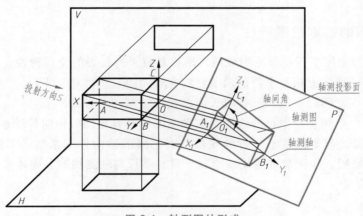

图6-1　轴测图的形成

　　在轴测投影中,生成轴测图的投影面 P 称为轴测投影面,坐标轴 OX、OY、OZ 的轴测投影 O_1X_1、O_1Y_1、O_1Z_1 称为轴测轴,轴测轴(正向)之间的夹角称为轴间角,如图6-1所示。

　　当投射方向 S 垂直于投影面 P 时,所得图形称为正轴测图;当投射方向 S 倾斜于投影面 P 时,所得图形称为斜轴测图。

6.1.2　轴向伸缩系数

　　轴测图上的单位长度与相应空间直角坐标轴上的单位长度的比值称为轴向伸缩系数。如图6-1所示,设 OX 轴的单位长度为 OA,其对应的 O_1X_1 轴上的单位长度为 O_1A_1,同理 OB 对应 O_1B_1,OC 对应 O_1C_1,O_1X_1、O_1Y_1、O_1Z_1 轴的伸缩系数分别用 p、q、r 表示,即

$$p=O_1A_1/OA \qquad q=O_1B_1/OB \qquad r=O_1C_1/OC$$

6.1.3 轴测图分类

按投影方法不同，轴测图可分为正轴测图和斜轴测图两大类，对于正轴测图，改变物体上直角坐标系与轴测投影面的相对位置即可改变轴间角与轴向伸缩系数；对于斜轴测图，改变物体上直角坐标系与轴测投影面的相对位置或改变投射方向，均可改变轴间角与轴向伸缩系数。

根据轴向伸缩系数之间关系不同，两类轴测图又可分为三种：

（1）正等轴测图（斜等轴测图） $p=q=r$，简称为正等测（斜等测）。

（2）正二等轴测图（斜二等轴测图） $p=q\neq r$，或任意两个轴向伸缩系数相等，第三个轴向伸缩系数不等，简称为正二测（斜二测）。

（3）正三轴测图（斜三轴测图） $p\neq q\neq r$，简称为正三测（斜三测）。

除了正等测唯一确定外，其余各种轴测图由于投射方向不同、轴向伸缩系数不同均有无数个结果，这给绘图与看图增加了难度，所以在综合考虑直观性、立体感、方便性后，机械工程中常用的轴测图有三种，正等轴测图（$p=q=r$）、正二等轴测图（$p=2q=r$）、斜二等轴测图（$p=2q=r$）。

对于轴测图的画法，一般只用粗实线画出可见部分，必要时才用细虚线画出不可见部分。

6.1.4 轴测图的基本投影特性

由于轴测投影是用平行投影法形成的，所以具有平行投影的全部特性。

（1）平行性   物体上相互平行的两条直线在轴测图上仍然相互平行。

（2）定比性   空间同一线段上各段长度之比在轴测图中保持不变。

（3）等比性   空间相互平行的线段，在轴测图中具有相同的轴向伸缩系数。

需要注意的是，与坐标轴不平行的线段具有不同的轴向伸缩系数，不能直接测量与绘制，只能按轴测原则，作两端点后连线绘制。只有平行与轴测轴的方向才可以测量，这也是"轴测"两字的含义。

6.2 正等轴测图

6.2.1 轴向伸缩系数和轴间角

当三个坐标轴相对于轴测投影面的倾角相同时，所得的轴测图为正等轴测图，所以正等轴测图的轴间角都是 $120°$，三个轴向伸缩系数的平方和等于 2，即 $p^2+q^2+r^2=2$。为了便于作图，一般将轴向系数简化为 1，即 $p=q=r=1$，如图 6-2 所示。

6.2.2 作平面立体的正等轴测图

平面立体通常使用坐标法绘制，按坐标画出各顶点

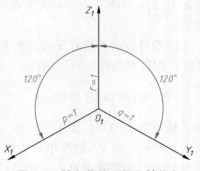

图 6-2 轴向伸缩系数和轴间角

的轴测投影，再连线形成轴测图，这是轴测图绘制的基本方法。

【例 6-1】 图 6-3a 所示为正六棱柱的主、俯视图，绘制正等轴测图。

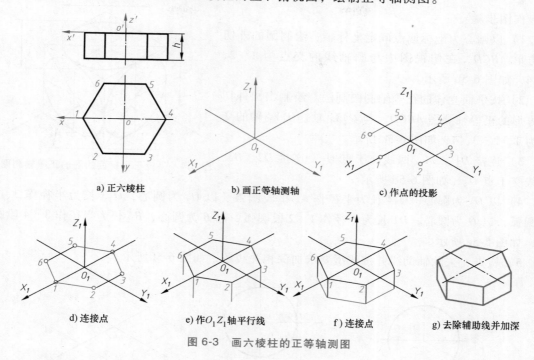

a) 正六棱柱   b) 画正等轴测轴   c) 作点的投影

d) 连接点   e) 作 O_1Z_1 轴平行线   f) 连接点   g) 去除辅助线并加深

图 6-3 画六棱柱的正等轴测图

作图步骤：

1）在给定视图上确定三个直角坐标轴及坐标原点，如图 6-3a 所示。

2）画出正等轴测轴 O_1X_1、O_1Y_1、O_1Z_1，如图 6-3b 所示。

3）从俯视图中可以看到线段 23 与 56 平行于 OX 轴，取轴向伸缩系数为 1，直接量取线段长度，按平行投影规律作线 23、56 的轴测投影，点 1 与点 4 在 OX 轴上，作两点的轴测投影点，如图 6-3c 所示。

4）连接点 1 点 2、点 3 点 4、点 4 点 5、点 1 点 6，如图 6-3d 所示。

5）分别过点 6、点 1、点 2、点 3 向 Z_1 的负方向作 O_1Z_1 轴的平行线，长度为主视图中测量的高度 h，如图 6-3e 所示（无须过点 4、点 5 作线，因为过该两点的线为不可见，通常不绘）。

6）依次连接过点 6、点 1、点 2、点 3 所作线段的端点，如图 6-3f 所示。

7）检查、去除辅助线并按线型要求加深相关线条，如图 6-3g 所示。

6.2.3 作曲面立体的正等轴测图

（1）平行于坐标面的圆的正等轴测图画法 平行于各坐标面的圆，正等测投影后为椭圆。直径为 d 的圆，投影后的椭圆均为长轴 $\approx 1.22d$、短轴 $\approx 0.7d$，水平面上的椭圆长轴处于水平位置，正平面上的椭圆长轴向右上倾斜 $60°$，侧平面上的椭圆长轴向左上倾斜 $60°$，如图 6-4 所示。

作图时，利用圆的外切正方形的正等轴测图为菱形，通过椭圆绘制方法绘制该菱形的内切椭圆即可。画如图 6-5a 所示圆的正等轴测（近似画法）图。

作图步骤：

1）以圆心为坐标原点确定坐标轴，绘制圆的外切正方形 *ABCD*，在俯视图中与圆轴线的交点为 1、2、3、4，如图 6-5b 所示。

2）按平面立体的正等轴测图画法，绘制出圆外切正方形的正等轴测图 *ABCD*，与 O_1X_1 轴、O_1Y_1 轴的交点为 1、2、3、4，如图 6-5c 所示。

3）连接 *D*1、*B*4，两线交于点 O_2，连接 *D*2、*B*3，两线交于点 O_3，如图 6-5d 所示。

4）以 O_2 为圆心，$O_2$4 长为半径作 4、1 段圆弧、以 O_3 为圆心，$O_3$3 长为半径作 3、2 段圆弧，以 *D* 为圆心，*D*1 长为半径作 1、2 段圆弧，以 *B* 为圆心，*B*4 长为半径作 3、4 段圆弧，如图 6-5e 所示。

5）检查、去除辅助线并按线型要求加深相关线条，如图 6-5f 所示。

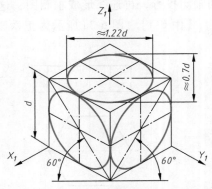

图 6-4　平行于坐标面的圆的正等轴测图

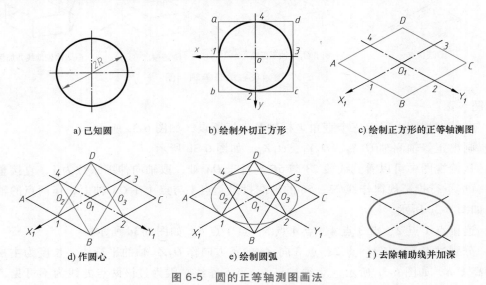

a) 已知圆　　　　　b) 绘制外切正方形　　　　　c) 绘制正方形的正等轴测图

d) 作圆心　　　　　e) 绘制圆弧　　　　　f) 去除辅助线并加深

图 6-5　圆的正等轴测图画法

【例 6-2】　图 6-6a 为带槽圆柱体的主、俯视图，绘制正等轴测图。

作图步骤：

1）以圆柱体上表面圆心为坐标原点确定坐标轴，绘制 $\phi50\text{mm}$ 圆的正等轴测图，如图 6-6b 所示。

2）以绘制好的圆正等轴测图向下量取 55mm 用同样方法再绘制 $\phi50\text{mm}$ 圆的正等轴测图，如图 6-6c 所示。

3）连接上下两个椭圆与水平方向轴的交点，如图 6-6d 所示（为便于作图，辅助线可适时去除）。

4）在上方椭圆作槽的宽度投影，如图 6-6e 所示。

5）过上一步槽投影线的端点向下垂直作槽高度的投影，如图6-6f所示。

6）连接槽投影下端点长度方向的投影点，并作相应的正轴测投影椭圆，如图6-6g所示。

7）检查、去除辅助线并按线型要求加深相关线条，特别需要注意投影是否可见，如图6-6h所示。

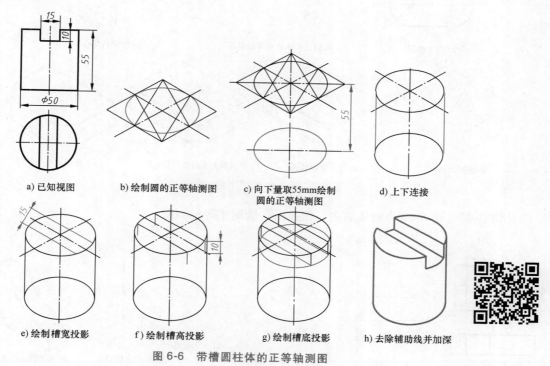

| a) 已知视图 | b) 绘制圆的正等轴测图 | c) 向下量取55mm绘制
圆的正等轴测图 | d) 上下连接 |

| e) 绘制槽宽投影 | f) 绘制槽高投影 | g) 绘制槽底投影 | h) 去除辅助线并加深 |

图6-6 带槽圆柱体的正等轴测图

（2）圆角的正等轴测图　圆角是圆的一部分，其正等轴测图画法与圆的正等轴测图画法相同，从圆的正等轴测图的作图方法可以看到，对应的菱形钝角与大圆弧对应，锐角与小圆弧对应，作图时在圆角对应的边上量取半径长度，自量取的长度点分别作边线的垂线，两垂线的交点为圆心，以圆心到垂足的长度为半径画圆弧即为圆角的正等轴测图。

【例6-3】　图6-7a所示为物体的主、俯视图，绘制正等轴测图。

作图步骤：

1）作长方体的正等轴测图，如图6-7b所示。

2）以R为长度在长方体上表面钝角与锐角边分别量取点位置，再以量取点为垂足作各自边线的垂线，钝角边的两垂线交于点O_1，锐角边的两垂线交于点O_2，如图6-7c所示。

3）分别以O_1、O_2为圆心，到垂足长度为半径绘制圆弧，如图6-7d所示。

4）用平移法作长方体下表面圆弧，如图6-7e所示。

5）作锐角上下圆弧的公切线，如图6-7f所示。

6）检查、去除辅助线并按线型要求加深相关线条，注意投影线是否可见，如图6-7g所示。

（3）曲线轮廓的正等轴测图画法　任意曲线的正等轴测图可以通过作辅助线的方法绘制。

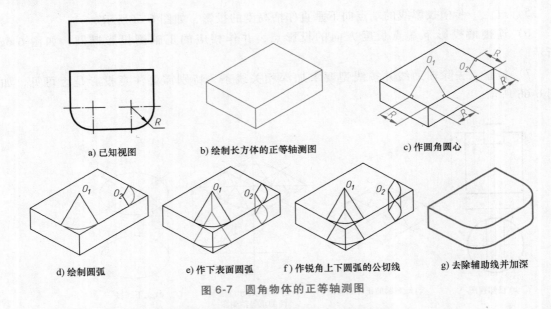

a) 已知视图　　　b) 绘制长方体的正等轴测图　　　　　c) 作圆角圆心

d) 绘制圆弧　　　e) 作下表面圆弧　　f) 作锐角上下圆弧的公切线　　g) 去除辅助线并加深

图 6-7　圆角物体的正等轴测图

【例 6-4】　图 6-8a 为物体的主、俯视图，绘制正等轴测图。

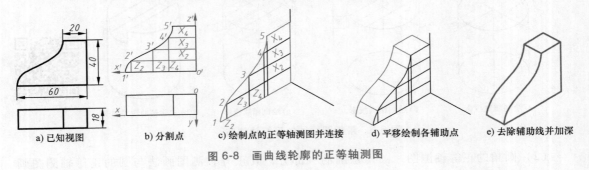

a) 已知视图　　　b) 分割点　　c) 绘制点的正等轴测图并连接　　d) 平移绘制各辅助点　　e) 去除辅助线并加深

图 6-8　画曲线轮廓的正等轴测图

作图步骤：

1）以物体右前下点为坐标原点确定坐标轴，将曲线分割成四段，形成 3 个分割点及首末 2 个端点共 5 个点，过中间 3 个分割点求作 OX 轴方向距离 X_2、X_3、X_4 及 OZ 轴方向距离 Z_2、Z_3、Z_4，如图 6-8b 所示。

2）按坐标法绘制 5 个辅助点的正等轴测图，并用曲线顺序光滑连接这些点，如图 6-8c 所示。

3）用平移法绘制各辅助点 O_1Y_1 向位置对应点，如图 6-8d 所示。

4）检查、去除辅助线并按线型要求加深相关线条，注意投影是否可见，如图 6-8e 所示。

6.2.4　综合实例

【例 6-5】　图 6-9a 所示为物体的主、俯视图，绘制正等轴测图（切割法）。

作图步骤：

1）以物体下表面右侧边线中点为坐标原点确定坐标轴，如图 6-9b 所示。

2）绘制轴测轴，按所给尺寸绘制辅助长方体的正等轴测图，如图 6-9c 所示。

3）量取相应尺寸绘制左上角的三棱柱轴测投影，如图 6-9d 所示。

4）量取尺寸绘制凹槽轴测投影，如图 6-9e 所示。

5）检查、去除辅助线并按线型要求加深相关线条，如图 6-9f 所示。

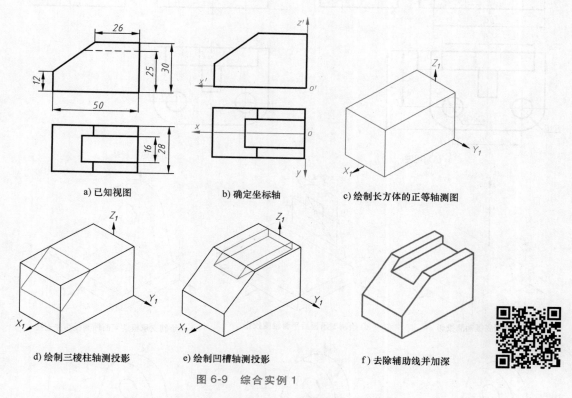

a）已知视图 b）确定坐标轴 c）绘制长方体的正等轴测图

d）绘制三棱柱轴测投影 e）绘制凹槽轴测投影 f）去除辅助线并加深

图 6-9 综合实例 1

【例 6-6】 图 6-10a 为物体的三视图，绘制正等轴测图（叠加法）。

作图步骤：

1）以物体下表面后侧边线中点为坐标原点确定坐标轴，如图 6-10b 所示。

2）绘制轴测轴及底板轴测投影，如图 6-10c 所示。

3）绘制支承板后平面轴测投影，如图 6-10d 所示。

4）以平移法绘制支承板前平面轴测投影，并连接成完整的支承板轴测投影，注意圆弧公切线的绘制，如图 6-10e 所示。

5）绘制两圆孔轴测投影，将中心线延伸至相邻边线，为绘制圆角轴测投影作准备，如图 6-10f 所示。

6）绘制长方体上表面圆角轴测投影，如图 6-10g 所示。

7）以平移法绘制长方体下表面圆角轴测投影，注意右侧圆角公切线的绘制，如图 6-10h 所示。

8）绘制肋轴测投影，如图 6-10i 所示。

9）检查、去除辅助线并按线型要求加深相关线条，如图 6-10j 所示。

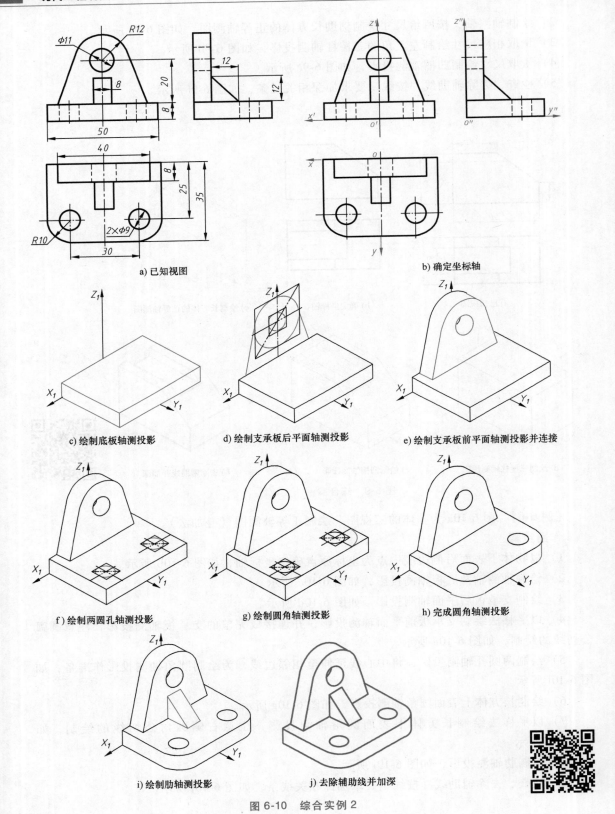

a) 已知视图

b) 确定坐标轴

c) 绘制底板轴测投影

d) 绘制支承板后平面轴测投影

e) 绘制支承板前平面轴测投影并连接

f) 绘制两圆孔轴测投影

g) 绘制圆角轴测投影

h) 完成圆角轴测投影

i) 绘制肋轴测投影

j) 去除辅助线并加深

图 6-10 综合实例 2

6.3 斜二等轴测图

6.3.1 轴向伸缩系数和轴间角

当两个坐标轴 OX、OZ 与轴测投影面 P 平行，投射方向与轴测投影面倾斜，所得的轴测图为斜二等轴测图，所以斜二等轴测图的 O_1X_1 与 O_1Z_1 的轴间角是 $90°$，为了便于作图，将另两个轴间角定义为 $135°$，将轴向伸缩系数定义为 $p = r = 1$、$q = 0.5$，如图 6-11 所示。

6.3.2 作斜二等轴测图

斜二等轴测图的轴向伸缩系数 $p = r = 1$，所以物体上平行于 XOZ 坐标面的平面，其轴测投影均反映实形；轴向伸缩系数 $q = 0.5$，所以 Y_1 方向取物体量取值的 0.5 倍。正是由于这种特性，斜二等轴测图特别适用于绘制一个方向有较多

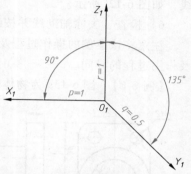

图 6-11 轴向伸缩系数和轴间角

圆弧、曲线的物体。将物体上圆弧、曲线较多的平面放置为与 XOZ 面平行，使得其轴测投影仍为圆弧、曲线实形，以简化作图，与 XOZ 不平行的面上的圆弧与曲线则用坐标法绘制。

【例 6-7】 图 6-12a 所示为物体的主、俯视图，绘制斜二等轴测图。

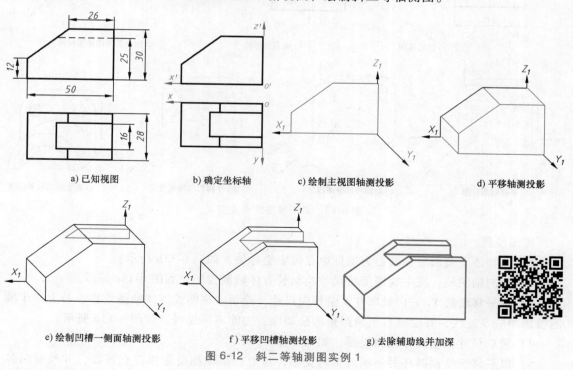

a) 已知视图 b) 确定坐标轴 c) 绘制主视图轴测投影 d) 平移轴测投影

e) 绘制凹槽一侧面轴测投影 f) 平移凹槽轴测投影 g) 去除辅助线并加深

图 6-12 斜二等轴测图实例 1

作图步骤：

1）以物体下表面右后侧点为坐标原点确定坐标轴，如图 6-12b 所示。

2）绘制轴测轴，按主视图所给尺寸绘制轴测投影，如图 6-12c 所示。

3）以平移法沿 Y_1 方向量取 0.5 倍相应尺寸，绘制主视图轴测投影，与上一步轴测投影相应点连线，去除不可见线，如图 6-12d 所示。

4）量取尺寸绘制凹槽一侧面轴测投影，沿 Y_1 方向距端面距离为量取值 0.5 倍，其余尺寸按实际值，如图 6-12e 所示。

5）以平移法绘制凹槽另一侧面轴测投影，与上一步轴测投影相应点连线，去除不可见线，如图 6-12f 所示。

6）检查、去除辅助线并按线型要求加深相关线条，如图 6-12g 所示。

注意将该案例的操作过程及结果与【例 6-5】进行对比，以直观了解不同轴测图的差异及作图过程的异同。

【例 6-8】 图 6-13a 为物体的主、俯视图，绘制斜二等轴测图。

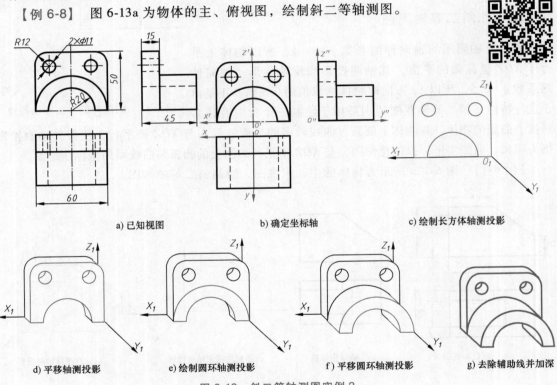

a) 已知视图　　　　　　　　　b) 确定坐标轴　　　　　　　　c) 绘制长方体轴测投影

d) 平移轴测投影　　　e) 绘制圆环轴测投影　　　f) 平移圆环轴测投影　　　g) 去除辅助线并加深

图 6-13　斜二等轴测图实例 2

作图步骤：

1）以物体下表面后侧圆心为坐标原点确定坐标轴，如图 6-13b 所示。

2）绘制轴测轴，按主视图所给尺寸绘制长方体轴测投影，如图 6-13c 所示。

3）以平移法沿 Y_1 方向量取 0.5 倍相应尺寸，绘制主视图长方体轴测投影，与上一步轴测投影相应点连线，并绘制右上角圆角的公切线，去除不可见线，如图 6-13d 所示。

4）量取尺寸绘制圆环轴测投影，如图 6-13e 所示。

5）以平移法绘制圆环另一端面轴测投影，与上一步轴测投影相应点连线，并绘制圆弧右侧公切线，去除不可见线，如图 6-13f 所示。

6）检查、去除辅助线并按线型要求加深相关线条，如图 6-13g 所示。

第7章
图样基本表示法

工程实际中物体形状千变万化，仅通过基本的三个视图不足以表达清楚，为此国家标准中规定了若干的视图作为补充，本章讨论工程图样中各种常用的视图表达方法。

7.1 视图

用正投影法所绘制出物体的图形称为视图。视图分为基本视图、向视图、局部视图和斜视图四种。视图中一般只画可见部分，必要时才用细虚线表达不可见部分。

7.1.1 基本视图

物体向基本投影面投射所得的视图称为基本视图，除前面讲过的主视图、俯视图、左视图外，增加了右视图（从右向左投射）、仰视图（从下向上投射）、后视图（由后向前投射）。

为了在同一平面上表示物体，必须将六个投影面展开到同一平面，展开时规定正立投影面不动，其余的投影面按图 7-1a 所示展开到正立投影面所在的平面上。

投影展开后六个基本视图的配置关系，如图 7-1b 所示。在主视图确定后，其他的基本视图位置关系也随之确定。因此，默认状态下不必标注视图名称。

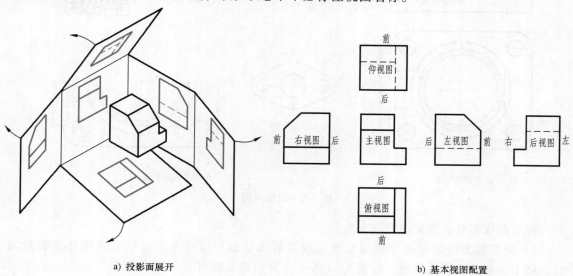

a) 投影面展开　　　　　　　　　　　　　　　　b) 基本视图配置

图 7-1　基本视图

六个基本视图的度量对应关系仍遵守"三等"规律，即：主、俯、仰视图等长，主、左、右、后视图等高，左、右、俯、仰视图等宽。在实际作图时，应根据物体的形状和结构特点选择所需的视图，一般优先选用主、俯、左视图。在能完整、清晰地表达物体形状的前提下，使用视图数量尽量减少，以简化作图过程。

7.1.2 向视图

向视图是可以自由配置的视图。为合理利用图纸空间，可不按图 7-1b 所示位置配置视图，此时应该在该视图上标出"×"（"×"为大写拉丁字母），在相应视图的附近用箭头指明投射方向，并标相同的字母，如图 7-2 所示。向视图是基本视图的另一种表达方式，表示投射方向的箭头应尽可能配置在主视图、左视图或俯视图上。

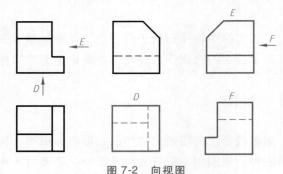

图 7-2　向视图

7.1.3 局部视图

局部视图是将物体的某一部分向基本投影面投射所得的视图。当物体在某个方向仅有部分形状需要表达，没有必要画出整个基本视图时，可采用局部视图，如图 7-3 所示。

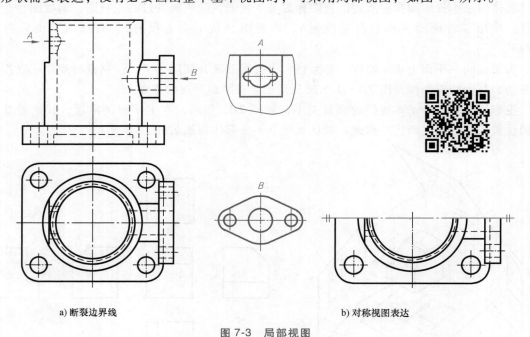

a) 断裂边界线　　　　　　　　　　　　　b) 对称视图表达

图 7-3　局部视图

画局部视图时，需要注意以下几点。

1）局部视图的断裂边界线用波浪线或双折线绘制。当所表示的局部视图外轮廓封闭时，则不必画出断裂边界线，如图 7-3a 所示的 B 向局部视图。

2）波浪线不应与轮廓线重合，空洞处和超出物体处不应存在。

3）当局部视图按基本视图配置，且中间没有其他视图时，可以省略表明投射方向的字母。

4）为了节省绘图时间和图幅，对称零件的视图可以只画一半或四分之一，并在对称中心线的两端画出与其垂直的两道平行细线，如图 7-3b 所示。

7.1.4 斜视图

当物体表面与基本投影面成倾斜位置时，在基本投影面上就不能反映物体的实形，此时可设置一个平行于倾斜结构且垂直于某一基本投影面的辅助投影面，如图 7-4a 所示，并在该投影面上作反映倾斜部分实形的投影，这种将物体向不平行于基本投影面的平面投射所得的视图称为斜视图，如图 7-4b 所示。

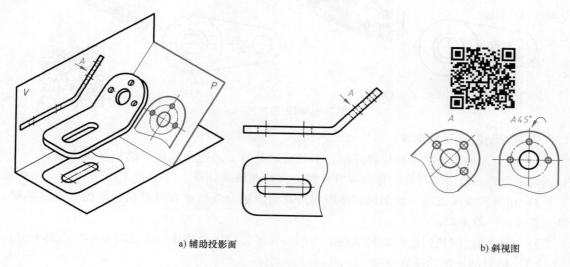

a) 辅助投影面   b) 斜视图

图 7-4 斜视图的形成

画斜视图时，需要注意以下几点。

1）斜视图主要用于表达物体上倾斜部分的实形，所以其余部分不必全部画出，断裂边界用波浪线表示。当所表示的结构是完整的，且外形轮廓封闭时，波浪线可省略不画。

2）斜视图一般按向视图的配置形式配置并标注，必要时也可平移到其他适当位置。

3）在不致引起误解时，允许将图形旋转，如图 7-4b 所示。经过旋转后的斜视图，必须标注旋转符号，箭头方向与旋转方向一致，表示视图名称的大写拉丁字母应靠近旋转符号箭头端，允许将旋转角度注写在字母之后。

7.2 剖视图

当机件的内部形状较复杂时，视图中会出现很多细虚线，既不便于看图，又不利于标注尺寸和其他相关要求，为解决这个问题，使原来不可见部分转化为可见部分，国家相关标准中规定了可用剖视图表达。

7.2.1 剖视图及标注

（1）剖视图的形成　剖视图是假想用剖切面剖开机件，将处在观察者和剖切面之间的部分移开，而将剩余的部分全部向投影面投射所得的图形。图 7-5a 所示为支架的两视图，由于其主视图中孔是不可见元素，用细虚线表达，看起来不太直观。现假想用一个剖切面沿物体前后的对称平面将其完全剖开，并移去前侧部分，投射得到全剖主视图，如图 7-5b 所示。

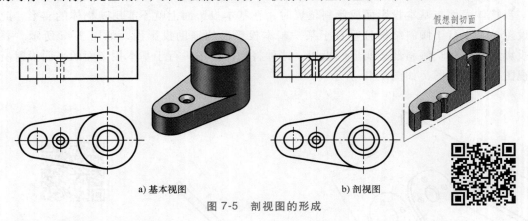

a) 基本视图　　　　　　　　　　　　　b) 剖视图

图 7-5　剖视图的形成

（2）绘制剖视图的步骤

1）确定剖切面及剖切面位置。剖视图的目的是为了表达物体内部结构的真实形状，因此剖切面位置一般应选择在物体的对称平面、回转面轴线处等。

2）用粗实线画出剖切面剖切物体得到的断面轮廓及其后所有可见轮廓线的投影，不可见的轮廓线一般不画。

3）在剖切面剖切到的断面轮廓内画出剖面符号，以区分物体的实体部分和空心部分。

（3）绘制剖视图的注意事项

1）剖切面是假想的，并不是真正将物体切掉一部分，因此当前视图的剖切面对其他视图没有影响，其他视图必须按物体完整形状画出。

2）剖切面选择时，尽量避免剖切后出现不完整的结构要素。

3）剖切面上的所有可见线均要画出。图 7-6 为常见容易遗漏的图线。

4）在剖视图中，已表达清楚的不可见轮廓可省略细虚线表达，但无法表达清楚的结构形状，则必须用细虚线表达。如图 7-7 所示，如果不用细虚线表达，将无法知道正平面的高度（实际绘图时也可以增加视图方式表达）。

（4）剖面符号　在剖视图中，剖面区域要画剖面符号。不需要在剖面区域中表示材料类别时，可采用通用的剖面线表示。通用剖面线是与图形的主要轮廓或剖面区域的对称线成 45° 的相互平行的细实线。如图 7-8 所示，同一物体的剖面线方向要一致、间隔相等，剖面线之间的距离视剖面区域的大小而异，通常可取 2~4mm，当剖面线与图形主要轮廓或剖面区域的对称线平行时，剖面线应画成 30° 或 60°，其倾斜方向仍应与该图中的其他剖面线方向一致。

当剖面线需同时表示该物体的材料类别时，国家标准规定了各种材料的剖面符号。表 7-1 列出了常用材料的剖面符号。

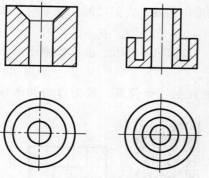

图 7-6　常见容易遗漏的图线　　　　图 7-7　必须用细虚线表达

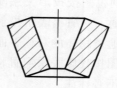

图 7-8　通用剖面线的画法

表 7-1　常用材料的剖面符号（摘自 GB/T 4457.5—2013）

材料名称	剖面符号	材料名称	剖面符号
金属材料（已有规定剖面符号者除外）		木质胶合板（不分层数）	
线圈绕组元件		基础周围的泥土	
转子、电枢、变压器和电抗器等的叠钢片		混凝土	
非金属材料（已有规定剖面符号者除外）		钢筋混凝土	
型砂、填砂、粉末冶金、砂轮、陶瓷刀片、硬质合金刀片等		砖	
玻璃及供观察用的其他透明材料		格网（筛网、过滤网等）	
木材　纵断面		液体	
木材　横断面			

剖面符号仅表示材料类别，材料的名称和代号必须另行注明。画剖视图时，可以在某一个视图上采用剖视，也可以根据需要同时在多个视图上采用剖视，它们之间是独立的，彼此不受影响。

（5）剖视图的标注　剖视图一般按投影关系配置，如图7-5b所示，也可根据图面布局将剖视图配置在其他适当位置。

为了读图时方便找出投影关系，剖视图一般需要标注剖切面位置、投射方向和剖视图名称。

1）剖切面位置与投射方向。在剖切面起、止和转折处画粗短画（1.5倍粗实线线宽）表示剖切面位置，不能与轮廓相交，在表示剖切面起、止的粗短画两端，垂直画出箭头表示剖切后的投射方向，如图7-9所示。当剖视图按投影关系配置，且中间没有其他图形隔开时，可省略表示投射方向的箭头。当单一剖切平面通过物体的对称平面或基本对称平面剖切，且剖视图按投影关系配置，中间又没有其他图形隔开时，不必标注。

2）剖视图名称。在所画剖视图的上方用大写字母标注剖视图名称，如图7-9所示的"A—A"；在剖切符号的起、止和和转折处标注相同的字母，

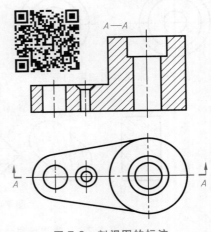

图7-9　剖视图的标注

如图7-9所示。如同一张图样中同时使用多个剖视图，则其名称应按字母顺序排列，不得重复。

7.2.2　剖视图的种类

按剖切范围的大小，剖视图可分为全剖视图、半剖视图和局部剖视图三种。

（1）全剖视图　用剖切面完全剖开机件所得的剖视图称为全剖视图，前面的剖视图举例均为全剖视图。全剖视图主要用于：内部形状复杂的不对称机件，如图7-10a所示；外形简单的回转体零件，如图7-10b所示。

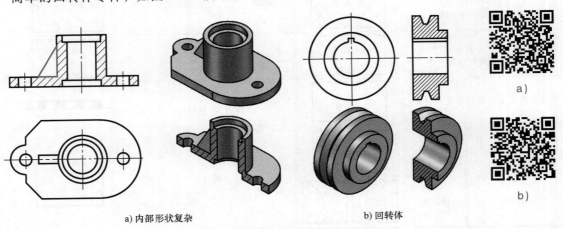

a)内部形状复杂　　　b)回转体

图7-10　全剖视图

剖视图中对于肋板、轮辐、薄壁等，如按纵向剖切，这些结构通常按不剖绘制，即不画剖面符号，而用粗实线将其与相邻部分分开，图 7-10a 中的肋板为不剖切状态。

（2）半剖视图　当机件具有对称平面，向垂直于对称平面的投影面上投射所得投影，允许以对称中心线为界，一半画成剖视图，另一半画成视图，这样的剖视图称为半剖视图，如图 7-11 所示。

半剖视图主要用于内、外形状都需要表达且结构对称的机件。当机件的形状接近于对称，且其不对称部分已另有视图表达清楚时，也允许画成半剖视图，如图 7-12 所示。

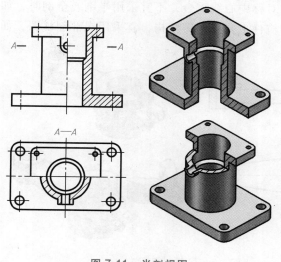

图 7-11　半剖视图

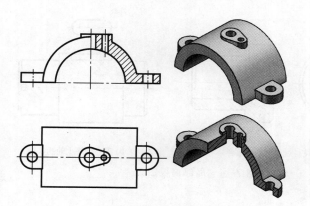

图 7-12　基本对称的半剖视图

画半剖视图的注意事项：

1）半剖视图与另一半视图以细点画线分界。

2）机件的内部形状已在半个剖视图中表达清楚，在另外半个视图中细虚线应省略不画，若有孔，应画出孔对应的中心线。

3）在半剖视图中，剖视部分习惯在主视图的竖直对称中心右侧，左视图中的剖视部分在竖直对称中心右侧，俯视图中的剖视部分在水平对称中心前半部分。

4）半剖视图的标注方法与全剖视图相同。

（3）局部剖视图　用剖切面局部地剖开机件所得的剖视图称为局部剖视图，局部视图以波浪线或双折线分界，如图7-13所示。

局部剖视图主要用于表达机件的局部内部结构形状。局部剖视图是一种较灵活的表达方法，其剖切位置、范围均可根据实际需要确定，所以应用较为广泛，常适用于以下情况。

1）当机件内部有形状需要表达，又不必采用或不宜采用全剖视图时，如图7-13所示，需要表达左侧小孔与右侧圆孔，中间部分为实心杆，这种情况下宜采用局部剖视图。

2）当对称机件的轮廓线与对称中心线重合，不宜采用半剖或全剖时，如图7-14a所示。

3）表达于轴、连杆等实心机件上孔、槽等结构，宜采用局部剖视图，如图7-14b所示。

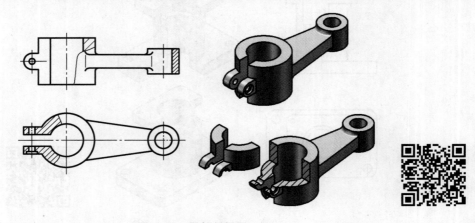

图 7-13　局部剖视图 1

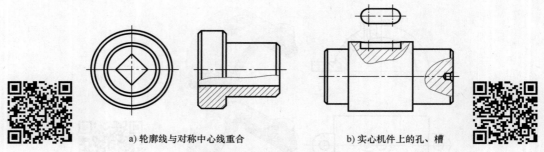

a) 轮廓线与对称中心线重合　　　　　　b) 实心机件上的孔、槽

图 7-14　局部剖视图 2

画局部剖视图的注意事项：

1）局部剖视图的分界线应画在机件的实体上，不能穿空而过或超出实体轮廓线之外，如图7-15所示。

2）局部剖视图的分界线不能与机件轮廓线重合或画在轮廓线延长线上，如图7-15所示。

3）当被剖结构为回转体时，允许将该结构的轴线作为局部剖视图与视图的分界线。否则，应以波浪线作为分界线，如图7-14a所示。

4）同一视图中的局部剖视图不宜过多，以免使图形显得过于零乱，增加读图难度。

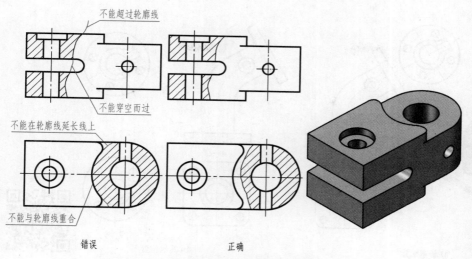

图 7-15 局部剖视图的注意事项

7.2.3 剖切面的种类

由于机件的内部结构复杂多样，为了表达清楚，常需要不同数量、位置的剖切面来剖切机件。根据物体的结构特点，可选择单一剖切面、几个平行的剖切平面、几个相交的剖切平面剖开物体。

（1）单一剖切面 它包括单一剖切平面与单一剖切柱面，单一剖切平面又分为平行或不平行于基本投影面两种。

1）平行于某一基本投影面的单一剖切平面。前面所述的全剖视图、半剖视图、局部剖视图都是用平行于基本投影面的单一剖切平面剖开机件而得到的剖视图。这种剖切方法用于表达机件内部结构分布在同一平面上且平行于基本投影面。

2）不平行任何基本投影面的单一剖切平面。当机件上的倾斜部分在基本视图上不能反映实形时，可以用与基本投影面倾斜的剖切平面垂直剖切物体，再将剖切得到的断面投射到与剖切平面平行的投影面上，这种剖切法称为斜剖视图，如图 7-16a 所示。

斜剖视图一般按箭头的方向配置并与倾斜部分保持投影关系，也可以配置在其他位置，在不致引起误解时，也允许将图形旋转，如图 7-16b 所示。斜剖视图必须标注剖切位置、投射方向及视图名称。如果是旋转配置的，视图名称中还需加注旋转符号，箭头方向与旋转方向一致，表示视图名称的大写拉丁字母应靠近旋转符号箭头端。

3）单一剖切柱面。为了准确表达处于圆周分布的某些结构，有时也采用柱面剖切表示。画这种剖视图时通常采用展开画法，并仅画出剖面展开图，剖切平面后面的有关结构省略不画，如图 7-17 所示。

（2）几个平行的剖切平面 采用几个平行的剖切平面剖开机件的方法称为阶梯剖，如图 7-18 所示为阶梯剖得到的全剖视图。

画阶梯剖时的注意事项：

1）在剖视图中不应画出两个剖切平面的转折线处的投影线，如图 7-19 所示主视图。

2）各剖切平面必须互相平行，且剖切线的转折处不应与图上的轮廓线重合。

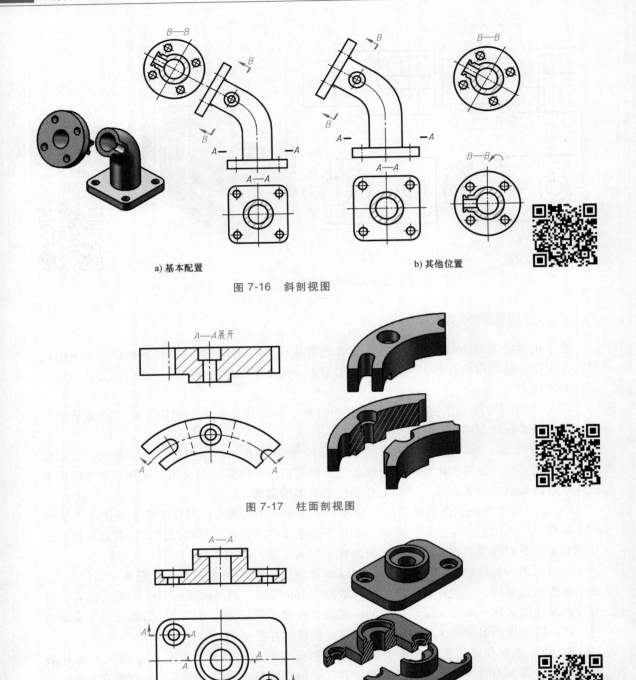

a) 基本配置   b) 其他位置

图 7-16　斜剖视图

图 7-17　柱面剖视图

图 7-18　阶梯剖

3）在剖视图中不应出现不完整要素，如图 7-19 所示。只有当两个要素在图形上具有公共对称中心线或轴线时，才允许各画一半。

4）阶梯剖必须标出剖视图名称、剖切符号，在剖切平面的起、止和转折处用相同字母标出，只有当转折处位置有限，又不致引起误解时才允许省略字母。

（3）几个相交的剖切平面　用几个相交的剖切平面剖开机件的方法称为旋转剖，其交线垂直于某一基本投影面，图7-20为采用旋转剖得到的全剖视图。采用旋转剖作剖视图时，被倾斜剖切平面剖开的结构及有关部分应先绕两剖切平面的交线旋转到与选定的投影面平行后再进行投射。

画旋转剖时的注意事项：

1）旋转剖的剖切平面交线应与机件的主要孔的轴线重合，并垂直于某一投影面。

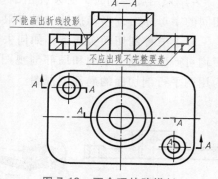

图7-19　不合理的阶梯剖

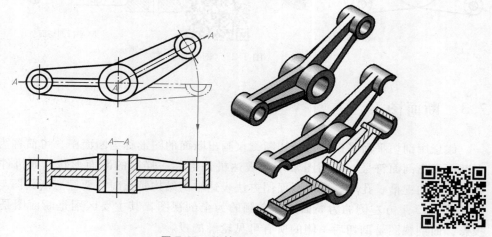

图7-20　旋转剖

2）将倾斜的剖切平面及其有关部分先旋转到与选定的投影面平行后再进行投射。

3）剖切平面后的其他结构一般仍按原来的位置投射，当剖切后产生不完整要素时，应将这些部分按不剖绘制，如图7-21所示。

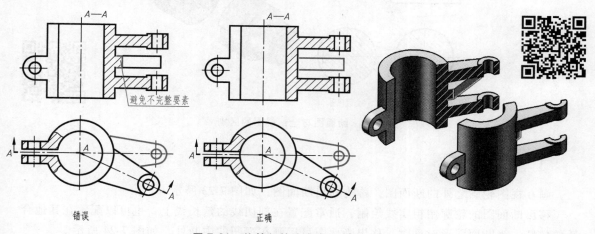

图7-21　旋转剖的注意事项

4）采用旋转剖时，必须标出剖视图名称、标注剖切符号，在剖切的起、止和转折处用相同的字母标出，当转折处位置有限，在不致引起误解时允许省略字母。

以上三种剖切面实质是：如何去剖切，才能合理、充分地表达机件内部形状，三种剖切面均可产生全剖、半剖和局部剖视图。图 7-22a 为用两相交剖切平面的半剖视图，图 7-22b 为用两平行剖切面的局部剖视图。

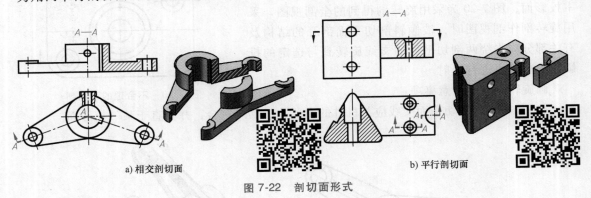

a）相交剖切面　　　　　　　　　　　　　b）平行剖切面

图 7-22　剖切面形式

7.3　断面图

假想用剖切平面将机件某处切断，仅画出断面的图形称为断面图，可简称为断面，通常在断面画出剖面符号。断面图常用于表达机件上某一局部的断面形状，如机件上的肋、轮辐，轴上的键槽、孔等。采用断面图方法表达轴的结构特征时需要注意断面图与剖视图的区别。图 7-23 下方左侧的为断面图，右侧的为全剖视图，其主要区别是断面图是剖切处断面投影，而剖视图是剖切后一侧的所有可见轮廓的投影。

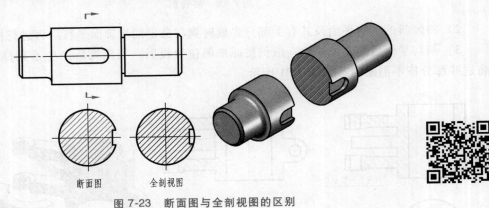

断面图　　　　　全剖视图

图 7-23　断面图与全剖视图的区别

7.3.1　移出断面图

画在视图轮廓之外的断面图，称为移出断面图，如图 7-23 所示。

移出断面图的轮廓用粗实线绘制，通常配置在剖切线的延长线上，也可以配置在其他合适的位置，当断面图形对称时，移出断面图可以画在视图的中断处，如图 7-24 所示。

当剖切平面通过回转面形成的孔或凹坑的轴线时，这些结构按剖视绘制，如图 7-25 所示。

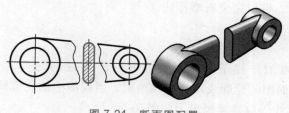

图 7-24　断面图配置

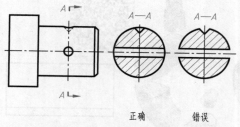

正确　　　　错误

图 7-25　剖切平面通过回转体轴线

由两个或多个相交剖切平面剖切得到的移出断面图，中间一般应该断开，如图 7-26 所示。

当剖切平面通过非圆孔会导致出现完全分离的两个断面时，则这些结构应该按剖视绘制，如图 7-27 所示。

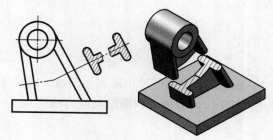

图 7-26　多个相交剖切平面

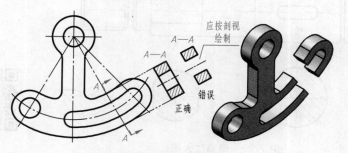

应按剖视绘制

错误

正确

图 7-27　断面分离

一般应在断面图的上方标注出名称"×—×"（×为大写的拉丁字母），在相应的视图上用剖切符号表示剖切位置，用箭头表示投射方向，并注上相同的字母。当断面图配置在剖切符号的延长线上时可以省略字母；按投影关系配置的移出断面图可以省略箭头；配置在延长线上且断面形状对称时，可以完全省略标注。

7.3.2 重合断面图

在不影响图形清晰的前提下，断面图也可以画在视图之内，称为重合断面图，如图 7-28a 所示。重合断面图的轮廓线用细实线绘制，当视图中的轮廓线与重合断面图的图形重叠时，视图中的轮廓线仍应连续画出，如图 7-28b 所示。

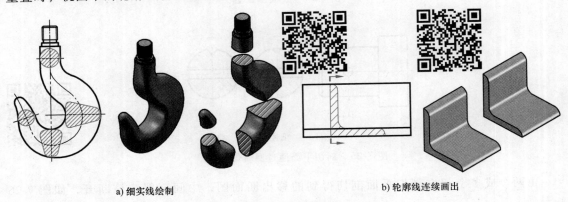

a) 细实线绘制   b) 轮廓线连续画出

图 7-28 重合断面图

7.4 其他表达方法

7.4.1 局部放大图

机件上的细小结构，在视图上由于图形过小而表达不清，或标注尺寸困难，这时可以将细小部分的图形放大，如图 7-29 所示的轴上挡圈槽与退刀槽结构。

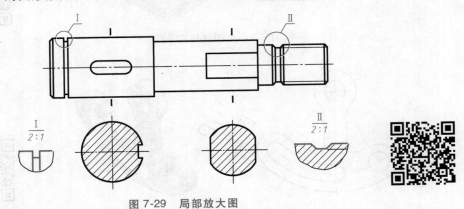

图 7-29 局部放大图

局部放大图可画成视图、剖视图、断面图，与被放大部分的表达方式无关。绘制局部放大图时，一般用细实线圈出放大部位，当同一零件上有多处被放大的部分时，必须用罗马数字依次标明被放大部位，并在局部放大图的上方标出相应的罗马数字和所采用的比例。当机件上只有一处局部放大时，在局部放大图上方只需注明所采用的比例即可。同一零件不同部位局部放大图相同或对称时，只需要画出一个放大图。

需要注意的是，局部放大图上标注的比例是指该图形与零件实际大小之比，而不是与原图形之比。为简化作图，在局部放大图表达完整的情况下，允许在原视图中简化被放大部分的图形。

7.4.2　简化画法

除前述的图样画法外，国家标准中还列出了一些简化画法和规定画法。简化画法的基本原则是简化必须保证不致引起误解，不会产生理解的多义性，便于识读和制图，注重简化的综合效果。

（1）肋和轮辐剖切后的简化画法　对于机件上的肋（起支承和加固作用的薄板结构）、轮辐及薄壁等，如按纵向剖切（剖切平面通过这些结构的对称平面），这些结构不画剖面符号，而用粗实线将它们与其邻接部分分开，如图 7-30 所示左视图，但横向剖切则应画剖面符号，如图 7-30 所示俯视图。

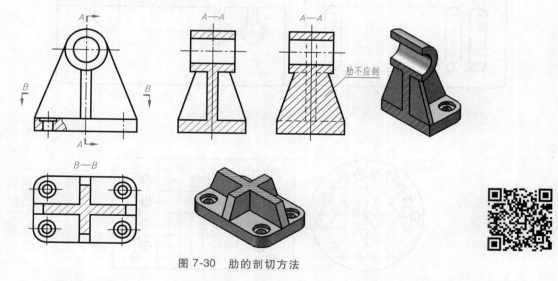

图 7-30　肋的剖切方法

（2）回转体上均匀分布的肋、轮辐、孔等结构不处于剖切平面时的简化画法　可以将这些结构旋转到剖切平面上画出，如图 7-31 所示。

（3）当机件具有若干相同结构（如槽、齿等）的简化画法　当相同结构按一定规律分布时，只需画出几个完整的结构，其余用细实线连接，但在零件图中必须注明该结构的总数，如图 7-32 所示。

（4）若干直径相同且成规律分布的孔（圆孔、螺纹孔、沉孔等）的简化画法　可以仅画出一个或几个，其余只用点画线表示其中心位置，在零件图中就注明孔的总数，如图 7-33 所示。

（5）在圆柱上因钻小孔、铣键槽等产生的相贯线的简化画法　相贯线的简化画法如图 7-34 所示，但必须有一个视图能清楚地表达孔、槽的形状。

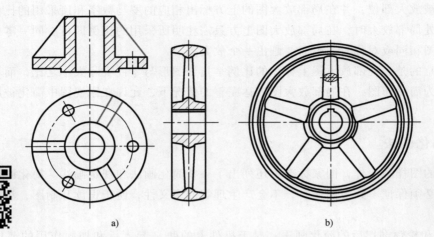

图 7-31 回转体均布结构的简化画法

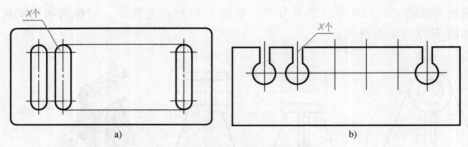

图 7-32 规律分布结构的简化画法

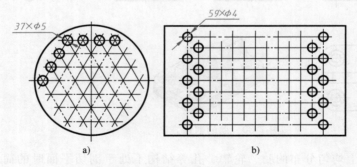

图 7-33 规律分布孔的简化画法

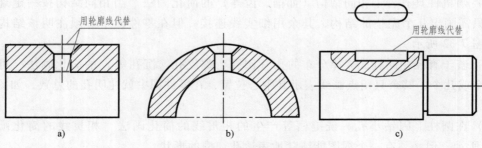

图 7-34 相贯线的简化画法

（6）回转体机件上平面的简化画法 当回转体机件上平面在图形中不能充分表达时，可用平面符号（相交的两条细实线）表示，如图7-35所示。如在其他视图已将该平面表达清楚，则不需要用平面符号表达。

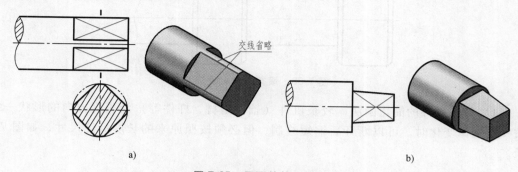

图 7-35 平面的简化画法

（7）较小尺寸结构的简化画法 对于物体上较小尺寸结构，如在另一视图中已表达清楚时，其他视图中可简化或省略，如图7-35a所示的交线投影。

（8）圆角、倒角的简化画法 在不致引起误解时，图样中的小圆角、锐边的小倒圆或45°小倒角允许省略不画，但必须在视图中注明尺寸或在技术要求中加以说明，如图7-36所示。

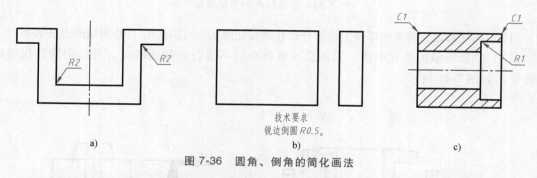

图 7-36 圆角、倒角的简化画法

（9）物体中较小的结构或斜度的简化画法 当物体中较小的结构或斜度等已在另一视图中表达清楚时，其他视图应当简化或省略，如图7-37所示。

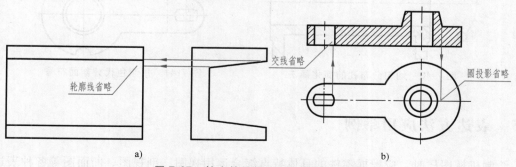

图 7-37 较小的结构或斜度的简化画法

（10）物体上滚花的简化画法 滚花一般采用轮廓线附近的粗实线局部画出的方法表

示，也可省略不画，只在零件上或技术要求中注明具体要求，如图 7-38 所示。

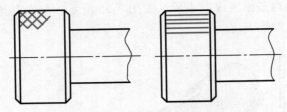

图 7-38　滚花的简化画法

（11）较长机件的简化画法　较长机件（轴、型材、杆件等）沿长度方向的形状一致，或按一定规律变化时，可以断开后缩短绘制，但必须按照原来的长度标注尺寸，如图 7-39 所示。

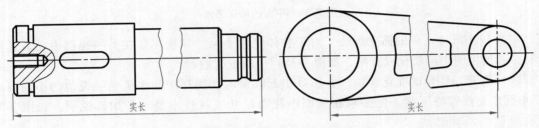

实长　　　　实长

图 7-39　较长机件的简化画法

（12）圆柱形法兰及类似零件上均匀分布孔的简化画法　可以按图 7-40 所示的方法表示。

（13）剖面区域的简化画法　当剖面区域较小，不适合画剖面线时，可以用涂色代替剖面符号，如图 7-41 所示。

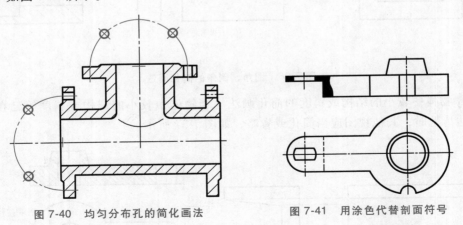

图 7-40　均匀分布孔的简化画法　　　　图 7-41　用涂色代替剖面符号

7.5　表达方法应用举例

绘制机械图样时，应根据零件的具体特点综合运用视图、剖视图、断面图等各种表达方法，用最少的视图将零件各结构要素与形状都表达准确、清晰。

要完整清楚表达零件，首先要对零件进行结构形状分析，根据零件的内外部结构和形状特征确定主视图，根据零件内部结构的复杂程度决定在主视图中是否采用剖视及采用何种剖视，确定好主视图后再选择其他视图，视图的选择力求做到少而精，避免已在其他视图中表达清楚的结构重复表达。同一零件可以有多种不同的表达方案，在确定表达方案时还需结合尺寸标注等问题一起考虑。

【例 7-1】　选取适当的表达方法，表达图 7-42a 所示的支架零件。

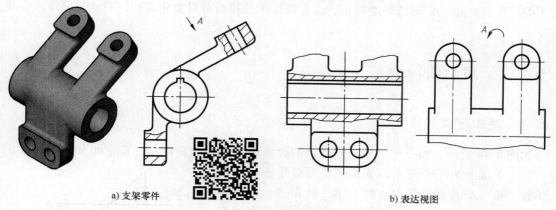

a) 支架零件　　　　　　　　　　　　　　　b) 表达视图

图 7-42　表达方法实例 1

该支架零件由圆筒、单孔安装架、双孔安装架三部分组成，两个安装架的角度非平行或垂直，为了表达清楚，选择圆筒的轴向为主视图方向，在主视图上通过两个局部剖表达安装孔；由于左视图中单孔安装架的投影不是实形，作图困难，读图复杂，所以采用局部视图，主要表达双孔安装架及圆筒部分，再通过局部剖表达圆筒的内部孔结构；单孔安装架通过斜视图表达，为方便查看及标注，进行了旋转。这样通过三个视图已经将该零件的所有结构要素均表达清楚了，如图 7-42b 所示。

【例 7-2】　选取适当的表达方法，表达图 7-43a 所示的滑块零件。

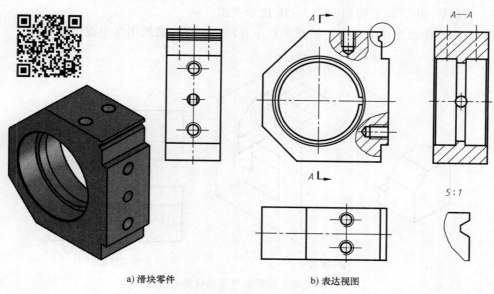

a) 滑块零件　　　　　　　　　　　　　b) 表达视图

图 7-43　表达方法实例 2

该零件主要是在一基本立体上增加孔、螺孔及 V 形槽等特征形成，以反映基本立体主要特征的方向为主视图方向，主视图中要表达两组螺纹孔的深度，采用两个局部剖分别表达；左视图采用全剖视图，表达孔结构；右视图采用基本视图表达右侧螺纹孔位置及槽投影；俯视图采用基本视图表达上侧螺孔位置；由于槽尺寸较小，在主视图中查看、标注均比较困难，采用局部放大图表达。通过五个视图已将该零件的所有要素表达清楚了，如图 7-43b 所示。由于 V 形槽斜度较小，在右视图中的投影可以简化表达，只绘制两条投影线即可。

7.6 第三角画法简介

7.6.1 基本定义

如图 7-44 所示，由三个互相垂直相交的投影面组成的投影体系，将空间分成了八个部分，每一个部分为一个分角，依次用罗马数字表示。将物体置于第一分角进行投射，称为第一角画法；将物体置于第三分角内，并使投影面处于观察者与物体之间而得到的多面正投影称为第三角画法，也称为第三角投影。

7.6.2 第三角画法中视图的形成

按第三角画法，假想物体放在三个互相透明的投影体系中，即放在 H 面之下、V 面之后、W 面之左的空间，然后分别沿三个方向进行投射，如图 7-45a 所示。

为了使三个投影面展开成一个平面，规定 V 面不动，H 面绕它与 V 面的交线向上翻转 90°，W 面绕它与 V 面的交线向右旋转 90°，即可得到如图 7-45b 所示视图。从图中可以看到三个视图的关系是：俯视图在主视图的上方，右视图在主视图的右方。

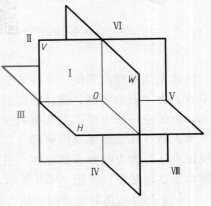

图 7-44 空间的八个分角

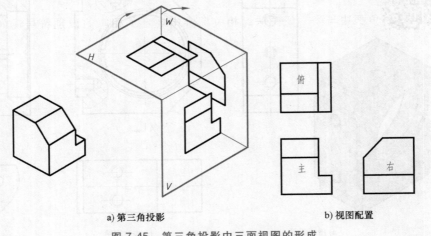

a) 第三角投影   b) 视图配置

图 7-45 第三角投影中三面视图的形成

如将物体置于六投影面体系中，除前面介绍的 V、H、W 三个投影面外，又增加了底面、左侧面和后面三个投影面，仍按"观察者－投影面－物体"的相对位置关系向六个投影面作正投影，得到六个基本视图，再将各个投影面进行展开，如图 7-46a 所示，即可得到第三角画法中六个基本视图的配置，如图 7-46b 所示。

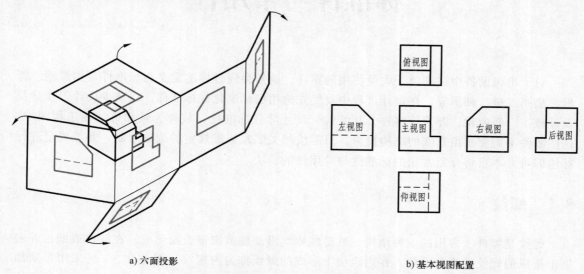

a) 六面投影   b) 基本视图配置

图 7-46　第三角画法中六个基本视图的配置

7.6.3 第三角画法与第一角画法的异同

第三角画法与第一角画法均采用正投影法，六个基本视图及其名称都是相同的，相应视图间仍保持"长对正、高平齐、宽相等"的对应关系。

它们的区别在于投影时观察者、物体、投影面的相互位置关系不同，第一角画法中为"观察者－物体－投影面"，而第三角画法中为"观察者－投影面－物体"；在投影图中所反映的空间方位不同，第一角画法中靠近主视图的一侧为后方，第三角画法中，靠近主视图的一侧为物体的前方。

为了识别第三角画法与第一角画法，相关标准中规定了相应的识别符号，如图 7-47 所示。该符号一般标在所画图样的标题栏的上方或左方，在国内当采用第一角画法时，通常省略识别符号。

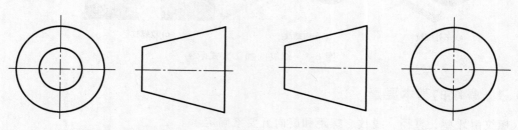

a) 第三角画法的识别符号   b) 第一角画法的识别符号

图 7-47　第三角画法与第一角画法的识别符号

第8章
标准件与常用件

对于机械设备中被广泛、大量使用的零件，通常会通过标准定义为标准件，如螺栓、螺母、垫圈、键、轴承等，在设计过程中要优先选用已标准化的标准件，以减少设计工作量及设计成本。而齿轮、弹簧等零件，其结构、尺寸部分标准化，故称为常用件。在工程图中，这些零件不需要画出真实的结构投影，只需按相关国家标准规定的画法绘制，并按规定进行标注即可。本章将介绍常用的标准件与常用件的画法。

8.1　螺纹

螺纹是零件上常用的一种结构，其是螺旋线沿圆柱或圆锥表面形成。在圆柱或圆锥外表面上形成的螺纹称为外螺纹，在内表面上形成的螺纹称为内螺纹。图 8-1a、b 是采用车削加工螺纹的方式，加工时工件绕轴作等速回转运动，螺纹车刀作轴向等速移动，根据具体螺纹规格与要求选用相应切削速度与进给量。图 8-1c 是一种加工尺寸较小的内螺纹方法，先用钻头钻出底孔，再用丝锥攻螺纹。

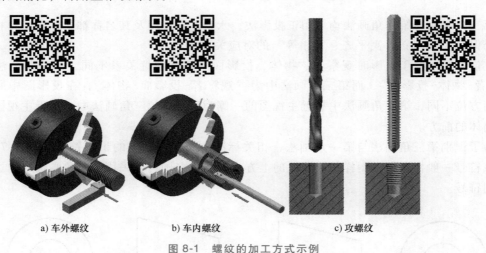

a) 车外螺纹　　　　　b) 车内螺纹　　　　　c) 攻螺纹

图 8-1　螺纹的加工方式示例

8.1.1　螺纹的基本要素

螺纹由牙型、直径、线数、螺距和旋向五要素确定。

（1）牙型　在通过螺纹轴线的剖面上，螺纹的轮廓形状称为螺纹牙型。常见的螺纹牙型有三角形、梯形、锯齿形、矩形等。图 8-2 为常见的螺纹牙型。

不同的螺纹其使用场合也不同，起联接作用的螺纹称为联接螺纹，起传动作用的螺纹称

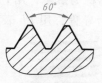
普通螺纹〔M〕

管螺纹（G，R，Rc，Rp）

梯形螺纹（Tr）

锯齿形螺纹（B）

矩形螺纹

图 8-2 常见的螺纹牙型

为传动螺纹。螺纹一般成对使用，成对使用的螺纹称为螺纹副。除了上述牙型螺纹外，还有锥螺纹、自攻螺钉用螺纹、防松螺纹等专用螺纹。

（2）直径 螺纹有大径、小径和中径，如图 8-3 所示。

1）与外螺纹牙顶或内螺纹牙底相重合的假想圆柱面的直径称为大径，内、外螺纹的大径分别用 D、d 表示。

2）与外螺纹牙底或内螺纹牙顶相重合的假想圆柱面的直径称为小径，内、外螺纹的小径分别用 D_1、d_1 表示。

3）中径是一个假想的圆柱直径，该圆柱的母线（中径线）通过牙型上沟槽和凸起宽度相等的位置，内、外螺纹的中径分别用 D_2、d_2 表示。

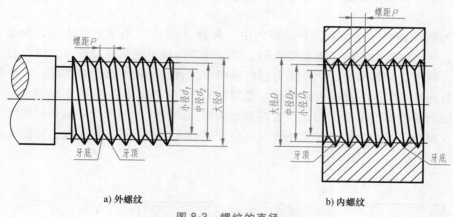

a) 外螺纹 b) 内螺纹

图 8-3 螺纹的直径

普通螺纹和梯形螺纹的大径又称为公称直径。

（3）线数 螺纹有单线和多线之分。当圆柱面上只有一条螺旋线盘绕时称为单线螺纹，如图 8-4a 所示；如果同时有两条或更多螺旋线盘绕时称为多线螺纹，螺纹的线数用 n 表示，如图 8-4b 所示为双线螺纹。

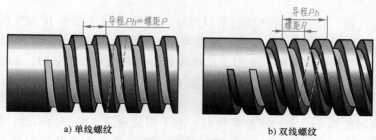

a) 单线螺纹 b) 双线螺纹

图 8-4 螺纹的线数

（4）螺距和导程　螺纹上相邻两牙在中径线上的对应点之间的轴向距离称为螺距，用 P 表示；同一条螺旋线上的相邻两牙在中径线上的对应点之间的轴向距离称为导程，用 Ph 表示。螺距与导程的关系为：导程＝线数×螺距，即 $Ph = nP$，当螺纹是单线时 $Ph = P$，如图 8-4 所示。

（5）旋向　螺纹有左旋和右旋之分，将外螺纹轴线铅垂放置，螺纹右上左下为右旋，螺纹左上右下为左旋，如图 8-5 所示。右旋螺纹顺时针旋转时为旋合，逆时针时退出，左旋螺纹则相反，其中右旋螺纹为常用螺纹。

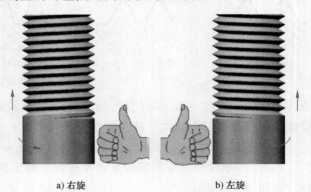

a) 右旋　　　　　　b) 左旋

图 8-5　螺纹的旋向

内外螺纹在配对使用时，只有五要素完全相同时才能正确旋合。

8.1.2　螺纹的规定画法

绘制螺纹的真实投影是十分耗时烦琐的过程，为了便于绘图，国家标准对螺纹画法做了相应规定。

（1）外螺纹画法　在投影的非圆视图中，牙顶（大径）用粗实线表示，牙底（小径）用细实线表示，螺纹终止线用粗实线表示，当螺纹端部画出倒角或倒圆时，应将表示牙底的细实线画入倒角或圆角部分；在投影为圆的视图中，表示牙顶的圆用粗实线，表示牙底的圆用细实线只画约 3/4 圈，此时表示螺纹端部倒角的投影不应画出，如图 8-6a 所示。

实心轴上的外螺纹不必剖切，当有内部结构需要剖切时，剖面线要画到粗实线为止，螺纹终止线在剖切范围内时，螺纹终止线只画出牙底到牙顶的一小段粗实线，如图 8-6b 所示。

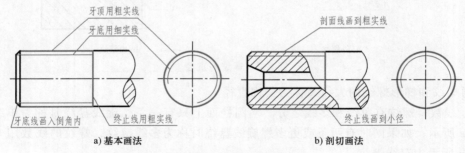

a) 基本画法　　　　　　　　　　b) 剖切画法

图 8-6　外螺纹的画法

（2）内螺纹画法　在投影为非圆的剖视图中，牙底线（大径）用细实线表示，牙顶线（小径）和螺纹终止线用粗实线表示，在投影为圆的视图中，表示牙顶的圆用粗实线，表示牙底的圆用细实线只画约 3/4 圈，此时表示螺纹端部倒角的投影不画出，如图 8-7a 所示。

当螺孔为不通孔时，钻头头部形成的锥顶画成 120°，剖面线画至粗实线为止，如图 8-7b 所示。

（3）螺纹联接的画法　内外螺纹联接时一般采用剖视图，实心轴不剖，如图 8-8a 所示；当外螺纹以剖视图表示时，按如图 8-8b 所示绘制，两种表达方法其旋合部分均按外螺纹画

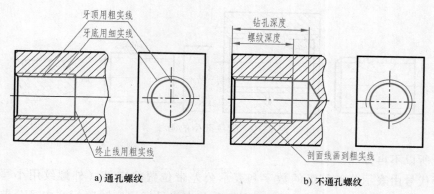

a) 通孔螺纹　　　　　　　　　　b) 不通孔螺纹

图 8-7　内螺纹的画法

法绘制，其余部分仍按各自的画法绘制。由于只有五要素相同的螺纹才能旋合，所以外螺纹的牙顶线与内螺纹的牙底线必须在一条直线上，同样外螺纹的牙底线与内螺纹的牙顶线必须在一条直线上。

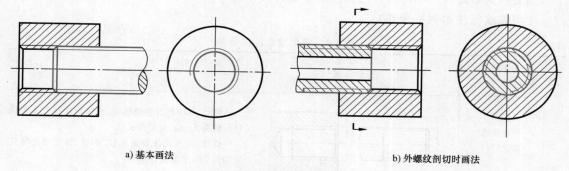

a) 基本画法　　　　　　　　　　b) 外螺纹剖切时画法

图 8-8　螺纹联接的画法

（4）螺孔相交时的画法　两个螺孔相交时，只用粗实线画出钻孔的交线，如图 8-9a 所示；螺孔与孔相交时，只画出钻孔与孔的交线，如图 8-9b 所示。

（5）螺纹牙型的画法　当需要表示螺纹牙型时，可通过局部剖、局部放大等方法画出，如图 8-10 所示。

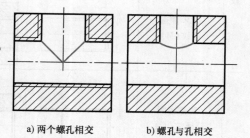

a) 两个螺孔相交　　　b) 螺孔与孔相交

图 8-9　螺孔相交的画法

8.1.3　螺纹的标注

螺纹在按标准画法画出后，图上还需标明牙型、螺距、线数、旋向等结构要素信息。普通螺纹完整的标注格式如下：

$$\boxed{\text{螺纹特征代号 公称直径}}\times\boxed{\text{Ph 导程 P 螺距}}-\boxed{\text{公差带代号}}-\boxed{\text{旋合长度代号}}-\boxed{\text{旋向代号}}$$

粗牙普通螺纹及细牙普通螺纹均用"M"作为特征代号。

公称直径为螺纹大径。

单线螺纹只标螺距即可，多线螺纹导程、螺距均需标出，由于粗牙普通螺纹的螺距已完

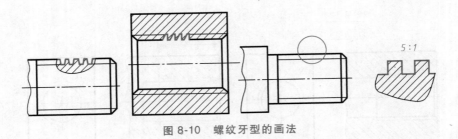

图 8-10 螺纹牙型的画法

全标准化，所以不再标注。

　　公差带代号由表示公差等级的数字和表示公差带位置的字母（外螺纹用小写字母，内螺纹用大写字母）组成，如 5g、7H 等。螺纹公差带代号标注应顺序标注中径公差带代号及顶径公差带代号，当两个公差带代号完全相同时，只需标注一项。

　　分别用 S、N、L 来表示短、中等和长三种不同的旋合长度，如果选择中等旋合长度，则 N 省略不标。

　　当旋向为右旋时，不标注；当旋向为左旋时要标注"LH"。

　　常用螺纹标注示例见表 8-1。

表 8-1　常用螺纹标注示例

螺纹分类及特征代号		标注示例	说明
紧固螺纹	粗牙普通螺纹（M）	M16-5g6g-S　　M16-7H	外螺纹：M16 粗牙普通螺纹，中径与顶径公差带代号分别为 5g、6g，短旋合长度 内螺纹：M16 粗牙普通螺纹，中径、顶径公差带代号均为 7H，中等旋合长度
	细牙普通螺纹（M）	M16×1-7h　　M16×1.5-5G	外螺纹：M16 细牙普通螺纹，螺距为 1mm，中径与顶径公差带代号均为 7h，中等旋合长度 内螺纹：M16 细牙普通螺纹，螺距为 1.5mm，中径与顶径公差带代号均为 5G，中等旋合长度
管螺纹	55°非密封管螺纹（G）	G1/2A　　G1/2	外螺纹：尺寸代号为 1/2 的 55°非密封管螺纹，公差等级代号为 A 内螺纹：尺寸代号为 1/2 的 55°非密封管螺纹 注：55°非密封外管螺纹公差等级代号分 A、B 两种，内管螺纹公差等级代号只有一种
	55°密封管螺纹（R、Rc、Rp）	$R_2$1/2　　Rc1/2　　Rp1/2	尺寸代号为 1/2 的 55°密封管螺纹 注：R 表示圆锥外螺纹（R_1 与圆柱内螺纹配合，R_2 与圆锥内螺纹配合） Rc 表示圆锥内螺纹 Rp 表示圆柱内螺纹

（续）

螺纹分类及特征代号		标注示例	说明
传动螺纹	梯形螺纹（Tr）	Tr32×10(P5)LH-7e	公称直径为 32mm 的梯形螺纹，双线，导程为 10mm，螺距为 5mm，左旋，中径公差带代号为 7e，中等旋合长度
	锯齿形螺纹（B）	B32×5-8e	公称直径为 32mm 的锯齿形螺纹，单线，螺距为 5mm，右旋，中径公差带代号为 8e，中等旋合长度
螺纹副	内外螺纹旋合	M16×1-6H/6g	M16 细牙普通螺纹副，内螺纹公差带代号为 6H，外螺纹公差带代号为 6g

　　绘制非标准螺纹时，应按图 8-10 所示方法画出螺纹牙型，并注出所需的尺寸及有关要求。

8.2　螺纹紧固件

　　螺纹紧固件是指通过螺纹的旋合起到紧固、联接作用的主要零件和辅助零件，其种类很多，常用的有螺栓、螺钉、螺柱、螺母和垫圈等，如图 8-11 所示。这些常用的螺纹紧固件的尺寸都已标准化，所以又称为标准件，使用时只需根据需要进行选用，不必画出零件图，只需在装配图中画出，并标明所用标准及选用规格即可。

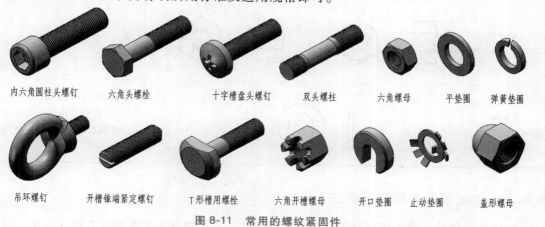

| 内六角圆柱头螺钉 | 六角头螺栓 | 十字槽盘头螺钉 | 双头螺柱 | 六角螺母 | 平垫圈 | 弹簧垫圈 |
| 吊环螺钉 | 开槽锥端紧定螺钉 | T形槽用螺栓 | 六角开槽螺母 | 开口垫圈 | 止动垫圈 | 盖形螺母 |

图 8-11　常用的螺纹紧固件

8.2.1 螺纹紧固件画法及标记

螺纹紧固件的结构形式及尺寸已标准化，均有相应的标记规定，其完整的标记由名称、标准编号、螺纹规格（公称尺寸）、公称长度、性能等级（材料等级）、热处理、表面处理等组成，一般主要标前四项。常用螺纹紧固件的画法及标记见表8-2。

表8-2 常用螺纹紧固件的画法及标记

名称及标准编号	画法	简化画法	标记
六角头螺栓 GB/T 5782—2016	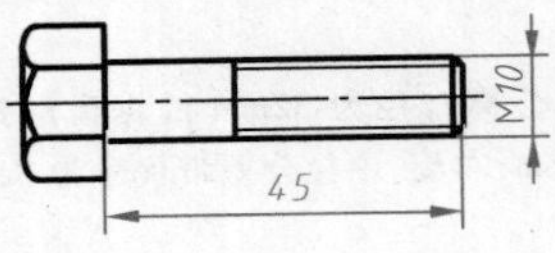	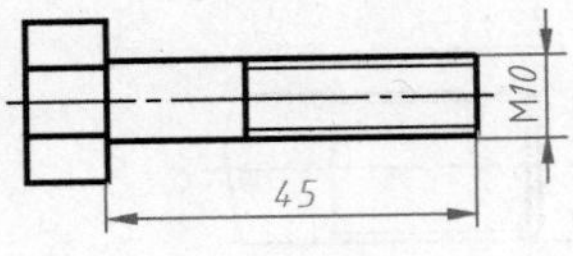	螺栓 GB/T 5782 M10×45
内六角圆柱头螺钉 GB/T 70.1—2008	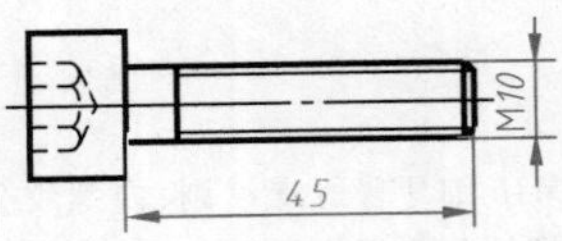	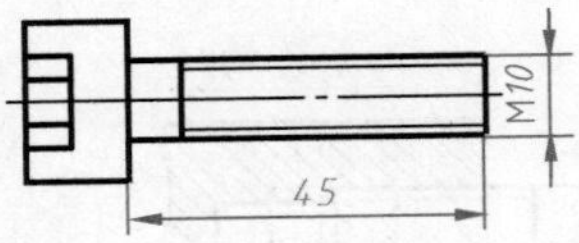	螺钉 GB/T 70.1 M10×45
双头螺柱 GB/T 897—1988	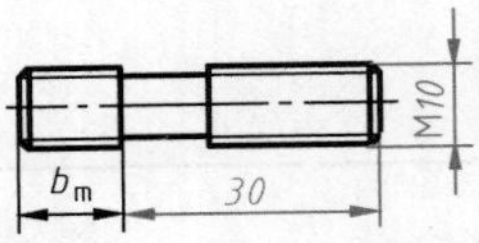	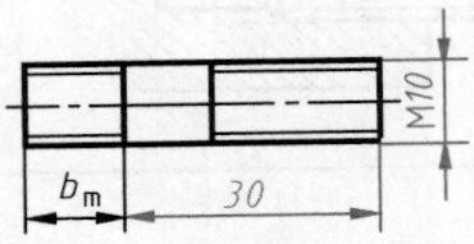	螺柱 GB/T 897 M10×30 注：双头螺柱的 b_m 值由所选标准决定，相关标准有 GB/T 897、GB/T 898、GB/T 899、GB/T 900
开槽圆柱头螺钉 GB/T 65—2016	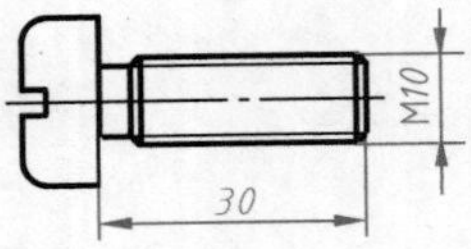	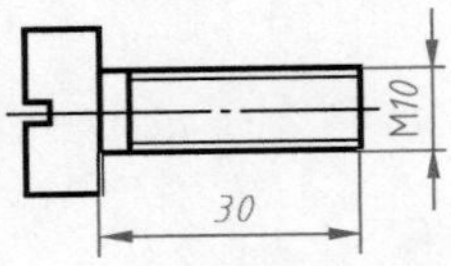	螺钉 GB/T 65 M10×30
1型六角螺母 GB/T 6170—2015	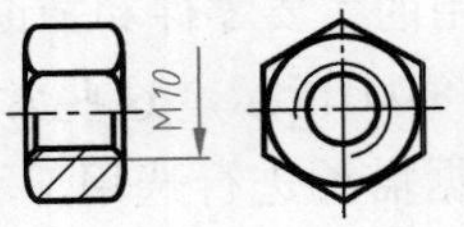	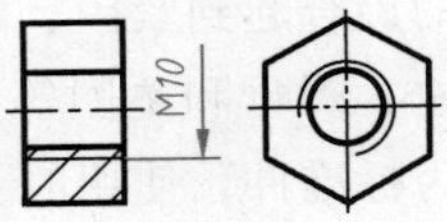	螺母 GB/T 6170 M10
1型六角开槽螺母 GB/T 6178—1986	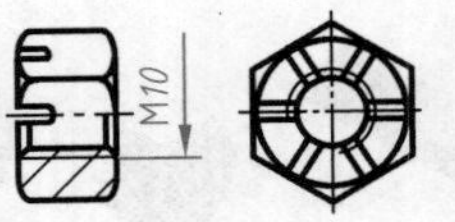	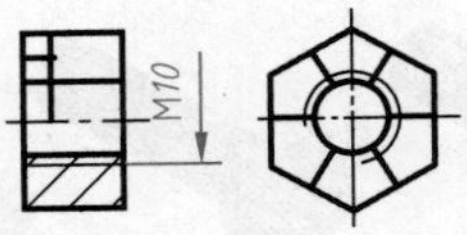	螺母 GB/T 6178 M10
平垫圈 GB/T 97.1—2002	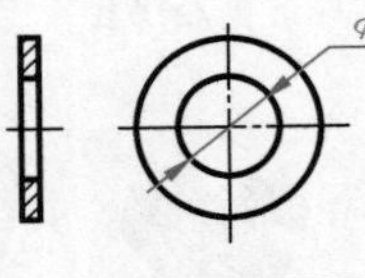		垫圈 GB/T 97.1 12 注：垫圈的内孔大于配套螺纹的公称直径，具体可查阅相关标准

8.2.2 螺纹紧固件的联接画法

螺纹紧固件是工程应用中最为广泛的联接零件，常用的联接基本形式有螺栓联接、双头螺柱联接、螺钉联接，如图 8-12 所示。

a) 螺栓联接   b) 双头螺柱联接   c) 螺钉联接

图 8-12 螺纹紧固件的联接

绘制螺纹紧固件的联接图样时，应遵守如下基本规定，如图 8-13 所示。

1）相邻两零件的接触面只画一条线，非接触面画两条线，当间隙太小表达不清楚时可适当夸大画出。

2）在剖视图中，当剖切平面通过螺纹紧固件和实心件的轴线时，这些零件按不剖绘制。

3）相邻两零件的剖面线应不同，即方向相反或间隔不同，而同一零件各视图中的剖面线应相同，即方向相同、间隔相等。

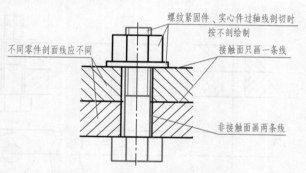

图 8-13 螺纹紧固件联接的基本规定

（1）螺栓联接 螺栓联接适用于被联接件都不太厚，能加工成通孔且受力较大的情况，被联接件通孔的大小需根据装配配合的精度要求查阅相关的机械设计手册确定。

螺栓联接的画图步骤：

1）根据螺栓、螺母、垫圈的标记，查阅对应标准得到所需尺寸。为了简化作图过程，通常根据所选标准件的公称直径 d 按图 8-14 所示比例关系，算出各部分的尺寸。

其中零件开孔尺寸通常取 $1.1d$，螺栓的公称长度 l 按 $l = t_1 + t_2 + a + m + h$ 计算，再根据计算值在螺栓的标准中选取最为接近的标准长度值 l。表示螺纹长度的值 b 通常需保证螺纹终止线位于垫圈和两联接件的接触面之间，以保证拧紧螺母时有足够的螺纹长度。

2）根据查得数据及计算数据绘制螺栓联接，如图 8-15 所示。

六角螺母、六角头螺栓的六角头部通常都按简化画法绘制，如需按实际形状绘制，可根据所选公称直径尺寸 d，按图 8-16 所示取值进行近似绘制表达。

（2）双头螺柱联接 双头螺柱联接适用于被联接件其中一个较厚，不便于或不能加工成通孔，且受力较大的情况，较厚的联接件加工出螺孔，双头螺柱旋入联接件的一端称为旋入端，另一端与螺母联接称为紧固端。

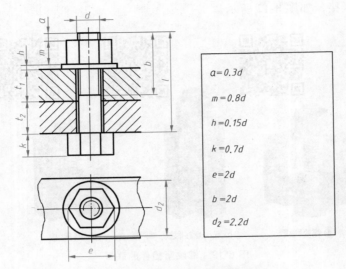

$a = 0.3d$

$m = 0.8d$

$h = 0.15d$

$k = 0.7d$

$e = 2d$

$b = 2d$

$d_2 = 2.2d$

图 8-14　螺栓联接的简化画法

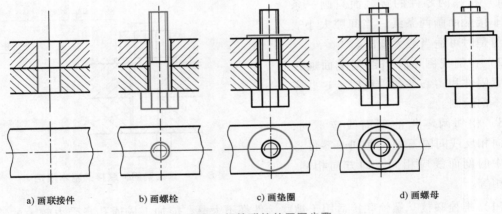

a) 画联接件　　b) 画螺栓　　c) 画垫圈　　d) 画螺母

图 8-15　螺栓联接的画图步骤

双头螺柱联接的画图步骤：

1）根据双头螺柱、螺母、垫圈的标记，查阅对应标准得到所需尺寸。为了简化画图过程，通常根据所选标准件的公称直径 d 按图 8-17 所示比例关系，算出各部分尺寸。

其中零件开孔尺寸通常取 $1.1d$，双头螺柱的公称长度 l 按 $l = t+s+m+a$ 计算，再根据计算值在双头螺柱的标准中选取最为接近的标准长度值 l。表示螺纹长度的值 b 通常需保证螺纹终止线位于垫圈和两联接件的接触面之间，以保证拧紧螺母时有足够的螺纹长度。为保证联接牢固，应使旋入端完全旋入螺孔中，即图上旋入端的终止线与螺孔口端平齐，螺孔深度 $H_1 = b_m + 0.5d$，钻孔深度 $H_2 = H_1 + (0.2 \sim 0.5)d$。旋入长度 b_m 根据被旋入联接件的材料不同，选

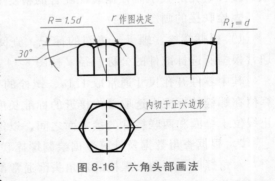

图 8-16　六角头部画法

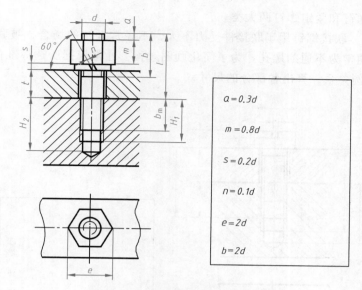

$a = 0.3d$

$m = 0.8d$

$s = 0.2d$

$n = 0.1d$

$e = 2d$

$b = 2d$

图 8-17 双头螺柱联接的简化画法

取不同的值,见表 8-3。

表 8-3 双头螺柱旋入长度参考取值

被旋入联接件的材料	旋入长度参考取值 b_m	对应标准
钢、青铜	$b_m = d$	GB/T 897—1988
铸铁	$b_m = 1.25d$	GB/T 898—1988
铸铁、铝合金	$b_m = 1.5d$	GB/T 899—1988
铝合金	$b_m = 2d$	GB/T 900—1988

2)根据查得数据及计算数据绘制双头螺柱联接,如图 8-18 所示。需要注意的是,为清楚表达弹簧垫圈,通常在主视图与左视图中均画出弹簧垫圈开口形状,如图 8-18d 所示。

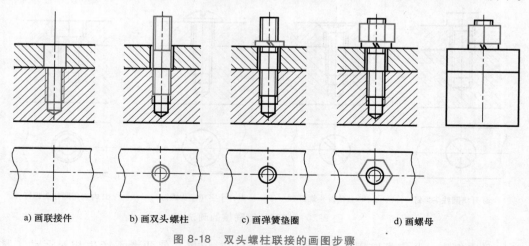

a) 画联接件　　　　b) 画双头螺柱　　　　c) 画弹簧垫圈　　　　d) 画螺母

图 8-18 双头螺柱联接的画图步骤

(3)螺钉联接 螺钉联接不需螺母配套,直接旋入机件的螺纹孔里,其种类较多,按用途可分为联接螺钉和紧定螺钉两大类。

1）联接螺钉。联接螺钉用于联接件受力不大，不经常拆卸的场合，被联接件之一为通孔，另一联接件通常为不通的螺孔。为了简化画图过程，通常根据所选标准件的公称直径 d 按图 8-19 所示比例关系，算出各部分的尺寸。

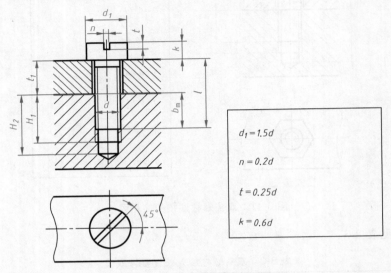

$$d_1 = 1.5d$$

$$n = 0.2d$$

$$t = 0.25d$$

$$k = 0.6d$$

图 8-19　螺钉联接的简化画法

其中零件开孔尺寸通常取 $1.1d$，螺钉的公称长度 l 按 $l = t_1 + b_m$ 计算，b_m 取值方法与双头螺柱相同，再根据计算值在螺钉的标准中选取最为接近的标准长度值 l。螺孔深度 $H_1 = b_m + 0.5d$，钻孔深度 $H_2 = H_1 + (0.2 \sim 0.5)\ d$。

螺钉螺纹终止线应在螺孔上方，以保证螺钉能旋入和压紧联接件，螺钉的开槽可以简化为粗实线，如图 8-20a 所示；不通的螺孔可不画出钻孔深度，仅画出有效螺纹部分的深度，如图 8-20a 所示。螺钉联接种类较多，常见的画法如图 8-20 所示。

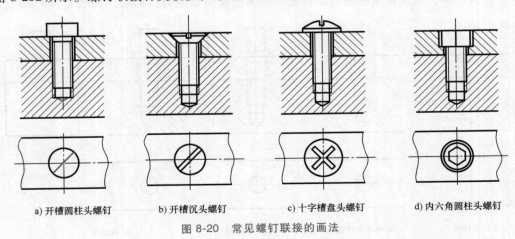

a) 开槽圆柱头螺钉　　b) 开槽沉头螺钉　　c) 十字槽盘头螺钉　　d) 内六角圆柱头螺钉

图 8-20　常见螺钉联接的画法

2）紧定螺钉。紧定螺钉用于固定两个零件的相对位置，使两者不产生相对运动。紧定螺钉分为柱端、锥端和平端三种。图 8-21 所示为常见紧定螺钉联接的画法。

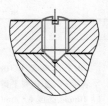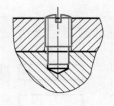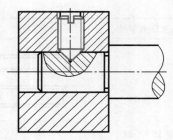

图 8-21 常见紧定螺钉联接的画法

8.3 键和销

键和销属于标准件，通常不单独画零件图，只在装配图中表达。

8.3.1 键

键用来联结轴及轴上的传动件，如齿轮、带轮等，起传递转矩的作用。使用时需在轴和轮上分别加工出键槽，再装入合适的键，以实现轮与轴共同转动，如图 8-22 所示。

图 8-22 键联结

（1）键的种类及标记 常用的键有普通型平键、普通型半圆键、钩头型楔键三种，其画法及标记见表 8-4。

表 8-4 键的画法及标记

名称及标准编号	画法	简化画法	标记
普通型 平键 GB/T 1096—2003			GB/T 1096 键 10×8×32 表示：普通 A 型平键，宽度 $b=10$mm、高度 $h=8$mm、长度 $L=32$mm

（续）

名称及标准编号	画法	简化画法	标记
普通型 平键 GB/T 1096—2003			GB/T 1096 键 B 10×8×32 表示：普通 B 型平键，宽度 $b=10\text{mm}$、高度 $h=8\text{mm}$、长度 $L=32\text{mm}$
			GB/T 1096 键 C 10×8×32 表示：普通 C 型平键，宽度 $b=10\text{mm}$、高度 $h=8\text{mm}$、长度 $L=32\text{mm}$
普通型 半圆键 GB/T 1099.1—2003			GB/T 1099.1 键 6×10×32 表示：普通型半圆键，宽度 $b=6\text{mm}$、高度 $h=10\text{mm}$、直径 $D=32\text{mm}$
钩头型 楔键 GB/T 1565—2003			GB/T 1565 键 10×40 表示：钩头型楔键，宽度 $b=10\text{mm}$、长度 $L=40\text{mm}$，h 值需查表获取，不在标记中 体现

（2）普通平键键槽的画法及标注　普通平键键槽分为轴键槽和毂键槽，其画法及标注如图 8-23 所示。键槽的宽度 b 可根据轴的直径 d 确定，槽深尺寸需要查表确定，键的长度 L 由设计确定。

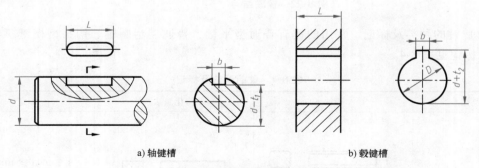

a) 轴键槽　　　　　　　　　b) 毂键槽

图 8-23　键槽的画法及标注

（3）常用键联结的画法　普通平键和半圆键的工作面是两个侧面，在装配图中，键槽与侧面之间不留间隙，只画一条线，而键的顶面是非工作面，与轮毂的键槽顶面之间应留有间隙，绘制时主视图中的键与轴均按不剖绘制，为了表示键在轴上的装配情况，主视图采用了局部剖，如图 8-24 所示。

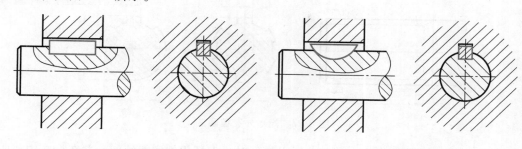

a) 普通型平键　　　　　　　　　　　　　　　　b) 普通型半圆键

图 8-24　常用键联结的画法

　　钩头型楔键的顶面有 1∶100 的斜度，联结时打入键槽，因此其顶面和底面同为工作面，与槽底与槽顶均没有间隙，而键的两侧为非工作面，与键槽的两侧面应留有间隙，如图 8-25 所示。

图 8-25　钩头型楔键联结的画法

8.3.2　花键

　　花键是将键直接加工在轴上和毂上，成为一个整体，如图 8-26 所示。通过花键联结，能传递较大的转矩，并且两者的同轴度较高，且毂零件能沿轴零件轴向滑动，方便根据设计需要调整毂零件的位置，因此在机床、汽车、重工领域得到了广泛应用。

图 8-26　花键联结

　　花键的齿形有矩形、渐开线和三角形等，其中矩形花键最为常见，其结构与尺寸已标准化，其基本画法如下。

　　（1）外花键　在平行于花键轴投影面的视图中，大径用粗实线绘制，小径及分界线用细实线绘制，尾部一般画成与轴线成 30°的斜线，必要时可近实形投影画出；在断面图中齿形可以全部画出，也可以部分画出，部分画出时未画出齿形部分小径用细实线绘制，并在标注中注明齿数，如图 8-27 所示。

　　（2）内花键　在平行于花键轴投影面的剖视图中，大径、小径均用粗实线绘制，并用

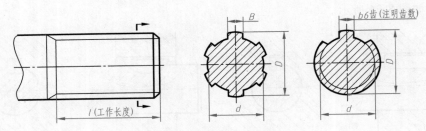

图 8-27　矩形外花键画法

局部视图画出全部或部分齿形，若部分画出齿形时，大径用细实线绘制，并在标注中注明齿数，如图 8-28 所示。

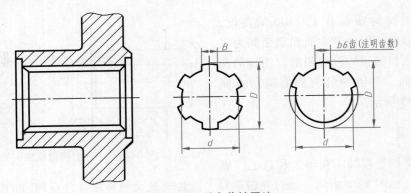

图 8-28　矩形内花键画法

（3）花键联结　花键联结按外花键绘制，如图 8-29 所示。

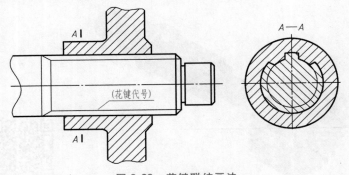

图 8-29　花键联结画法

（4）标注方法　花键标注一般标出大径、小径、键宽和工作长度，如图 8-27 和图 8-28 所示，也可以标注出花键代号，代号格式为：花键类型符号 $N×d×D×B$，其中 N 为键数、d 为小径、D 为大径、B 为键宽。

8.3.3　销

销主要用于两零件间的联接或定位。常用的销有圆柱销、圆锥销和开口销，如图 8-30 所示。

销的画法及标记见表 8-5。

a) 圆柱销

b) 圆锥销

c) 开口销

图 8-30 销的种类

表 8-5 销的画法及标记

名称及标准编号	画法	标记	联接画法
圆柱销 GB/T 119.1—2000	≈15° d c c l	销 GB/T 119.1 8×40 表示：圆柱销，公称直径 d = 8mm，公称长度 l = 40mm，c 值需查表获取	
圆锥销 GB/T 117—2000	1:50 d a a l	销 GB/T 117 6×45 表示：圆锥销，公称直径 d = 6mm，公称长度 l = 45mm，a 值需查表获取	
开口销 GB/T 91—2000	b l a c d	销 GB/T 91 4×40 表示：开口销，公称规格 d = 4mm，公称长度 l = 40mm，a、b、c 值需查表获取	

8.4 齿轮

　　齿轮是机械系统中应用非常广泛的一种传动件，用于将一根轴的运动传递给另一根轴，从而实现动力传递，同时还可以调节转速、更改方向。根据两轴的相对位置，齿轮可分为以下三类。

　　圆柱齿轮用于两平行轴之间的传动，如图 8-31a 所示。

　　锥齿轮用于两相交轴之间的传动，如图 8-31b 所示。

　　蜗轮蜗杆（蜗杆传动）用于两垂直交叉轴之间的传动，如图 8-31c 所示。

a) 圆柱齿轮　　　　　　　b) 锥齿轮　　　　　　　c) 蜗轮蜗杆(蜗杆传动)

图 8-31　常见的齿轮

8.4.1　圆柱齿轮

常见的圆柱齿轮按齿的方向分为直齿、斜齿、人字齿等，如图 8-32 所示；按齿形轮廓曲线分为渐开线、摆线、圆弧等，其中渐开线圆柱直齿轮为最常用的齿轮。

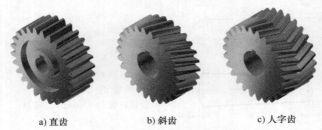

a) 直齿　　　　　　　b) 斜齿　　　　　　　c) 人字齿

图 8-32　常见的圆柱齿轮

（1）齿轮各部分名称和尺寸关系　直齿圆柱齿轮的外形为圆柱形，齿向与齿轮的轴线平行。图 8-33 所示为两相互啮合的直齿圆柱齿轮各部分名称和代号。

1）齿顶圆。齿顶圆是通过齿轮顶部的圆，直径用 d_a 表示。

2）齿根圆。齿根圆是通过齿轮根部的圆，直径用 d_f 表示。

3）分度圆。分度圆是标准齿轮的齿厚与齿槽宽相等位置的假想圆，直径用 d 表示。

4）节圆。节圆是过两齿轮啮合接触点 C（节点）的假想圆，直径用 d' 表示，标准齿轮的 $d' = d$。

5）齿距、齿厚、齿槽宽。在分度圆上相邻两齿对应点之间的弧长称为齿距，用 p 表示，齿厚用 s 表示，齿槽宽

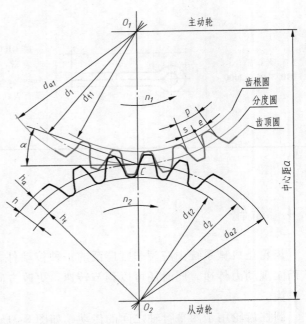

图 8-33　两相互啮合的直齿圆柱齿轮各部分名称和代号

用 e 表示，$p=s+e$，标准齿轮中 $s=e$。

6）齿数。齿数是齿轮上轮齿的个数，用 z 表示。

7）模数。模数是齿轮的基本参数，用 m 表示。根据齿距的定义，齿轮分度圆的周长为 $\pi d=zp$，即 $d=zp/\pi$，令 $m=p/\pi$，则 $d=mz$。当齿数相等时，模数越大，齿距也越大，齿厚也越厚，齿轮的承载能力越强。模数是计算齿轮的重要参数，两齿轮啮合时，模数应相等。

不同模数的齿轮要用不同模数的刀具进行加工制造，为了便于设计和加工，模数已标准化，设计时要优先使用表 8-6 中的模数。

表 8-6　标准模数（GB/T 1357—2008）　　　　　　　　　　（单位：mm）

第一系列	1,1.25,1.5,2,2.5,3,4,5,6,8,10,12,16,20,25,32,40,50
第二系列	1.125,1.375,1.75,2.25,2.75,3.5,4.5,5.5,(6.5),7,9,11,14,18,22,28,36,45

注：在选择模数时，优先选用第一系列，其次选用第二系列，括号内的模数应尽量避免选用。

8）压力角。两啮合齿轮的齿廓在接触点处的受力方向与该点瞬时运动方向间的夹角称为压力角，用 α 表示，我国标准的渐开线齿轮规定压力角为 20°，只有模数和压力角均相同的齿轮才能相互啮合。

9）齿高、齿顶高、齿根高。分度圆到齿顶圆之间的径向距离称为齿顶高，用 h_a 表示；分度圆到齿根圆之间的径向距离称为齿根高，用 h_f 表示；齿顶圆到齿根圆之间的径向距离称为齿高，用 h 表示，$h=h_a+h_f$。

10）中心距。中心距是两圆柱齿轮轴线间的距离，用 a 表示。

11）传动比。主动轮的转速与从动轮的转速之比称为传动比，用 i 表示。

直齿圆柱齿轮的尺寸计算公式见表 8-7。

表 8-7　直齿圆柱齿轮的尺寸计算公式

名称	代号	计算公式
模数	m	根据设计选定
齿数	z	根据设计选定
分度圆直径	d	$d=mz$
齿顶圆直径	d_a	$d_a=d+2h_a=m(z+2)$
齿根圆直径	d_f	$d_f=d-2h_f=m(z-2.5)$
齿高	h	$h=h_a+h_f$
齿顶高	h_a	$h_a=m$
齿根高	h_f	$h_f=1.25m$
齿距	p	$p=\pi m$
齿厚	s	$s=p/2$
中心距	a	$a=(d_1+d_2)/2$
传动比	i	$i=n_1/n_2=z_2/z_1$

（2）圆柱齿轮的画法

1）单个齿轮的画法。在视图中，齿轮轮齿部分的齿顶圆和齿顶线用粗实线表示，分度圆和分度线用细点画线表示，齿根圆和齿根线用细实线表示，也可省略不画，如图 8-34a

所示。

在剖视图中，当剖切平面通过齿轮轴线时，轮齿一律按不剖处理，这时齿根线用粗实线表示，如图 8-34b 所示。

对于斜齿，可以在非圆视图上用三条与轮齿倾斜方向相同的平行细实线表示轮齿方向，如图 8-34c 所示。

对于人字齿，可以在非圆视图上用三条与轮齿形状相同、方向一致的细实线表示轮齿形状及方向，如图 8-34d 所示。

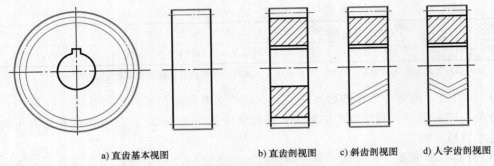

a) 直齿基本视图　　b) 直齿剖视图　　c) 斜齿剖视图　　d) 人字齿剖视图

图 8-34　圆柱齿轮的画法

2）啮合圆柱齿轮的画法。两标准齿轮相互啮合时，两齿轮的分度圆处于相切位置，啮合区内的齿顶圆仍用粗实线表示，如图 8-35a 所示，也可省略不画，如图 8-35b 所示。

在平行于圆柱齿轮轴线的投影面的视图上，啮合区内的齿顶线不需画出，节圆的投影线用粗实线绘制，斜齿与人字齿需绘制表达齿形的细实线，如图 8-35c～e 所示。

在剖视图中，当剖切平面通过两啮合齿轮的轴线时，在啮合区内，两个齿轮的齿根线均用粗实线表示，其中一个齿轮的齿顶线用粗实线表示，另一个齿轮的齿顶线由于被遮挡，用细虚线表示，如图 8-35a 所示，也可省略不画。齿轮的齿顶与另一齿轮的齿根留有 0.25mm 间隙。当剖切平面不通过啮合齿轮的轴线时，齿轮一律按不剖绘制。

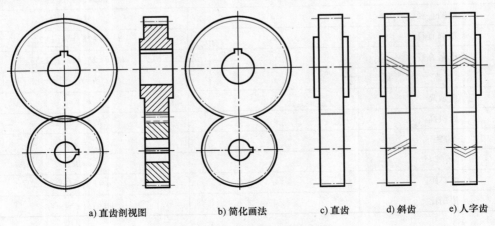

a) 直齿剖视图　　b) 简化画法　　c) 直齿　　d) 斜齿　　e) 人字齿

图 8-35　啮合圆柱齿轮的画法

3）齿轮的零件图。在齿轮的零件图中，除了外形表达与尺寸标注外，还应在右上角标出齿轮的参数表，包括基本参数和公差等必要参数，如图 8-36 所示（公差具体含义将在其他课程中学习，在此不做详细介绍）。

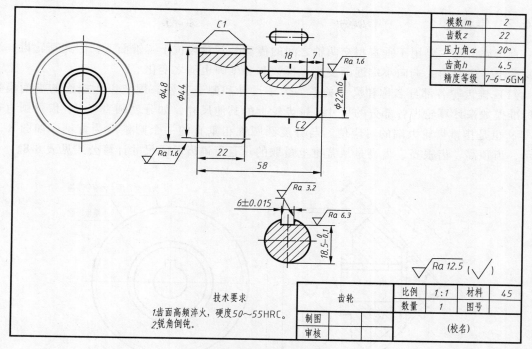

模数 m	2
齿数 z	22
压力角 α	20°
齿高 h	4.5
精度等级	7-6-6GM

技术要求

1.齿面高频淬火，硬度50～55HRC。
2.锐角倒钝。

齿轮		比例	1:1	材料	45
		数量	1	图号	
制图					
审核				(校名)	

图 8-36　齿轮零件图的画法

有时为了方便标注，会在零件图上画出少量的齿形轮廓形状，一般均采用近似画法。

（3）齿轮与齿条啮合　当齿轮的直径无限大时，其齿顶圆、齿根圆、分度圆和齿廓曲线都变成了直线，此时齿轮就变成了齿条。齿轮与齿条啮合时，齿轮旋转，齿条做直线运动，如图 8-37a 所示。齿轮与齿条啮合的画法与两圆柱齿轮啮合的画法基本相同，此时齿轮的节圆与齿条的节线相切，如图 8-37b 所示。

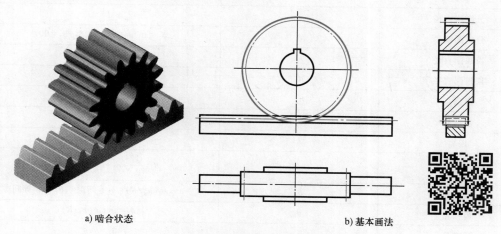

a) 啮合状态　　　　　　　　　　　　　b) 基本画法

图 8-37　齿轮与齿条啮合

对于斜齿轮与斜齿条啮合，可以在非圆视图上用三条与轮齿倾斜方向相同的平行细实线表示轮齿方向。

8.4.2 锥齿轮

直齿锥齿轮主要用于垂直相交两轴之间的传动，其轮齿位于圆锥面上，因此其轮齿一端大一端小，齿厚由大端向小端逐渐变小，模数和分度圆也随之变化。

（1）锥齿轮各部分名称和尺寸关系　为了设计和制造方便，规定以大端面的端面模数为标准模数来计算轮齿各部分的尺寸。锥齿轮上的其他尺寸，如分度圆直径 d、齿顶圆直径 d_a 等，也是指锥齿轮大端的对应值。与分度圆圆锥相垂直的一个圆锥称为背锥，如图 8-38 所示，齿顶高、齿根高、齿高是从背锥上量取的。直齿锥齿轮的尺寸计算公式见表 8-8。

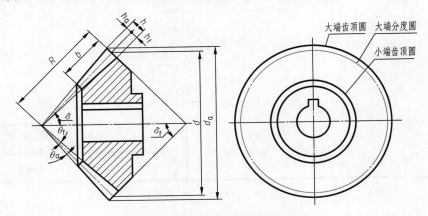

图 8-38　锥齿轮各部分名称及画法

表 8-8　直齿锥齿轮的尺寸计算公式

名称	代号	计算公式
模数	m	根据设计选定
齿数	z	根据设计选定
分度圆直径	d	$d = mz$
分度圆锥角	δ	$\delta_1 = \arctan(z_1/z_2)$，$\delta_1 + \delta_2 = 90°$
齿顶圆直径	d_a	$d_a = m(z + 2\cos\delta)$
齿根圆直径	d_f	$d_f = m(z - 2.4\cos\delta)$
齿顶高	h_a	$h_a = m$
齿根高	h_f	$h_f = 1.2m$
齿高	h	$h = h_a + h_f = 2.2m$
锥距	R	$R = \dfrac{1}{2}\sqrt{d_1^2 + d_2^2} = \dfrac{m}{2}\sqrt{z_1^2 + z_2^2}$
齿顶角	θ_a	$\theta_a = \arctan(h_a/R)$（不等间隙）；$\theta_a = \theta_f$（等间隙）
齿根角	θ_f	$\theta_f = \arctan(h_f/R)$
顶锥角	δ_a	$\delta_a = \delta + \theta_a$
根锥角	δ_f	$\delta_f = \delta - \theta_f$
齿宽	b	$b \leqslant R/3$

（2）直齿锥齿轮的画法　单个锥齿轮的主视图常画成剖视图，在左视图上用粗实线画出齿轮大端和小端的齿顶圆，用点画线画出齿轮大端的分度圆，如图 8-38 所示，其他部分按投影画出。

（3）啮合锥齿轮的画法　直齿锥齿轮啮合时，两分度圆锥相切，锥顶交于一点，画图时多用剖视图表示，如图 8-39a 所示，齿形的画法与圆柱齿轮相同；外形简化画法如图 8-39b 所示。斜齿锥齿轮啮合时，在外形图上画三条平行的细实线表示轮齿方向，如图 8-39c 所示。

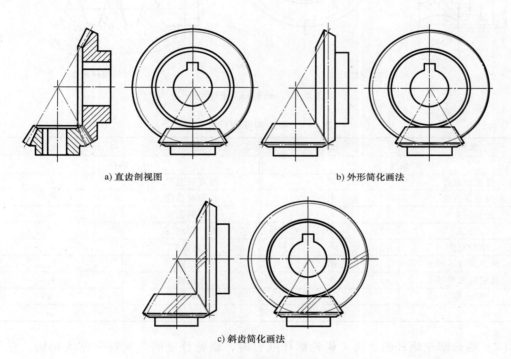

a) 直齿剖视图　　　　　　　　　　　　　　b) 外形简化画法

c) 斜齿简化画法

图 8-39　啮合锥齿轮的画法

8.4.3　蜗轮蜗杆（蜗杆传动）

蜗轮蜗杆（蜗杆传动）具有传动比大、结构紧凑、传动平稳、噪声较小的特点，一般蜗杆为主动件，蜗轮为从动件。关于蜗轮蜗杆本书只简要介绍其画法。

（1）蜗轮蜗杆的画法　蜗轮结构与斜齿轮结构相似，为了增加其与蜗杆啮合时的接触面，提高工作寿命，分度圆柱面改为分度圆环面，蜗轮的齿顶和齿根也形成了圆环面，如图 8-40a 所示。

蜗杆外形和梯形螺纹相似，且一样有右旋和左旋之分，蜗杆的齿数就是齿的螺纹线数，也称为头数，常用的是单线或双线。为了表明蜗杆的牙型，一般采用局部剖视图画出若干个牙型，或画出牙型的放大图，如图 8-40b 所示。

蜗轮蜗杆的尺寸代号见表 8-9。

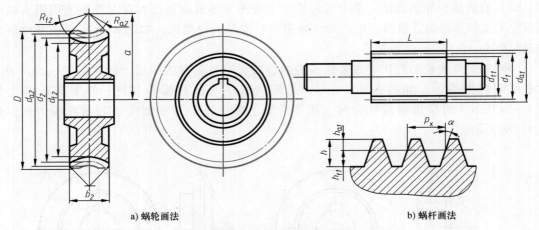

a) 蜗轮画法　　　　　　　　　　　　b) 蜗杆画法

图 8-40　蜗轮蜗杆的画法

表 8-9　蜗轮蜗杆的尺寸代号

名称	代号	名称	代号
蜗轮		蜗杆	
分度圆直径	d_2	分度圆直径	d_1
齿顶圆直径	d_{a2}	齿顶圆直径	d_{a1}
齿根圆直径	d_{f2}	齿根圆直径	d_{f1}
外径	D	螺纹部分长度	L
蜗轮宽度	b_2	轴向齿距	p_x
齿顶圆弧半径	R_{a2}	齿顶高	h_{a1}
齿根圆弧半径	R_{f2}	齿根高	h_{f1}
中心距	a	齿高	h
		压力角	α

（2）啮合蜗轮蜗杆的画法　　蜗轮蜗杆啮合时，蜗轮分度圆与蜗杆分度线相切，在用剖视图表达时，啮合区内蜗杆的轮齿用粗实线绘制，蜗轮的轮齿被遮挡部分可以省略不画，如图 8-41a 所示。只画外形时，啮合部分需要画出齿顶圆，如图 8-41b 所示。

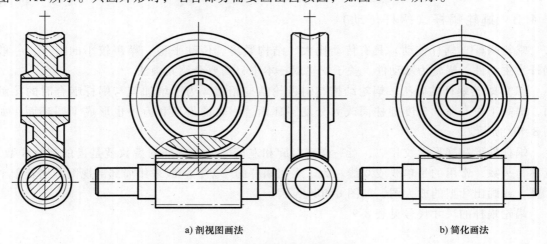

a) 剖视图画法　　　　　　　　　　　　b) 简化画法

图 8-41　啮合蜗轮蜗杆的画法

8.5 弹簧

弹簧是一种通过变形和储存能量进行工作的零件，当外力卸除后能立即恢复原始状态，被广泛应用于减振、夹紧、储能、测力等场合。

弹簧的种类较多，根据外形可分为螺旋弹簧、涡卷弹簧、板弹簧等；根据受力情况可分为压缩弹簧、拉伸弹簧、扭转弹簧等。图 8-42 为常见的弹簧种类。本书重点介绍圆柱压缩弹簧。

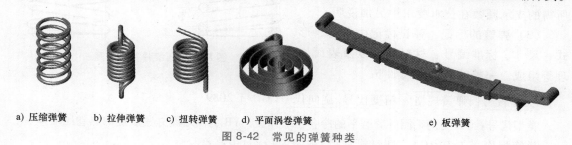

a) 压缩弹簧　　b) 拉伸弹簧　　c) 扭转弹簧　　d) 平面涡卷弹簧　　　　e) 板弹簧

图 8-42　常见的弹簧种类

8.5.1　圆柱压缩弹簧

（1）各部分名称和尺寸关系　为了使压缩弹簧的端面与轴线垂直，在工作时受力均匀，在制造时通常将两端的初始几圈并紧、端面磨平，并紧部分基本不产生弹力，仅起支承和稳定作用，称为支承圈。两端支承圈圈数通常采用 1.5、2、2.5 圈。除支承圈外，中间部分保持节距相等，也是主要工作部分，称为有效圈，有效圈数是计算弹簧刚度时的圈数。支承圈数与有效圈数之和称为总圈数。弹簧的主要参数见表 8-10。

表 8-10　弹簧的主要参数

名称	代号	说明
材料直径	d	弹簧使用钢丝的直径，按标准选取
弹簧中径	D	弹簧的平均直径
弹簧内径	D_1	弹簧的最小直径，$D_1 = D - d$
弹簧外径	D_2	弹簧的最大直径，$D_2 = D + d$
有效圈数	n	按标准选取
支承圈数	n_z	
总圈数	n_1	$n_1 = n + n_z$
节距	t	两相邻有效圈截面中心的轴向距离
自由高度	H_0	弹簧在无负荷时的高度，$H_0 = nt + (n_z - 0.5)d$
展开长度	L	$L \approx n_1 \sqrt{(\pi D_2)^2 + t^2}$

注：需按标准选取的值在 GB/T 2089—2009 中选取。

（2）弹簧零件的画法　图 8-43 所示为压缩弹簧基本画法，国家标准中对压缩弹簧的画法有着明确的规定。

1）弹簧在平行于轴线投影面上的视图中，其各圈的轮廓均画成直线。

2）压缩弹簧均可画成右旋，但左旋弹簧不论画成左旋还是右旋，一律要加注"左"字样。

3）有效圈数在四圈以上的螺旋压缩弹簧，中间各圈可省略不画，当中间各圈省略后，图形的实际长度可适当缩短，但应标注弹簧实际的自由高度。

4）因弹簧的画法实际上只起一个符号作用，所以在压缩弹簧要求两端并紧磨平时，无论支承圈多少，均可按 2.5 圈绘制，所需的支承圈数在技术要求中另加说明。

（3）弹簧的标记　弹簧标记由名称、形式、尺寸、标准编号、材料牌号以及表面处理等组成。完整的标注格式如下。

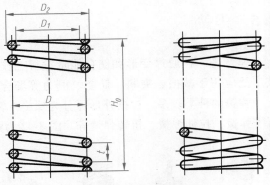

图 8-43　压缩弹簧基本画法

| 类型代号 | 弹簧规格 | - | 精度代号 | 旋向代号 | GB/T 2089 |

类型代号：YA 为两端圈并紧磨平的冷卷压缩弹簧，YB 为两端圈并紧制扁的热卷压缩弹簧。

弹簧规格（$d×D×H_0$）：即材料直径×弹簧中径×自由高度。

精度代号：2 级精度制造不表示，3 级应注明"3"级。

旋向代号：左旋应注明为"左"，右旋不表示。

GB/T 2089 为标准编号。

标注示例：YA 2×10×50 左 GB/T 2089，表示 YA 型弹簧，材料直径为 2mm，弹簧中径为 10mm，自由高度为 50mm，精度等级为 2 级，左旋的两端圈并紧磨平的冷卷压缩弹簧。

（4）装配图中弹簧的画法　在装配图中，被弹簧挡住的结构一般不画出，可见部分应从弹簧的外轮廓线或弹簧钢丝剖面的中心线画起，如图 8-44a 所示；弹簧被剖切时，如弹簧钢丝剖面直径小于 2mm 时，剖面可以涂黑表示，如图 8-44b 所示，也可采用示意画法，如图 8-44c 所示。

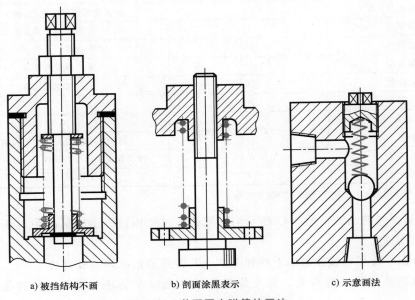

a）被挡结构不画　　　　b）剖面涂黑表示　　　　c）示意画法

图 8-44　装配图中弹簧的画法

（5）弹簧的零件图　在弹簧的零件图中，弹簧的各尺寸参数应直接标注在图样上，若直接标注有困难时，可在技术要求中说明。当需要表明弹簧的载荷与高度之间的变化比例时，必须用图解表示。圆柱压缩弹簧的力学性能曲线为直线，其中 F_1 表示弹簧的预加载荷，F_2 表示弹簧的最大工作载荷，F_j 表示弹簧的极限载荷。弹簧的零件图如图 8-45 所示。

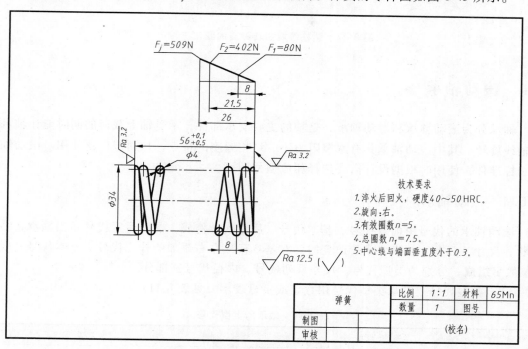

图 8-45　弹簧的零件图

8.5.2　其他弹簧

（1）圆柱螺旋拉伸弹簧　圆柱螺旋拉伸弹簧的画法如图 8-46 所示。

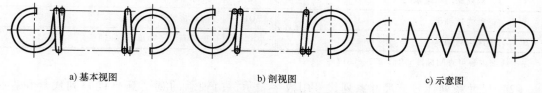

a) 基本视图　　　　　　b) 剖视图　　　　　　c) 示意图

图 8-46　圆柱螺旋拉伸弹簧的画法

（2）圆柱螺旋扭转弹簧　圆柱螺旋扭转弹簧的画法如图 8-47 所示。

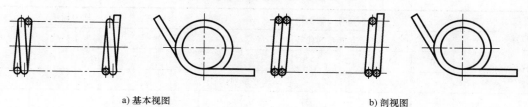

a) 基本视图　　　　　　　　　　　b) 剖视图

图 8-47　圆柱螺旋扭转弹簧的画法

c) 示意图

图 8-47　圆柱螺旋扭转弹簧的画法（续）

8.6　滚动轴承

轴承分为滚动轴承和滑动轴承，是轴的主要支承部件，承受轴上载荷的同时能让轴可以绕轴线旋转。其中滚动轴承具有摩擦阻力小、结构紧凑的特点，从而被广泛使用。滚动轴承属于标准件，使用时根据设计需要选择相应型号即可。

8.6.1　滚动轴承的代号

滚动轴承的代号由前置代号、基本代号、后置代号构成，前、后置代号是当轴承在结构形状、尺寸、公差、技术要求等改变时，在基本代号左右添加的补充代号。基本代号一般由5位数字组成，分别为类型代号、尺寸系列代号、内径代号三部分。

（1）类型代号　轴承类型代号用数字或字母表示，见表8-11。

表 8-11　轴承的类型代号

代号	轴承类型	代号	轴承类型
0	双列角接触球轴承	7	角接触球轴承
1	调心球轴承	8	推力圆柱滚子轴承
2	调心滚子轴承和推力调心滚子轴承	N	圆柱滚子轴承
3	圆锥滚子轴承		双列或多列用字母 NN 表示
4	双列深沟球轴承	U	外球面球轴承
5	推力球轴承	QJ	四点接触球轴承
6	深沟球轴承	C	长弧面滚子轴承（圆环轴承）

注：详细内容可查阅标准 GB/T 272—2017。

（2）尺寸系列代号　尺寸系列代号用数字表示，由轴承的宽（高）度系列代号和直径系列代号组合而成。向心轴承、推力轴承尺寸系列代号按表8-12中的规定。

表 8-12　尺寸系列代号

直径系列代号	向心轴承								推力轴承			
	宽度系列代号								高度系列代号			
	8	0	1	2	3	4	5	6	7	9	1	2
	尺寸系列代号											
7	—	—	17	—	37	—	—	—	—	—	—	—
8	—	08	18	28	38	48	58	68	—	—	—	—

（续）

直径系列代号	向心轴承								推力轴承			
	宽度系列代号								高度系列代号			
	8	0	1	2	3	4	5	6	7	9	1	2
	尺寸系列代号											
9	—	09	19	29	39	49	59	69	—	—	—	—
0	—	00	10	20	30	40	50	60	70	90	10	—
1	—	01	11	21	31	41	51	61	71	91	11	—
2	82	02	12	22	32	42	52	62	72	92	12	22
3	83	03	13	23	33	—	—	—	73	93	13	23
4	—	04	—	24	—	—	—	—	74	94	14	24
5	—	—	—	—	—	—	—	—	—	95	—	—

（3）内径代号　轴承内径代号用数字表示，见表8-13。

表8-13　内径代号

轴承公称内径/mm		内径代号	示例
0.6~10（非整数）		用公称内径毫米数直接表示，在其与尺寸系列代号之间用"/"分开	深沟球轴承 617/0.6，$d = 0.6$mm 深沟球轴承 618/2.5，$d = 2.5$mm
1~9（整数）		用公称内径毫米数直接表示，对深沟及角接触球轴承直径系列7、8、9，内径与尺寸系列代号之间用"/"分开	深沟球轴承 625，$d = 5$mm 深沟球轴承 618/5，$d = 5$mm 角接触球轴承 707，$d = 7$mm 角接触球轴承 719/7，$d = 7$mm
10~17	10	00	深沟球轴承 6200，$d = 10$mm
	12	01	调心球轴承 1201，$d = 12$mm
	15	02	圆柱滚子轴承 NU202，$d = 15$mm
	17	03	推力球轴承 51103，$d = 17$mm
20~480（22,28,32除外）		公称内径除以5的商数，商数为个位数，需在商数左边加"0"，如08	调心滚子轴承 22308，$d = 40$mm 圆柱滚子轴承 NU1096，$d = 480$mm
≥500 以及 22,28,32		用公称内径毫米数直接表示，其与尺寸系列代号之间用"/"分开	调心滚子轴承 230/500，$d = 500$mm 深沟球轴承 62/22，$d = 22$mm

代号示例1：调心滚子轴承 23224，2——类型代号，32——尺寸系列代号，24——内径代号，$d = 120$mm。

代号示例2：深沟球轴承 6203，6——类型代号，2——尺寸系列（02）代号，03——内径代号，$d = 17$mm。

代号示例3：角接触球轴承 719/7，7——类型代号，19——尺寸系列代号，7——内径代号，$d = 7$mm。

代号示例4：双列圆柱滚子轴承 NN 30/560　NN——类型代号，30——尺寸系列代号，560——内径代号，$d = 560$mm。

基本代号中当轴承类型代号用字母表示时，编排时应与轴承尺寸系列代号、内径代号或安装配合特征尺寸的数字之间空半个汉字距离，如 NJ 230、AXK 0821。

滚针轴承基本代号查阅相关标准，如 GB/T 290—2017、GB/T 4605—2003、GB/T 20056—2015。

前置、后置代号本教材不做介绍，可参照标准 GB/T 272—2017。

8.6.2　滚动轴承的画法

轴承种类很多，但结构大体相同，一般由外（上）圈、内（下）圈和排列在外（上）、内（下）圈之间滚动体（钢球、圆柱滚子、圆锥滚子等）及保持架四部分组成。一般情况下，外圈装在机器孔内固定不动，内圈套在轴上，随轴转动。

当不需要确切地表示滚动轴承的外形轮廓、载荷特性、结构特性时，可用矩形框及位于线框中央正立的十字形符号表示，十字形符号不应与矩形框接触，如图 8-48a 所示；在垂直于滚动轴承轴线的投影面的视图上，无论滚动体的形状（球、柱、针）及尺寸如何，均可按如图 8-48b 所示绘制。

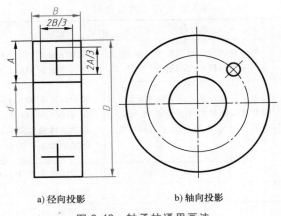

a) 径向投影　　　　　　　　b) 轴向投影

图 8-48　轴承的通用画法

常用滚动轴承的规定画法、特征画法见表 8-14。

表 8-14　常用滚动轴承的规定画法和特征画法

轴承结构与标准	规定画法	特征画法
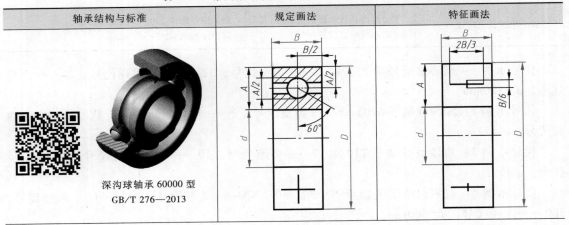		

深沟球轴承 60000 型
GB/T 276—2013

（续）

轴承结构与标准	规定画法	特征画法

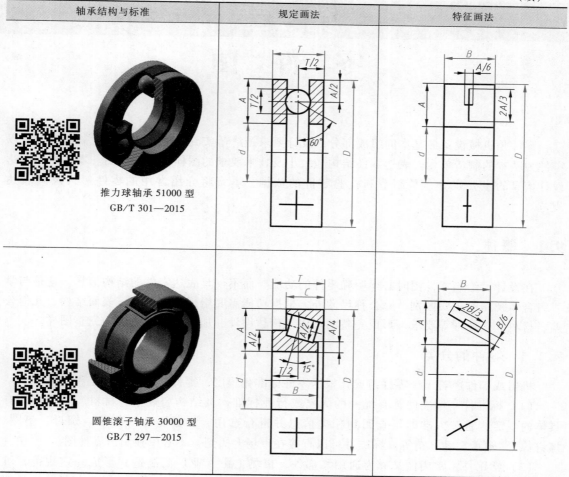

推力球轴承 51000 型
GB/T 301—2015

圆锥滚子轴承 30000 型
GB/T 297—2015

第9章

零 件 图

零件是机械设备最基本的组成部分，设计要求最终落实到每个零件，加工制造时也是以零件为基本的制造单元。表达零件结构、大小及技术要求的图样称为零件图。零件图是表达设计信息的主要媒介，是制造和检验零件的依据。本章将介绍常用的零件形式及其表达规范。

9.1 概述

在设计、绘制零件图时必须明确零件的功能，而不仅是表达零件的结构信息，这是与学习组合体视图的主要区别，除公称尺寸外，根据功能需要增加尺寸公差、表面结构、几何公差、材料、热处理等要求，形成完整的可用于传达设计、加工、检验要求的完整图样。

9.1.1 零件的分类

机器或部件由若干个零件组成，根据零件标准化程度，零件一般可分为三种类型。

（1）标准件 标准件具有统一的国家或行业标准，其结构、规格、材料、画法等均有具体的规定，通过标准即可查阅到相关信息并进行选用，如紧固件（螺栓、螺母、垫圈、螺钉等）、轴承、键、销等。标准件可以直接在市场上买到，不必单独画出零件图。

（2）常用件 常用件又称为通用零部件，市场上由专业厂商制造并形成一定规范，可以根据设计需要选用，如电动机、气缸、齿轮、链轮、导轨、丝杠等。这些零部件被大量选用，对于减少设计工作量、提高设计效率、增加产品性价比、提升零部件互换性有着良好的作用。国家标准只对这类零部件的功能结构部分进行标准化，规定画法，其余结构形状不做具体规定。外购的常用件无须画出完整的零件图，一般只画连接部分、功能部分，并标注相关技术要求，如供应商名称、规格型号、额外的要求等。如果无法直接外购，需要自制或由外协厂家定制则需要完整的零件图。当然，作为这些常用件的生产厂家，还是需要完整的零件图。

（3）一般零件 根据要求进行设计的零件，其形状、结构、大小、技术要求等都必须按产品要求进行设计并标注完整，绘制详细、完整的零件图，作为设计、制造、检验的依据。

根据零件的功能、结构特点、加工方法和视图特点，可将零件分为轴套类、轮盘类、叉架类、箱体类、钣金类等。

9.1.2 零件图的作用

在生产制造、检验过程中，都是依据零件图的相关要求进行的。零件图是技术交流、工艺编制、生产制造的基本依据。图 9-1 为轮轴的立体图，对应的零件图如图 9-2 所示。

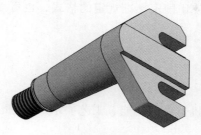

图 9-1　轮轴的立体图

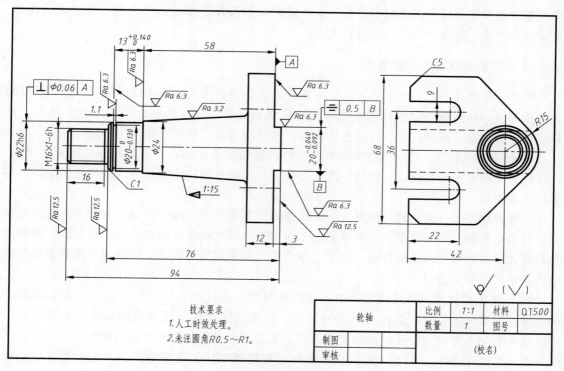

图 9-2　轮轴的零件图

9.1.3　零件图的内容

以图 9-2 所示轮轴的零件图为例，一张完整的零件图应包括下列内容。

1）一组视图。用一组视图完整、清晰地表达零件内外结构形状。轮轴使用了主视图与左视图表达。

2）尺寸。零件图应正确、完整、清晰、合理标注零件制造、检验所需的全部尺寸。例如：轮轴的零件图中的直径、长度、倒角等尺寸。

3）技术要求。用规定的符号、标记和简要的文字表达零件制造、检验、装配过程中应达到的各项要求。例如：轮轴的零件图中的尺寸公差、几何公差、表面粗糙度、热处理、未注圆角等各类要求。

4）标题栏。在右下的标题栏中填写零件的名称、材料、图号、数量、比例以及单位名称、相关人员信息等。标题栏既可以使用国家标准规定的格式，也可以使用简化格式，轮轴的零件图标题栏属于简化格式。

9.2 零件的构形设计

零件的构形设计就是根据零件在机器中的功能、工艺要求，并综合考虑经济、美观等要素，确定零件结构的形状和尺寸。

零件的构形设计与组合体的构形设计主要区别是：零件的构形不能单纯从几何角度考虑，零件的形状要结合其在机器中的功能、装配的可行性、制造的工艺性、检验的便捷性、良好的互换性、适度的通用性等进行考虑。

9.2.1 构形设计的基本原则

零件构形设计时，应首先了解零件在部件中的功能，与关联零部件的关系，进一步规划其形体构成。在全新零件设计过程中，有时需构思多种方案，再综合考虑尺寸、结构、材料、制造等因素，最终确定零件的整体构形。零件构形设计的基本原则如下。

（1）保证功能性　产品或部件有着确定的功能和性能指标，而零件是部件的基本组成，在部件中实现一定的功能，如执行、支承、传动、连接、定位、密封等，这些是确定零件构形的主要依据。

零件形状各异，按功能一般可分为工作部分、安装部分、连接部分，如图 9-1 所示的轮轴，其两个长槽孔为安装部分，圆锥面为工作部分，与其他零件配合实现一定功能，圆锥面与长槽孔之间的部分为连接部分。由于工作条件、安装位置等因素，即使为了实现类似的功能，其结构差异也会很大。

（2）整体相关性　产品或部件中各零件按确定的方式结合，应保证结合可靠、拆装方便，零件间是保证位置同步还是有相对运动，是通过螺纹联接还是利用形状限制部分自由度，结合面间是紧密结合还是添加其他介质，都是构形过程中需要考虑的问题。

图 9-3a 为铁路机车转向架轴向座，装配于车轮轴端面，通过轴承与车轮轴连接，同时与主构架及减振连接，图 9-3b 为其中一个零件下端盖，设计时内部结构要与车轮轴所选的轴承配合；为了与上部座连接，需要设计四个安装孔供螺钉安装，孔的位置、大小要关联确定；为了与侧端盖联接，采用了法兰螺纹孔连接方式，孔位置、大小也需要关联确定。

a) 轴向座　　　　　　　　　b) 下端盖

图 9-3　铁路机车转向架轴向座

（3）良好的经济性 产品要获得良好的市场竞争力，其性价比是一个非常重要的问题，需要从产品的性能、使用、工艺、生产率、互换性、材料等方面综合考虑。如图 9-3b 所示，不能为了增加其强度就将零件做得非常笨重，这样不但增加了材料成本，也增加了加工成本，设计时应根据实际要求加上合理的冗余量即可；由于零件较复杂，如果采用原材料整体机加工，则加工成本高昂、加工周期较长，在一定批量的前提下可考虑采用铸造毛坯，这样只要加工少量的配合部位、安装孔系即可，可有效降低制造成本。

在设计过程中要综合考虑各种条件，确定合理的结构形状、尺寸数值、材料、技术要求等，在满足功能性需求的前提下尽量简化形状，选用易采购、成本较低的材料。尺寸精度能满足功能、装配、工作要求即可，不能随意提高尺寸精度，以减小加工难度。

（4）满足工艺性 为使零件的制造、加工、装配、检验、检修能便捷、顺利完成，应考虑各类工艺因素。例如：零件使用铸造毛坯时要有合理的圆角、起模斜度等；螺纹要有退刀槽或额外的螺纹收尾距离；轴表面需要磨削时，与大端面相连位置要有砂轮越程槽；为了检验测量，需要确定尺寸基准，基准面通常要有较高的尺寸精度要求；销需要拆卸时，销孔尽量做成通孔；大型零件增加起吊孔方便吊装等。工艺性要求需要较全面地考虑，在学习过程中要注意相关知识的积累。

图 9-3b 所示的下端盖，其只有一侧需要与侧端盖连接，为什么两侧均设计有法兰螺孔？再观察图 9-4 会发现，该部件与车轮轴连接时左右各有一套，两侧要分别用到两侧的法兰螺孔，两侧法兰螺孔的设计可以在制造成本增加不多的情况下，将下端盖变成左右侧通用的零件，而不是对称的两个零件，方便了安装，减少了零件种类，提高了通用性，是一种较好的零件构形方案。

图 9-4 工艺性要求

（5）适度美观性 产品的外形会直接影响到人们的选择，在保证零件实现功能的前提下，零件不同的形状会产生不同的视觉效果，设计时要做到整体协调、外形美观，在做产品整体规划时需要考虑工业美学、人机工程学等因素，才能设计出更好的产品。如图 9-4 所示，两相邻件之间的连接部分结构、尺寸均相同，可使部件看起来整体性更好，更为协调。

作为产品而言，设计过程中还需考虑很多其他因素，本书不做详细讨论，可以参考机械工业出版社出版的《SOLIDWORKS 参数化建模教程》（ISBN 978-7-111-68573-9）相关章节。

9.2.2 铸造工艺结构

在铸造零件毛坯时，一般先通过木材、蜡或其他易于加工的材料按要求加工出基本形状，将其放置于型砂中，当型砂压紧后取出模型，再在型腔内浇入液体金属，待冷却后取出铸件毛坯，再根据零件图要求进行加工，最终形成符合要求的零件。

对于铸造零件，有着相应的工艺结构要求与相应画法，设计时需遵守这些规则。

（1）起模斜度　采用铸造工艺时，为了方便拔出模型，会在零件上与拔出方向平行的面上增加一定的起模斜度，通常选用1:20~1:10之间的斜度。图9-5a所示为合理的起模斜度。不允许出现不利于起模的结构，如图9-5b所示。

在画零件图时，由于起模斜度较小，起模斜度可以不画出，如图9-5c所示，但需要在适当的位置做出相应的说明。

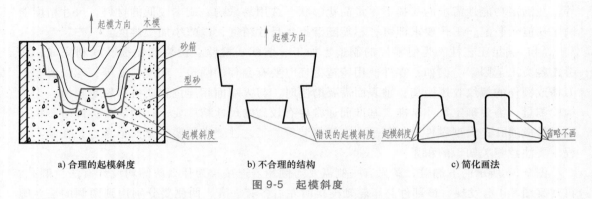

a) 合理的起模斜度　　　　　　　b) 不合理的结构　　　　　　　c) 简化画法

图 9-5　起模斜度

（2）铸造圆角　铸造圆角是零件上最为常见的局部工艺结构，可防止铸造时砂型落砂，也可避免铸件冷却时产生裂纹。零件上未经切削加工的铸造毛坯表面相交处应画出相应圆角，如图9-6a所示；而经过切削加工的表面与毛坯表面相交处应画成尖角，如图9-6b所示。

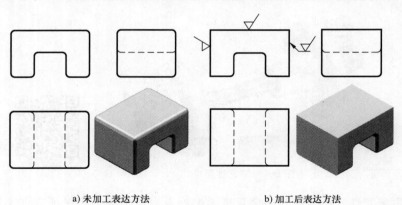

a) 未加工表达方法　　　　　　　　b) 加工后表达方法

图 9-6　铸造圆角

铸造圆角一般取壁厚的0.2~0.4倍，同一铸件的圆角半径尽量相同或接近，铸造圆角可以不标注尺寸，而在技术要求中加以说明。

（3）铸造壁厚　为避免铸件冷却时产生内应力而造成裂纹或缩孔现象，铸件的壁厚应尽量均匀一致，不同壁厚间应均匀过渡，不应出现突然改变的结构。如图9-7a、b为合理的壁厚结构，图9-7c为不合理的壁厚结构。

铸件上由于铸造圆角的存在，使得形体上的交线变得不够明显、清晰，为了便于看图时区分不同的表面，想象出零件的交线形状，这种交线称为过渡线（细实线）。过渡线的求法

a) 壁厚均匀　　　　　　b) 逐渐过渡　　　　　　c) 不合理的壁厚结构

图 9-7 铸造壁厚

与没圆角时的交线求法完全相同，只是表示方法有所差异。当两曲面相交时，过渡线不应与圆角轮廓线接触，如图 9-8a 所示；两曲面轮廓线相交时，过渡线在交点附近应断开，如图 9-8b 所示；平面之间或平面与曲面之间的过渡线，应在转角处断开，并加画过渡圆弧，圆弧弯向与铸造圆角方向一致，如图 9-8c、d 所示。

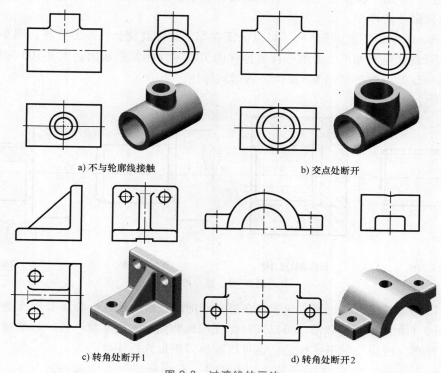

a) 不与轮廓线接触　　　　　　　　　　b) 交点处断开

c) 转角处断开1　　　　　　　　　　d) 转角处断开2

图 9-8 过渡线的画法

9.2.3 加工工艺结构

零件的结构形状应考虑工艺性，如制造的方便性、经济性等，使得零件的加工面具有合理的工艺结构。零件的加工面一般是指通过切削加工得到的表面，如车、铣、钻、磨等。

（1）倒角、倒圆 为了便于装配、保护零件表面及去除零件的毛刺和锐边，常在轴、孔的端部加工出小的圆锥状倒角。倒角常用角度为 45°，标记为"C 尺寸"，如图 9-9a 所示；当倒角为非 45°时，则需标注倒角尺寸与角度，如图 9-9b 所示。倒角也常用于一般结构的拐角处。为了避免阶梯轴轴肩产生应力集中现象，通常在轴肩根部加工出圆角，称为倒圆，如

图 9-9a 所示。

倒角与倒圆的推荐尺寸可查阅国家标准 GB/T 6403.4—2008。

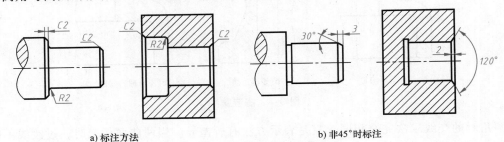

a) 标注方法   b) 非45°时标注

图 9-9 倒角、倒圆

（2）退刀槽、砂轮越程槽 退刀槽、砂轮越程槽是在轴肩根部加工出环形沟槽，主要有两个作用：一是用于保证加工到位，达到设计要求；二是保证装配时关联零件能紧靠轴肩的端面，达到限位的作用。

图 9-10a、b 为螺纹退刀槽结构，可以保证在车削时螺纹完整，退刀方便；图 9-10c 为车削退刀槽，可避免退刀处产生刀痕并保证连接的关联零件能紧靠端面；图 9-10d 为铣削退刀槽。退刀槽标注时一般按"槽宽×直径"的形式标注。

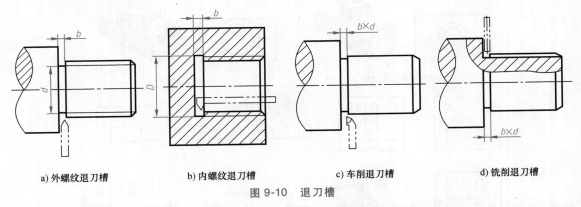

a) 外螺纹退刀槽   b) 内螺纹退刀槽   c) 车削退刀槽   d) 铣削退刀槽

图 9-10 退刀槽

图 9-11a 为砂轮越程槽，可以让砂轮在磨削时能越过被磨削面，以保证整个磨削表面质量一致；图 9-11b 的砂轮越程槽，可以同时保证端面磨削时表面质量一致。砂轮越程槽标注时一般按"槽宽×槽深"的形式标注，也可以按退刀槽形式标注。

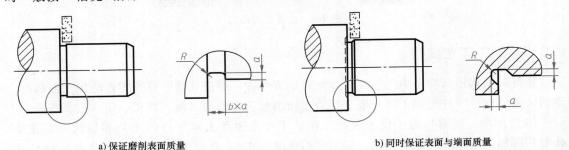

a) 保证磨削表面质量   b) 同时保证表面与端面质量

图 9-11 砂轮越程槽

退刀槽和砂轮越程槽的结构和尺寸，可以根据轴或孔的直径，查阅国家标准 GB/T 3—1997、GB/T 6403.5—2008。由于这两种结构通常尺寸较小，绘制时可用局部放大图表达。

（3）凸台和凹槽　零件中与其他零件连接的接触面，通常需要切削加工，为了提高加工面的可加工性，可以在接触处设计出凸台或凹槽。

螺栓接触面如图 9-12a、b 所示，当零件毛坯为铸件或锻件时，需要加工该接触面，为减少加工区域、便于加工和提高效率，通常将加工区域控制在稍大于所选垫圈的外径尺寸范围内；如图 9-12c 所示，底面面积较大，如果全部加工，加工工作量大，且保证整体精度的难度加大，此时设计一个不加工凹槽，大大减少加工区域；如图 9-12d 所示，内孔整体加工同样存在加工困难、精度保证困难的情况，此时可根据配合的关联零件的要求，中间设计一尺寸较大的不加工环槽，提升零件的可加工性。

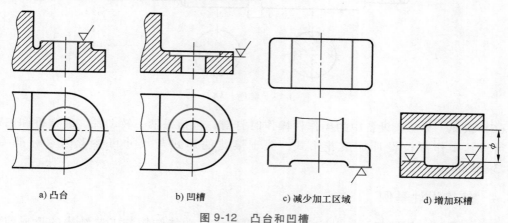

a) 凸台　　　　　b) 凹槽　　　　　c) 减少加工区域　　　　　d) 增加环槽

图 9-12　凸台和凹槽

（4）孔结构　钻孔时要使孔轴线垂直于零件表面，以方便钻孔，如图 9-13a 所示；确需要在斜面或曲面上钻孔时，增加额外的结构保证孔轴线的垂直，如图 9-13b、c 所示；不要出现半孔或小于半孔的结构，如图 9-13d 所示。

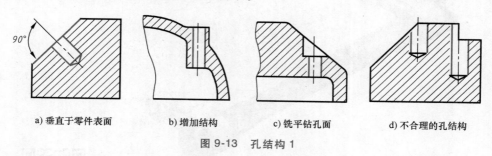

a) 垂直于零件表面　　　b) 增加结构　　　c) 铣平钻孔面　　　d) 不合理的孔结构

图 9-13　孔结构 1

在有台阶孔的结构中，由于钻孔加工时在台阶处是锥面，如图 9-14a 所示，如非必要，保持锥面结构，台阶面如果加工成如图 9-14b 所示平面，将增加加工难度及成本。孔在计算深度时注意其尺寸不包含锥度部分，只有孔部分，如图 9-14c 所示。构形设计中还要注意减少非标系列孔、细长孔的使用。

（5）键槽、销孔　在同一轴上的多个键槽尽量设计在一侧，销孔尽量在同一方向，如图 9-15 所示，便于一次装夹加工。当多个键槽、销孔位置较近时，可适当增加轴的直径，以防止轴局部强度不足。

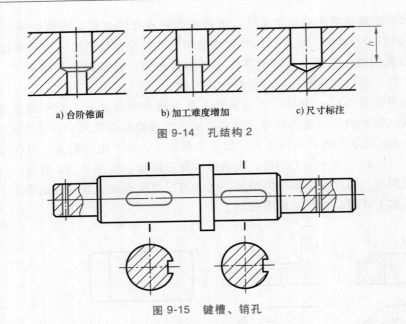

a) 台阶锥面   b) 加工难度增加   c) 尺寸标注

图 9-14   孔结构 2

图 9-15   键槽、销孔

（6）滚花   为防止设备中的操作件操作时打滑，包括手柄、转动件、经常拆卸的螺钉等，可将其操作部位设计成滚花形式，关于滚花的形式与尺寸可参考国家标准 GB/T 6403. 3—2008。

9.2.4   结构设计举例

图 9-16 为机车轮轴部件，以该部件为例讲解零件功能结构与工艺结构的形成与注意事项。

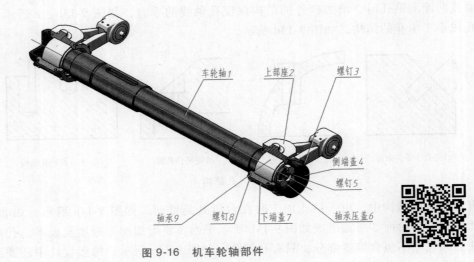

图 9-16   机车轮轴部件

（1）零部件之间的关系   部件是由若干零件按一定装配关系和技术要求组装而成的。部件可以单独实现某一功能，也可以为了表达方便而形成一个整体。当属于前者时，通常需要表达成单独的装配图样，称为部件装配图，在上级装配图中将其视为整体。当属于后者时，通常作为沟通的素材，不单独出装配图样，其中的零件在上级装配图中作为其他子装配中的零件，或直接装配在上级装配体中，不能作为子装配整体出现。如图9-16所示的机车轮轴部件，由于车轮轴上还需要装配车轮、传动齿轮等零件，而这些零件装配时必须将部分已有零件拆开才能装配，所以其不可以作为一个整体，这里只是为了观察方便而形成的临时性部件。

图9-16所示的机车轮轴部件由车轮轴1、上部座2、螺钉3、5、8、侧端盖4、轴承压盖6、下端盖7、轴承9组成，由于左右对称性，部分零件如无法设计为左右通用的零件时，还要考虑左侧结构所使用的零件，在此只讨论右侧部分结构。

车轮轴1是该部件的主要零件，其上要安装车轮（未表示）、传动齿轮（未表示）等，其左右两端由轴承9支承，保证其能绕轴旋转；轴承9的一侧由车轮轴1的轴肩限位，另一端由轴承压盖6限位；轴承压盖6由螺钉5固定在车轮轴1上；轴承9由上部座2与下端盖7共同支承，同时通过上部座2与其他部件（未表示）的连接确定了其在上一级装配体中的定位；上部座2与下端盖7通过螺钉8联接成一个整体；侧端盖4同时与上部座2、下端盖7通过螺钉3联接，防止旋转零部件暴露在外，起到安全及防撞作用。

零件在部件中的作用通过其结构形状及尺寸来实现，如该案例中使用螺钉联接时，必须有配套的孔及相对应的螺纹孔。上部座2与下端盖7的侧面法兰螺孔由于联接同一零件，所以不能单独设计，而应该统筹考虑，其螺纹孔大小、深度、分布应统一，以使得共同的联接件方便设计。轴承压盖6较为简单，但设计时也有多个方面要考虑，其安装在车轮轴1上，而车轮轴是核心零件，加工成本高昂、设计变更困难，所以其孔大小、分布要依据车轮轴而定，不能先定该件尺寸再定车轮轴对应尺寸，其外径不能超过轴承内圈的外径，尤其不能超过轴承外圈的内径，以免影响正常的轴承转动，其台阶孔的深度要稍大于轴承端面到车轮轴端面的距离，以预留一定的预紧尺寸，如果对预紧力没有太高要求，可以通过尺寸公差控制。

从以上分析可知，零件的设计并非独立存在，其结构形状、尺寸、技术要求等，都以应实现的功能为依据，同时考虑关联零部件要求，注意主次，还要考虑制造加工的因素、维修的方便性，综合考虑这些要素，以选择最佳的设计方案。

（2）车轮轴的构形设计分析　如图9-17所示，车轮轴1是核心零件，其上要安装车轮、传动齿轮、轴承等重要零件，负责将传动齿轮的动力传递给车轮，车轮上的制动转矩也将传递到该轴上，绕轴旋转还要顺畅等。车轮轴的构形设计是整个部件设计的重中之重，其设计过程中要考虑的主要因素见表9-1。

图9-17　车轮轴

表 9-1 车轮轴的构形设计分析

结构细节	考虑的主要因素
	车轮安装位置,与车轮孔径匹配,由于采用过盈配合,注意尺寸公差,两轮距根据机车整体要求确定,两个安装位置的同轴度要求较高,要通过位置公差进行控制
	传动齿轮安装位置,其是机车的动力来源,要考虑负载大小确定直径,与齿轮通过键联接,根据轴径选择键尺寸,其与车轮安装位置有同轴度要求,两端的轴肩是应力集中区域,要增加过渡圆角
	轴承安装位置,根据所选轴承的内圈内径确定直径,宜选用中等过盈量配合,长度根据轴承宽度加上一定的伸出量确定
	中心通孔,有多种作用,主要可以使热处理时轴的温度更为均匀,利于探伤;当轴采用锻压毛坯时,可以防止轴心夹杂物和疏松
	轴承压盖安装孔,要求不高,轴承压盖与其匹配即可
	轴肩,主要作用是作为轴承的限位,为了便于轴承拆卸,直径要小于所选轴承内圈的外径,长度则根据车轮与轴承位置共同确定
倒角	去除毛刺、减少磕碰、方便装配

(3)下端盖的构形设计分析 图 9-18 所示的下端盖 7 是轴承的支承连接件,既要支承轴承,同时要与上部座、侧端盖连接,其设计过程中要考虑的主要因素见表 9-2。

图 9-18 下端盖

表 9-2 下端盖的构形设计分析

结构细节	考虑的主要因素
	轴承安装部分,是下端盖的首要考虑因素,直径与宽度都与选定的轴承配套设计
	辅助台阶孔段,长度要适度伸出车轮轴端面,以预留轴承压盖安装空间,两端长度一致,以便车轮轴左右两端能使用同一零件,减少零件数量,提高通用性,安装更换也更为方便
	法兰螺纹孔,综合考虑上部座与侧端盖确定尺寸及孔分布,左右两侧设计成一样的结构,理由同上
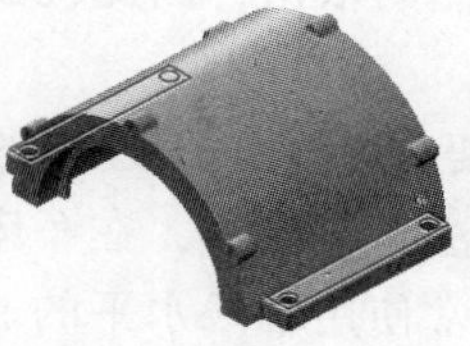	安装孔,与上部座匹配设计。由于该件在下方,有足够的空间,所以设计为通孔,而上部座对应设计为螺纹孔,这样有利于螺钉从下方装配
铸造圆角	采用铸造毛坯的基本结构要求

对一个已成熟的零件,通过这种构形设计分析,多问为什么会这样设计,思考有没有更好的方案,这样可以对零件的每一个结构功能有进一步的认识,有利于丰富自己的设计经验,也为完整、清晰地进行零件的视图表达、尺寸标注、技术要求确定打下良好的基础。

9.3 零件图的选择

零件图的选择要综合运用前面学到的机件表达知识,了解零件的用途、毛坯形式、加工方法等,合理地选择视图。对于较复杂的零件,可以拟订几种不同的视图表达方案进行对比,选出最合理的方案。

9.3.1 零件图的要求

零件图的要求更为具体,要做到以下几点:

1)正确。投影关系正确,图样画法和各种标注都要符合国家相关标准。

2)完整。零件的形体结构、形状、位置、关系均要表达完整且唯一确定,无歧义。

3)合理。视图、标注合理,便于读图人员迅速读懂、理解全图。

4）协调。视图、尺寸、技术要求位置分布合理，整体协调。

9.3.2　视图的选择原则

1）表示零件信息量最多的视图优先作为主视图。

2）在满足要求的前提下，使用尽量少的视图，提高绘图效率，也有利于读图。

3）尽量避免使用虚线表达零件的结构。

4）避免不必要的细节重复表达。

9.3.3　视图的选择方法

视图的选择需要遵循一定的规律，以提高视图选择的效率，使所选视图更为合理。

（1）分析零件

1）分析零件的功能及在部件和整机中的位置、工作状态、有无动作、与关联零件的连接方式等，有动作时要分析整个动作周期中与关联零件及周围零件的空间关系。

2）分析零件的结构，分清主次，先分析零件由哪些基本体构成，相互间的位置关系如何，再分析零件的基本功能结构、技术要求，最后再分析工艺结构。

3）根据已分析确定的构形，结合制造、检验等要求进行细节确定。

（2）选择主视图　主视图是表示零件信息量最多的视图，是一组视图的核心，在表达零件的结构形状、绘图和读图中起着主导作用，也是确定其余视图的依据，因此视图选择时要首先选择主视图，选择时具体要考虑以下几点因素。

1）加工位置原则。为了便于加工人员读图，主视图的位置要与零件加工过程的主要工序中的装夹位置保持一致。如绝大多数轴套类零件的主要加工方法是明确的，在车床上夹持一端进行车削，基于这个原因，在选择轴套类零件主视图时，通常使用轴线水平的非圆图形作为主视图，最能反映加工状态。图 9-19 为车轮轴的主视图选择，采用这种视图布置时同时满足了加工位置原则及表达结构形状信息最多的要求。

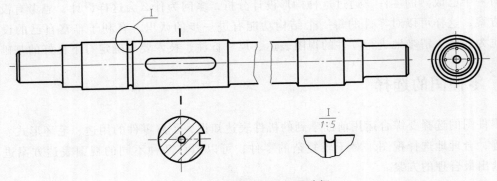

图 9-19　车轮轴的主视图选择

2）工作位置原则。复杂零件由于加工工序复杂，难以判断主要工序，此时可选择零件的工作位置作为主视图，这样也便于将零件图与装配图进行对照，一般箱壳类、支架类零件主要采用该原则选择主视图。图 9-20 为下端盖的主视图选择。

当零件的工作位置倾斜时，简单按工作位置选择主视图，会使绘图、读图不便，此时可将零件旋转放正后形成主视图，旋转方向主要考虑绘图方便、布置合理等因素。

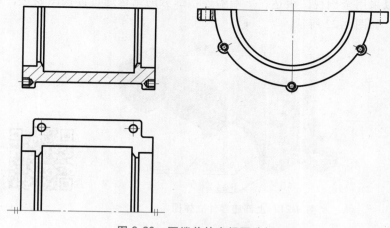

图 9-20　下端盖的主视图选择

3）确定主视图画法。根据零件的功能、结构特点和加工方法等因素，结合前面章节介绍的各种视图表达方法，确定主视图画法，进一步实现主视图"表示信息量最多"的要求。图 9-20 所示的下端盖视图，为了同时表达内部结构及螺纹孔，主视图采用了全剖方式。对于轴类零件，必要时可在主视图中添加局部剖视图。

（3）选择其他视图　主视图确定后逐个检查、分析主体结构，有未完全清晰表达的结构时，选用合适的基本视图，配合主视图进行表达，在基本视图的选用上，一般俯视图优先于仰视图、左视图优先于右视图。在分析过程中若发现主视图的选取不合理，需要及时对主视图进行调整。图 9-20 所示的下端盖视图，为表达法兰螺纹孔的分布位置，增加了左视图表达；为将其与上部座安装孔表达清楚，增加了俯视图，而俯视图上下对称，为提高绘图效率，使视图整体更为美观，选择了对称表达方法。

其余基本视图确定后，再检查结构细节、工艺细节，增加一些辅助视图进行表达，或是在已有视图上进行修改、调整，确保零件各部分能完全、正确、清晰地表达出来。图 9-19 所示的车轮轴视图，为了表达键槽尺寸，采用了断面图表达；为了清楚表达轴肩过渡细节，采用了局部放大视图。图 9-20 所示的下端盖视图，为了表达其与上部座安装孔是否贯穿，在左视图中采用了局部剖视图表达。

（4）检查、调整　所有视图都确定后，对方案进行全面对照检查，各部分结构形状、相对位置和连接关系是否已完全、准确地表达清楚，主次关系是否处理合适，有没有更好的表达方案。再对照各视图检查投影关系是否正确，画法是否符合标准。

总之，对于同一零件而言，表达方案有多种，在选择视图过程中，要想着是否有利于读图、会不会产生歧义、有没有遗漏内容等。

【例 9-1】　图 9-21 为上部座零件立体图，试分析其表达视图。

分析：该零件虽然比较复杂，但其基本分析过程还是相同的。从图中可以看到，该零件主要由托架、连接部分、上连接、轴承限位、安装法兰、下端盖连接、U 形支架几部分组成。该零件安装位置从图 9-16 中可以看到，U 形支架或安装法兰侧均可以看成是工作位置方向，安装法兰侧观察更符合"表示信息量最多"的这一要求，所以选择该方向为主视图方向；连接部分、U 形支架可以通过俯视图表达；轴承限位可以通过左视图表达，而其属于内部结构，所以采用全剖视图表达；下端盖连接部分的结构通过仰视图表达，这样基本视图就可以确定了，如图 9-22 所示。

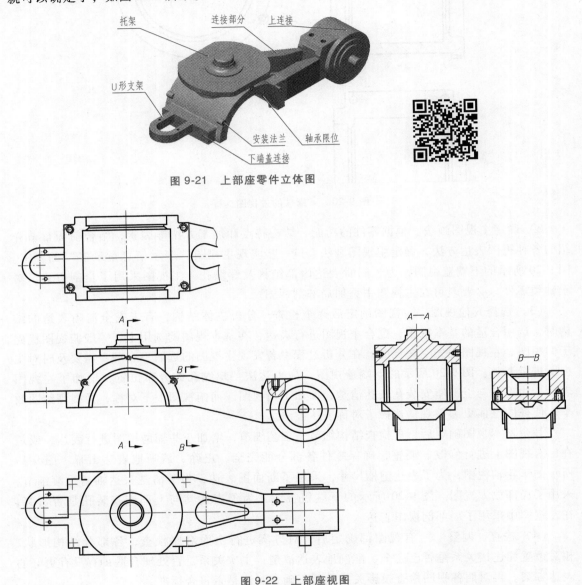

图 9-21　上部座零件立体图

图 9-22　上部座视图

基本视图确定后再根据零件结构规划辅助视图。连接部分的结构在基本视图还无法表达其底部的厚度，所以增加了 B—B 剖视图，而选择剖视图位置时注意，选择下端盖连接的安装孔对应位置，可同时表达螺纹孔的深度；下端盖连接的孔位置增加了仰视图表达，而零件右侧部分已表达清楚，没必要再表达，属于重复表达，为了减少绘图工作量，采用了局部视图表达；上连接上的两个螺纹孔，为了表达其深度，在主视图中采用了局部剖视图表达。

综观所有视图，发现两个剖视图的下半部分未剖部位图形相同，且对视图表达没什么作用，在不引起误解的情况下，该部分可以省略，省略后如图 9-23 所示（注意：此处不宜采用断面图表达，因为断面图会造成螺纹孔的不完整）。

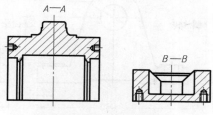

图 9-23　剖视图简化表达

9.4　零件图的标注

零件图的尺寸是加工和检验的重要依据。零件图的尺寸除满足正确、完整、清晰的基本要求外，还要求标注合理，符合设计、加工、检验、装配等一系列要求。为了达到这些要求，除严格遵守标注的国家标准，保证定形、定位、总体尺寸完整，不多标、不漏标，配置合理、易查找，还应选择合理的尺寸基准，使尺寸易于加工、测量。

9.4.1　合理的标注基准

基准是在设计零件时，保证功能、确定结构形状和相对位置时所选用的面、线、点。根据基准的作用不同，基准又分为设计基准和工艺基准两类。设计基准是用来确定零件在部件中位置的基准。工艺基准是零件在加工测量时使用的基准。要使标注合理，首先要选择恰当的标注基准。

选择基准时，尽量使设计基准和工艺基准重合，当两者不能统一时，优先使用设计基准，主要遵循以下原则：

（1）功能尺寸必须从基准出发直接标注　功能尺寸是指影响零件工作性能、精度、互换性的尺寸。从设计基准出发，直接标注功能尺寸，能够直接查看公称尺寸、尺寸公差、几何公差等要求，而不是通过其他尺寸推算而来。实际加工无法保证尺寸绝对准确，而是控制在一定的误差范围内，如果通过其他尺寸推算，会形成误差累积，所以功能尺寸必须直接标注。如图 9-24a 所示，选择底面为高度方向的尺寸基准，由于零件左右对称，选择中心线为左右方向的尺寸基准，该零件的主要功能尺寸是直径 ϕD，所以其中心高尺寸要从基准直接标注，$2\times\phi d$ 两孔的中心距同样需要直接标出。而图 9-24b 所示标注，ϕD 孔的中心高要通过"$m+n$"才能计算得到，$2\times\phi d$ 两孔的中心距尺寸要通过"$L-2e$"计算得到，这种标注是不合理的。

（2）避免出现封闭的尺寸链　如图 9-24c 所示，尺寸 m、n、a 三个尺寸首尾相连组成了封闭的尺寸环，这种尺寸称为封闭的尺寸链，封闭的尺寸链在加工时难以保证设计要求，实际标注时这种尺寸链中一个不重要的尺寸不标注，称其为开口环，开口环尺寸误差是其他尺寸误差之和，对设计没有影响，有时为了便于读图，也可将开口环尺寸用括号括起来，作为参考尺寸仅供查阅。

（3）尺寸应尽量方便加工、测量　标注非功能尺寸时，应考虑加工顺序和测量的方便性。非功能尺寸是指那些不影响产品工作性能，也不影响零件的配合性质和精度的尺寸。

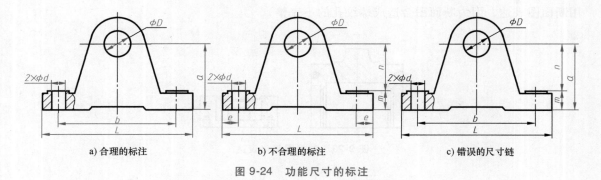

图 9-24　功能尺寸的标注

图 9-25 为非功能尺寸的标注，其中不合理标注的主要原因就是测量不便。

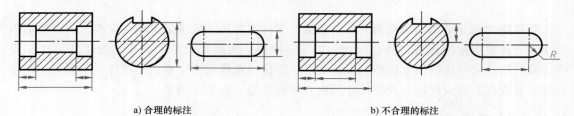

图 9-25　非功能尺寸的标注

（4）按加工顺序标注　按加工顺序标注有利于加工人员读图，也有利于检验时测量，如图 9-26a 所示，退刀槽宽度尺寸的标注符合加工顺序，而图 9-26b 所示的标注方法就不符合加工顺序。另外注意同一种加工方法形成的结构，其尺寸尽量集中标注。

（5）有直接装配关系的零件尺寸标注要一致　有直接装配关系的两个零件之间，其配合部位的尺寸标注方法应一致。如图 9-27a 所示，上方支架安装在下方底座上，通过矩形凸起与凹槽配合，所以配合部位标注方法应相同，如图 9-27b 所示的标注方法是不合理的标注方法。

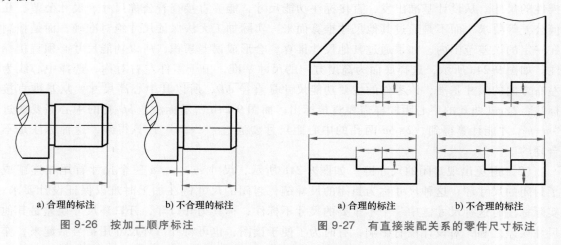

图 9-26　按加工顺序标注　　　　　图 9-27　有直接装配关系的零件尺寸标注

（6）毛坯面的尺寸标注　铸、锻等毛坯尺寸精度不高，表面质量也较低，基于同一基准标注时，实际加工过程中会造成部分尺寸失控，所以在标注时，在同一方向上最好只有一个毛坯面与加工面直接标注尺寸，其余的毛坯面与毛坯面标注尺寸。如图 9-28a 所示，毛坯底面为加工面，高度方向的未加工面只有一个尺寸与其关联，加工时较易控制尺寸；而图 9-28b 所示的所有未加工面均以底面为基准，加工时无法同时满足众多尺寸，会造成壁厚难以保证。

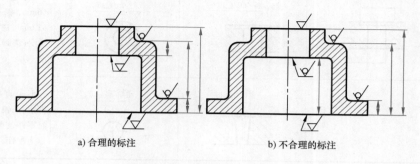

a) 合理的标注　　　　　　　　　　b) 不合理的标注

图 9-28　毛坯面的尺寸标注

9.4.2　常见孔结构的标注

国家标准对常用的光孔、螺纹孔、锥形沉孔等结构的标注有专门的规定，见表 9-3。

表 9-3　常用孔结构的标注

结构类型	标注方法	简化注法		说明
光孔	4×φ5　10	4×φ5 ▽10	4×φ5 ▽10	4 个直径为 φ5mm 光孔，孔深为 10mm
螺纹孔	4×M6-7H　10　12	4×M6-7H ▽10 孔▽12	4×M6-7H▽10 孔▽12	4 个 M6 螺孔，公差带代号为 7H，螺纹深为 10mm，钻深为 12mm
锥形沉孔	90° φ11 4×φ6	4×φ6 ∨φ11×90°	4×φ6 ∨φ11×90°	4 个锥形沉孔，孔直径为 φ6mm，沉头直径为 φ11mm，锥角为 90°
柱形沉孔	φ12 3 4×φ6	4×φ6 ⊔φ12 ▽3	4×φ6 ⊔φ12 ▽3	4 个柱形沉孔，孔直径为 φ6mm，沉头直径为 φ12mm，深为 3mm

（续）

结构类型	标注方法	简化注法		说明
锪平孔	φ12 4×φ6	4×φ6 ⊔φ12	4×φ6 ⊔φ12	4 个锪平孔,孔直径为 φ6mm,锪平面直径为 φ12mm,锪平面一般不标深度,锪到不出现毛面为止
锥销孔	锥销孔φ6 配作	锥销孔φ6 配作	锥销孔φ6 配作	小头直径为 φ6mm 的锥销孔,锥销孔通常与相配零件装配后一起加工,称为配作

9.5 零件的技术要求

技术要求是用来说明零件在制造时应达到的一些质量要求,以符号和文字方式注写在零件图中,作为制造和检验时的依据。常用的技术要求主要包括表面粗糙度、极限与配合、几何公差、热处理等。

9.5.1 表面粗糙度

零件表面在加工过程中,由于机床与刀具的振动、材料的不均匀性等因素,留下微观高低不平的特性,这种加工表面上具有的较小间距的峰谷所组成的微观几何形状特性称为表面粗糙度。表面粗糙度是评定零件表面质量的重要指标,对零件的耐磨性、耐蚀性、密封性、抗疲劳性、外观等均有重要影响。

（1）基本概念　表面粗糙度反映零件表面的光滑程度,零件各表面作用各不相同,所需表面粗糙度要求也不同,国家标准 GB/T 3505—2009 中规定了评定表面粗糙度的各种参数,其中较常用的是两种高度参数 Ra 和 Rz。

1）轮廓算术平均偏差 Ra 是在一个取样长度内,轮廓偏距（Z 方向上轮廓线上的点与基准线之间的距离）绝对值的算术平均值,如图 9-29 所示。显然,数值大的表面粗糙,数值小的表面光滑。

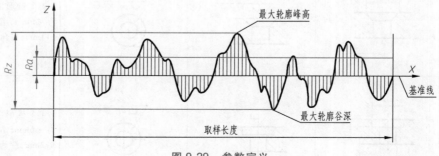

图 9-29　参数定义

2）轮廓最大高度 Rz 是在一个取样长度内，最大轮廓峰高和最大轮廓谷深之和，如图 9-29 所示。

轮廓算术平均偏差 Ra 既能反映加工表面的微观几何形状特征，又能反映凸峰高度，而轮廓最大高度 Rz 只能反映表面轮廓的最大高度，所以实际使用中 Ra 是最为普遍选用参数。

（2）选用原则　国家标准 GB/T 1031—2009 中规定了 Ra 的数值，见表 9-4，选用时要从该表中选择。

表 9-4　轮廓算术平均偏差 Ra 的数值　　　　　　（单位：μm）

Ra	0.012	0.2	3.2	50
	0.025	0.4	6.3	100
	0.05	0.8	12.5	
	0.1	1.6	25	

设计零件时，表面粗糙度的选用应该既考虑零件表面的功能要求，又要考虑经济性，主要注意以下几个问题。

1）在满足功能要求的前提下，尽量选用较大的表面粗糙度值，以降低生产成本。

2）受循环载荷的表面及容易引起应力集中的表面，应选用较小的表面粗糙度值。

3）配合性质相同时，零件尺寸较小的应比尺寸较大的所选的表面粗糙度值小。

4）通常情况下尺寸和表面形状要求高时所选表面粗糙度值较小。

在实际选用时还应考虑企业的加工条件，尽量保证现有加工条件能达到所选的表面粗糙度要求，减少加工成本。常用成形方法所能达到的表面粗糙度值见表 9-5。

表 9-5　常用成形方法所能达到的表面粗糙度值　　　　　　（单位：μm）

加工方法	所能达到的表面粗糙度值													
	0.012	0.025	0.05	0.1	0.2	0.4	0.8	1.6	3.2	6.3	12.5	25	50	100
砂型铸造										—				
金属型铸造											—			
压力铸造							—	—	—	—				
热轧														
冷轧														
刨削								—						
钻孔										—				
镗孔														
铰孔						—								
滚铣														
端铣														
车外圆												—		
车端面												—		
磨外圆		—												
磨平面														
研磨	—	—												
抛光	—													

选择表面粗糙度时还要注意零件的应用场合。常用表面粗糙度的应用场合见表 9-6。

表 9-6　常用表面粗糙度的应用场合

Ra 值/μm	应用场合
100、50、25	表面粗糙,加工面中一般很少应用,通常用于毛坯的表面要求
12.5	不接触表面、不重要的接触面,如螺纹孔、垫圈接触面、倒角、较大的机座底面等
6.3	不重要的零件非配合面,如轴、支架、衬套的端面,带轮、联轴器、凸轮的侧面,平键及键槽的上下面,齿顶圆表面,轴孔的退刀槽等
3.2	接触但不形成配合的面,如箱体与箱盖要求贴合的面、键与键槽的工作表面;运动相对速度不高的接触面,如手柄连接轴、低速滑块等
1.6	要求有定心及配合特征的固定支承、衬套、花键表面,低速齿轮的表面,要求较高的螺纹表面,带轮的槽表面,电镀前的金属表面等
0.8 0.4 0.2	要求有很好密合的接触面,如轴承与轴的接触面、锥度配合的锥面;相对运动速度较高的接触面,如滑动轴承的配合面、齿轮的齿面、滑动导轨面、高精度的球状关节表面、蜗轮蜗杆齿面等
0.1 0.05 0.025 0.012	精密量具的表面、极重要零件的摩擦面、气密性要求高的配合面,如气缸的内表面、阀的工作面、精密机床的主轴等

（3）图形符号　表面结构代号由图形符号及相关要求组成。国家标准 GB/T 131—2006 对其注法做了相应规定。图样上所标注的表面结构要求是该表面加工完成后的要求。图形符号及其含义见表 9-7。

表 9-7　图形符号及其含义

图形符号	含义
	基本图形符号,未指定工艺方法的表面,仅用于简化代号标注,没有补充说明时不能单独使用 字高为 h 时,$H = 1.4h$,线宽 $d = h/10$
	扩展图形符号,在基本图形符号上加一短横,表示指定表面是用去除材料的方法获得,如通过机械加工(车、铣、磨等)获得的表面
	扩展图形符号,在基本图形符号上加一个圆圈,表示指定表面是用不去除材料方法获得,也可用于保持上道工序中形成的表面
	完整图形符号,当要求标注表面结构特征的补充信息时,在基本图形符号或扩展图形符号的长边上加一横线,以便注写对表面结构的各种要求

当图样某个视图上构成封闭轮廓的各表面有相同的表面结构要求时，应在完整图形符号上加一圆圈，标注在图样中工件的封闭轮廓线上。如图 9-30 所示，表面结构符号是指对图形中封闭的六个面的共同要求，不包括前后两面，因为前后两面不属于当前视图的封闭关联面。如果标注会引起歧义时，各表面应分别标注。

在完整图形符号中，对表面结构的单一要求和补充要求应注写在如图 9-31 所示的指定位置。

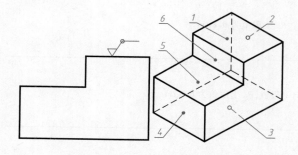

图 9-30 对周边有相同要求的注法

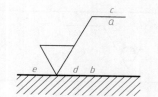

图 9-31 单一要求和补充要求
的注写位置

补充要求包括表面结构参数代号、数值、传输带/取样长度。图 9-31 中的位置 $a \sim e$ 分别标注以下内容：

a——注写表面结构的单一要求，标注表面结构参数代号、极限值等，为了避免误解，在参数代号和极限值间应插入空格。

b——注写表面结构的第二个单一要求，如果注写第三个或更多个表面结构要求，图形符号应在垂直方向扩大，以空出足够空间，扩大图形符号时，a、b 的位置随之上移。

c——注写加工方法、表面处理、涂层或其他加工工艺要求等，如车、铣、磨等。

d——注写表面纹理和方向，如 "=" "X" "M" 等，详见国家标准 GB/T 131—2006。

e——注写所要求的加工余量，以毫米（mm）为单位给出数值。

（4）单向极限和双向极限标注 当给出的参数值为允许的最大值时，称为参数的上限值，在参数的前面加注 "U"；当给出的参数值为允许的最小值时，称为参数的下限值，在参数的前面加注 "L"。当参数值前未加 "U" 时，则默认为上限值。如果参数同时具有双向极限值时，在不引起歧义的情况下，也可以不加注 "U" 和 "L"。

（5）极限值判定规则 加工完成的零件表面按检验规范测得轮廓参数值后，需与图样上给定的极限值比较，以判断其是否合格。极限值判定规则有两种。

1）16% 规则。在检测所得的全部实测值中，大于给定的上限值（或小于给定的下限值）的个数不超过总数的 16% 时，即认定该表面是合格的。16% 规则是默认的规则。

2）最大规则。检测所得的全部实测值均不大于给定的上限值（或不小于给定的下限值）时，才能认定该表面是合格的，这一规则称为最大规则，使用最大规则时，需要在参数后增加 "max" 标记，如 Ra max 0.8。

关于判定规则的详细信息可查阅国家标准 GB/T 10610—2009。

（6）表面结构标注示例 表 9-8 列出了表面结构标注示例。

表 9-8　表面结构标注示例

代号	含义
$Ra\ 12.5$	用任何方法获得表面，单向上限值，Ra 上限值为 12.5μm
$Ra\ 0.8$	去除材料，单向上限值，Ra 上限值为 0.8μm
$Ra\ 6.3$	不允许去除材料，单向上限值，Ra 上限值为 6.3μm
$Rz\ max1.6$	去除材料，单向上限值，Rz 上限值为 1.6μm，按最大规则判定
$U\ Ra\ max3.2$ $L\ Ra\ 0.8$	去除材料，双向极限值，Ra 上限值为 3.2μm，按最大规则判定；Ra 下限值为 0.8μm
铣 $Ra\ 3.2$ 0.4	用铣削的方式去除材料，留 0.4mm 的加工余量，单向上限值，Ra 上限值为 3.2μm

（7）零件图样中的标注　表面结构要求对每一个表面一般只标注一次，并尽可能标注在相应尺寸及公差的同一视图上。表面结构符号可标注在轮廓线上，其符号应从材料外指向并接触零件表面，其注写和读取方向与尺寸的注写和读取方向一致，如图 9-32a 所示；必要时可以标注在轮廓线的延长线或用箭头或黑点的指引线引出标注，如图 9-32b 所示。

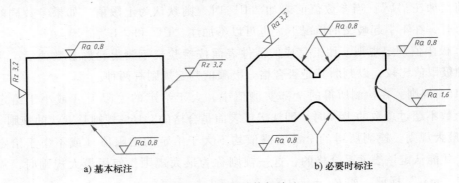

a) 基本标注　　　　　　　　　　　　　b) 必要时标注

图 9-32　表面结构标注 1

在不致引起误解时，表面结构要求可以标注在给定的尺寸线上，如图 9-33a 所示。表面结构要求可以标注在几何公差框格上方，如图 9-33b 所示。

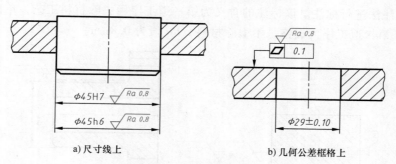

a)尺寸线上　　　　　　b)几何公差框格上

图 9-33　表面结构标注 2

　　表面结构要求可以标注在尺寸界线上，或用带箭头的指引线引出标注，如图 9-34a 所示。圆柱和棱柱的表面结构要求只标注一次，如图 9-34b 所示。如果棱柱的每个面有不同的表面结构要求，则应单独标注。

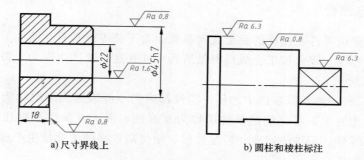

a)尺寸界线上　　　　　　b)圆柱和棱柱标注

图 9-34　表面结构标注 3

　　如果工件的多数（包括全部）表面有相同的表面结构要求，则其表面结构要求可统一标注在图样的标题栏附近，此时表面结构要求符号后应用圆括号给出无任何其他标注的基本符号，如图 9-35a 所示；或者用圆括号给出不同的表面结构要求，如图 9-35b 所示。

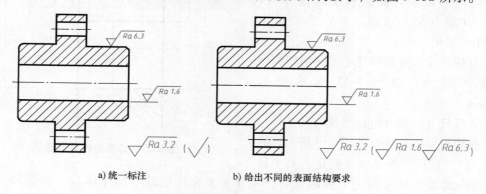

a)统一标注　　　　　　b)给出不同的表面结构要求

图 9-35　表面结构标注 4

　　当多个表面具有相同的表面结构要求或图纸空间有限时，可以采用简化注法，可以用带字母的完整符号，以等式的形式在图形或标题栏附近进行简化标注，如图 9-36a 所示；也可只用表面结构符号以等式形式简化标出。

当表面是由几种不同工艺方法获得，需要明确每种工艺方法的表面结构要求时，可按如图 9-36b 所示注法进行标注。该标注的含义为第一道工序用去除材料工艺，单向上限值，Ra 值为 $1.6\mu m$；第二道工序为镀铬，不去除材料，Ra 值为 $0.8\mu m$。

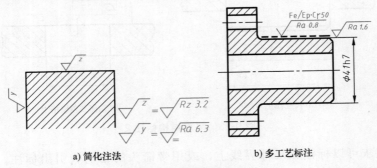

a) 简化注法　　　　　b) 多工艺标注

图 9-36　表面结构标注 5

9.5.2　极限与配合

零件尺寸是保证零件互换性的重要几何参数。为了使零件具有互换性，允许零件尺寸有一个合理的变动范围，零件加工完成后测量所得尺寸在这个范围内即为合格。

（1）基本概念

1）互换性：在一批相同零件中的任一零件都应当不经挑选或修配就能装配到机器上并能满足功能和性能要求，零件的这种性质称为互换性。由于互换性原则在机器制造中的应用，大大简化了零件、部件的制造和装配过程，使得高效率的大批量生产成为可能，同时也有效降低了生产制造成本。

2）公差：为了保证互换性，必须将零件尺寸的加工误差限制在一定范围内，规定出尺寸允许的变动量，这个变动量就是尺寸公差，简称为公差。根据国家标准 GB/T 1800.1—2020 规定，以如图 9-37 为例说明公差的相关术语。

① 公称尺寸：由图样规范定义的理想形状要素的尺寸，如图 9-37 所示的尺寸 $\phi30mm$。

② 实际尺寸：拟合组成要素的尺寸。

③ 极限尺寸：尺寸要素的尺寸所允许的

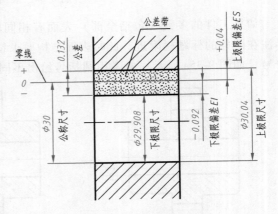

图 9-37　公差的相关术语

极限值，以公称尺寸为基准来确定，其中尺寸要素允许的最大尺寸称为上极限尺寸，尺寸要素允许的最小尺寸称为下极限尺寸。如图 9-37 所示，上极限尺寸为 $30mm + 0.04mm = 30.04mm$，下极限尺寸为 $30mm - 0.092mm = 29.908mm$。

④ 极限偏差：相对于公称尺寸的上极限偏差和下极限偏差。极限尺寸减去公称尺寸所得的代数差，分别称为上极限偏差和下极限偏差。孔的上极限偏差用 ES 表示、下极限偏差

用 EI 表示；轴的上极限偏差用 es 表示、下极限偏差用 ei 表示。上、下极限偏差值可以是正值、负值或零。

$ES = 30.04\text{mm} - 30\text{mm} = +0.04\text{mm}$，$EI = 29.908\text{mm} - 30\text{mm} = -0.092\text{mm}$。

⑤ 公差：允许尺寸的变动量，等于上极限尺寸与下极限尺寸之差，其值是一个没有符号的绝对值。

尺寸公差 = 上极限尺寸 - 下极限尺寸 = 30.04mm - 29.908mm = 0.132mm，

尺寸公差 = 上极限偏差 - 下极限偏差 = 0.04mm - （-0.092mm） = 0.132mm。

⑥ 零线：偏差值为零的一条基准线。零线常用公称尺寸的尺寸界线表示。

⑦ 公差带图：在零线区域内，由孔或轴的上、下极限偏差围成的方框简图。

⑧ 尺寸公差带：在公差带图中，由代表上、下极限偏差的两条直线所限定的一个区域，简称为公差带。

（2）标准公差　标准公差是用以确定公差带大小的公差。公差等级是确定尺寸精确程度的等级。标准公差等级从 IT01、IT0、IT1、IT2 至 IT18 共 20 级，随着标准公差等级数字的增大，尺寸的精确程度依次降低，公差数值依次增大。表 9-9 所列为公称尺寸至 2000mm 的标准公差数值。公称尺寸和标准公差等级相同的孔和轴，它们的标准公差数值相等。

表 9-9　公称尺寸至 2000mm 的标准公差数值（摘自 GB/T 1800.1—2020）

公称尺寸/mm		标准公差等级																			
		IT01	IT0	IT1	IT2	IT3	IT4	IT5	IT6	IT7	IT8	IT9	IT10	IT11	IT12	IT13	IT14	IT15	IT16	IT17	IT18
大于	至	标准公差数值																			
		μm												mm							
—	3	0.3	0.5	0.8	1.2	2	3	4	6	10	14	25	40	60	0.1	0.14	0.25	0.4	0.6	1	1.4
3	6	0.4	0.6	1	1.5	2.5	4	5	8	12	18	30	48	75	0.12	0.18	0.3	0.48	0.75	1.2	1.8
6	10	0.4	0.6	1	1.5	2.5	4	6	9	15	22	36	58	90	0.15	0.33	0.36	0.58	0.9	1.5	2.2
10	18	0.5	0.8	1.2	2	3	5	8	11	18	27	43	70	110	0.18	0.27	0.43	0.7	1.1	1.8	2.7
18	30	0.6	1	1.5	2.5	4	6	9	13	21	33	52	84	130	0.21	0.33	0.52	0.84	1.3	2.1	3.3
30	50	0.6	1	1.5	2.5	4	7	11	16	25	39	62	100	160	0.25	0.39	0.62	1	1.6	2.5	3.9
50	80	0.8	1.2	2	3	5	8	13	19	30	46	74	120	190	0.3	0.46	0.74	1.2	1.9	3	4.6
80	120	1	1.5	2.5	4	6	10	15	22	35	54	87	140	220	0.35	0.54	0.87	1.4	2.2	3.5	5.4
120	180	1.2	2	3.5	5	8	12	18	25	40	63	100	160	250	0.4	0.63	1	1.6	2.5	4	6.3
180	250	2	3	4.5	7	10	14	20	29	46	72	115	185	290	0.46	0.72	1.15	1.85	2.9	4.6	7.2
250	315	2.5	4	6	8	12	16	23	32	52	81	130	210	320	0.52	0.81	1.3	2.1	3.2	5.2	8.1
315	400	3	5	7	9	13	18	25	36	57	89	140	230	360	0.57	0.89	1.4	2.3	3.6	5.7	8.9
400	500	4	6	8	10	15	20	27	40	63	97	155	250	400	0.63	0.97	1.55	2.5	4	6.3	9.7
500	630	—	—	9	11	16	22	32	44	70	110	175	280	440	0.7	1.1	1.75	2.8	4.4	7	11
630	800	—	—	10	13	18	25	36	50	80	125	200	320	500	0.8	1.25	2	3.2	5	8	12.5
800	1000	—	—	11	15	21	28	40	56	90	140	230	360	560	0.9	1.4	2.3	3.6	5.6	9	14
1000	1250	—	—	13	18	24	33	47	66	105	165	260	420	660	1.05	1.65	2.6	4.2	6.6	10.5	16.5
1250	1600	—	—	15	21	29	39	55	78	125	195	310	500	780	1.25	1.95	3.1	5	7.8	12.5	19.5
1600	2000	—	—	18	25	35	46	65	92	150	230	370	600	920	1.5	2.3	3.7	6	9.2	15	23

（3）基本偏差　公差带图中确定公差带相对公称尺寸位置的上极限偏差或下极限偏差，

称为基本偏差。国家标准对孔（通常是指工件的圆柱形内孔尺寸要素）和轴（通常是指工件的圆柱形外尺寸要素）各规定了28个基本偏差，此28个基本偏差构成了基本偏差系列，基本偏差用拉丁字母表示，大写字母表示孔，小写字母表示轴，如图9-38所示。

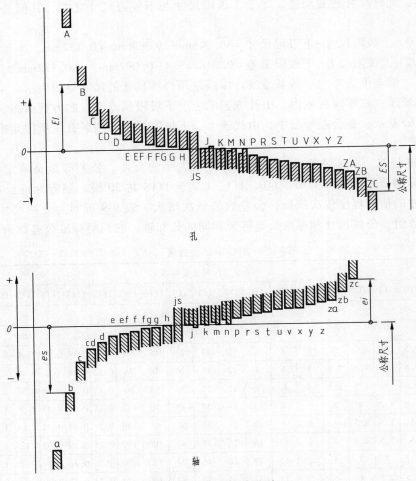

图 9-38 基本偏差系列

　　根据公称尺寸可以从标准中查得相应的基本偏差数值，再根据标准公差数值即可计算出相应的孔、轴的另一极限偏差，其中JS和js对称于零线，其上、下极限偏差分别为+IT/2、−IT/2。

　　孔、轴的公差带代号由基本偏差代号和公差等级代号组成，如φ60H8、φ25f7，其中字母表示基本偏差代号，后面的数字表示公差等级代号。由于基本偏差代号加公差等级代号形成的公差带数量众多，从经济性出发，减少其繁杂程度，国家标准将公差带分为优先公差带、常用公差带、不常用公差带，优先公差带与常用公差带可查阅附录C。

　　(4) 配合　公称尺寸相同，相互配合的孔和轴公差带之间的关系称为配合。孔的尺寸减去相配合的轴的尺寸为正，称为间隙配合；孔的尺寸减去相配合的轴的尺寸为负，称为过盈配合。根据零件设计与使用要求，配合分为间隙配合、过盈配合、过渡配合三类。

　　1) 间隙配合是具有间隙（包括最小间隙等于零）的配合。此时孔公差带在轴公差带上方，如图 9-39 所示。当互相配合的两零件需相对运动或要求拆卸方便时，采用间隙配合。

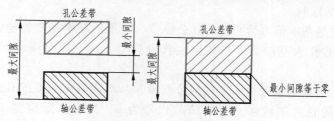

图 9-39 间隙配合

在间隙配合中，孔的上极限尺寸减去轴的下极限尺寸的差值称为最大间隙；孔的下极限尺寸减去轴的上极限尺寸的差值称为最小间隙。

2）过盈配合是具有过盈（包括最小过盈等于零）的配合。此时孔公差带在轴公差带下方，如图 9-40 所示。当互相配合的两零件需要牢固连接、保证相对静止或传递动力时，采用过盈配合。

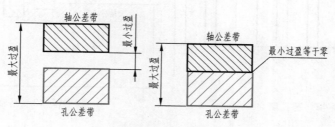

图 9-40 过盈配合

在过盈配合中，孔的上极限尺寸减去轴的下极限尺寸的差值称为最小过盈，孔的下极限尺寸减去轴的上极限尺寸的差值称为最大过盈。

3）过渡配合是孔和轴的公差带相互重叠，任取其中一对孔和轴配合，可能具有间隙，也有可能具有过盈的配合，如图 9-41 所示。在过渡配合中，轴的实际尺寸有时比孔的实际尺寸大，有时比孔的实际尺寸小，装配在一起时，可能出现间隙也可能出现过盈，但间隙或过盈量相对较小。当互相配合的两零件不允许相对运动，轴和孔对中要求高，但又需要拆卸时，采用过渡配合。

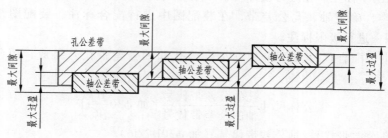

图 9-41 过渡配合

在过渡配合中，孔的上极限偏差减去轴的下极限偏差可得到最大间隙，孔的下极限偏差减去轴的上极限偏差可得到最大过盈。

（5）配合的基准制 当零件的公称尺寸确定后，可得到孔与轴之间不同性质的配合，如果孔和轴的公差带都可以任意选择，则可选范围极多，不便于零件的设计与制造，为此国家标准规定了两种基准制。

1）基孔制。它是基本偏差为一定的孔公差带，与不同基本偏差的轴公差带形成配合的一种制度。基孔制的孔为基准孔，基本偏差代号为 H，其下极限偏差 EI 为零，如图 9-42 所示。

2）基轴制。它是基本偏差为一定的轴公差带，与不同基本偏差的孔公差带形成配合的一种制度。基轴制的轴为基准轴，基本偏差代号为 h，其上极限偏差 es 为零，如图 9-43 所示。

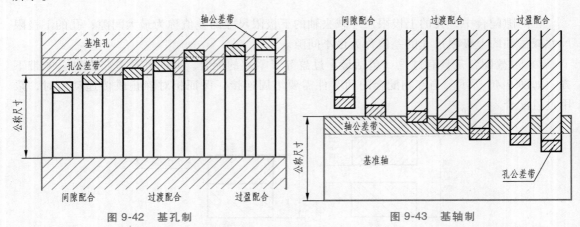

图 9-42　基孔制　　　　　　　　　　图 9-43　基轴制

在基孔制中，基准孔 H 与轴配合时，$a \sim h$ 用于间隙配合，$j \sim n$ 主要用于过渡配合，n、p、r 可能为过渡配合，也可能为过盈配合，$p \sim zc$ 主要用于过盈配合。

在基轴制中，基准轴 h 与孔配合时，$A \sim H$ 用于间隙配合，$J \sim N$ 主要用于过渡配合，N、P、R 可能为过渡配合，也可能为过盈配合，$P \sim ZC$ 主要用于过盈配合。

一般情况下，孔的加工比轴的加工难度大，因此要优先选用基孔制配合。与标准件配合时，通常选择标准件为基准件，如滚动轴承内圈与轴颈配合时采用基孔制配合，而滚动轴承外圈与轴承座孔配合时采用基轴制配合。

（6）极限与配合的标注

1）在装配图中标注。在进行设计时，一般先绘制装配图，根据功能要求，选定配合基准制和配合种类，确定轴、孔公差带，在装配图中进行配合标注，装配图绘制完成后再"拆画"零件图，进行极限标注。

在装配图中，配合代号由两个相互结合的孔和轴公差带代号组成，用分数形式表示如下：

$$公称尺寸 \frac{孔的公差带代号}{轴的公差带代号} \left(如 \phi 30 \frac{H7}{f6} \right)$$

公称尺寸孔公差带代号/轴公差带代号（如 ϕ30H7/f6）

图 9-44 所示为在装配图中的标注形式。一般情况下，在配合代号中，分子为 H 时是基孔制，分母为 h 时为基轴制。

2）在零件图中标注。在零件图中有三种常用标注形式。

① 标注公差带代号。直接在公称尺寸后标注公差带代号，如图 9-45a 所示，公差带代号

字高与公称尺寸字高相同。

② 标注极限偏差。将上、下极限偏差数值在公称尺寸后标出，如图 9-45b 所示，此时极限偏差字体比公称尺寸字体小一号，上、下极限偏差的"0"位要对齐，上、下极限偏差的小数位数要相同，位数不同时，缺少的位用"0"补齐，下极限偏差与公称尺寸在同一底线上，当某一极限偏差为"0"时，用数字"0"标出，并与另一极限偏差的个位数字对齐。

③ 同时标注公差带代号与极限偏差。在公称尺寸后注公差带代号，公差带代号后用括号同时标注出上、下极限偏差数值，如图 9-45c 所示。

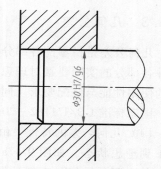

图 9-44 在装配图中的标注形式

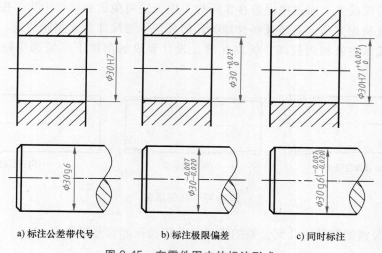

a) 标注公差带代号 b) 标注极限偏差 c) 同时标注

图 9-45 在零件图中的标注形式

当上下极限偏差数值相同时，仅写一个数值，字高与公称尺寸相同，数值前标写"±"，如图 9-46a 所示。当同一公称尺寸的表面具有不同的极限偏差要求时，应用细实线作为分界线分开，各段分别标注极限偏差，如图 9-46b 所示。

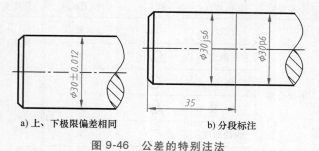

a) 上、下极限偏差相同 b) 分段标注

图 9-46 公差的特别注法

（7）线性尺寸的一般公差 为了保证产品的全面质量，对零件上的较低精度的非配合尺寸也要控制误差、规定公差，这种公差称为一般公差。国家标准 GB/T 1804—2000 对线性尺寸的一般公差规定了 f（精密）、m（中等）、c（粗糙）、v（最粗）四个公差等级，对于倒圆和倒角同样做了相应规定，具体数值可参阅该标准。

一般公差无须在尺寸后一一注出其极限偏差值，只需要在图样上做出总体说明即可，如选用中等等级时标注为：GB/T 1804—m。

9.5.3 几何公差

几何公差是指零件各部分形状、方向、位置和跳动误差所允许的最大变动量。它反映了零件各部分的实际要素对理想要素的最大偏差程度。合理确定零件的几何公差，才能满足零件的使用性能与装配要求。同零件的尺寸公差、表面结构一样，它是评定零件质量的重要指标，国家标准 GB/T 1182—2018 对几何公差标注规定了基本要求和方法。

（1）几何公差的特性　由于受加工方法、加工设备等影响，零件加工完成后，其形状达不到理想状态。如图 9-47a 所示，零件为一圆柱体轴，加工后检测发现实际有一定的弯曲，其实际的轴线与理想的轴线有一定误差，这个误差就称为直线度误差。同样是该轴，加工完成后发现圆柱体母线不是直线，而变成了曲线，如图 9-47b 所示，这就产生了圆柱度误差。而再次测量轴的两端面，发现本该平行的两个平面不平行了，如图 9-47c 所示，这就产生了平行度误差。而这些误差在实际加工中无法避免，在设计中为了控制好零件，使其能达到性能或装配要求，需要选择合理的几何公差。与尺寸公差相同的是，几何公差要求越高，其加工成本也就相应提高，所以在满足设计要求的前提下尽量选用较低的几何公差要求。

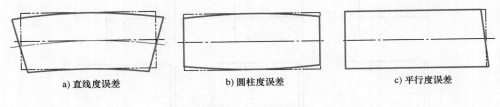

a) 直线度误差　　　　b) 圆柱度误差　　　　c) 平行度误差

图 9-47　几何误差

（2）几何公差的符号　几何公差的类型、几何特征和符号见表 9-10。

表 9-10　几何公差的类型、几何特征和符号

公差类型	几何特征	符号	有无基准	公差类型	几何特征	符号	有无基准
形状公差	直线度	—	无	跳动公差	圆跳动	/	有
	平面度	▱	无		全跳动	⟋⟋	有
	圆度	○	无	位置公差	位置度	⊕	有
	圆柱度	⌖	无		同心度（用于中心点）	◎	有
	线轮廓度	⌒	无				
	面轮廓度	⌓	无		同轴度（用于轴线）	◎	有
方向公差	平行度	//	有				
	垂直度	⊥	有		对称度	=	有
	倾斜度	∠	有		线轮廓度	⌒	有
	线轮廓度	⌒	有		面轮廓度	⌓	有
	面轮廓度	⌓	有				

（3）几何公差的标注　几何公差用长方形框格和指引线表示，如图 9-48a 所示，框格用细实线绘制，框格高度是图样中尺寸数字高度的两倍，框格总长度视具体内容而定，可分为两格或多格，一般水平放置或垂直放置。第一格填写几何特征符号，其长度应等于框格高度；第二格填写公差数值及有关公差带符号，其长度与所填写内容相适应。

当所用几何公差有基准时，还需要标注相应的基准符号并在框格中填写基准字母。如图 9-48b 所示，基准符号由三角形、方框、连线和字母组成，方框与三角形间用细实线连接，且与基准要素垂直。

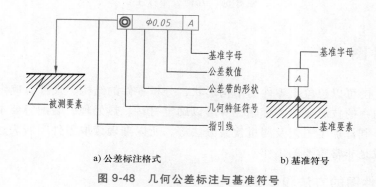

a) 公差标注格式　　　　　　　　　　　　b) 基准符号

图 9-48　几何公差标注与基准符号

标注几何公差时，指引线箭头应指向公差带的宽度方向或直径方向。

1）当被测要素是零件上的轮廓线或轮廓面时，箭头要指向被测要素的轮廓线或其延长线，并明显与尺寸线错开，如图 9-49 所示。

2）当被测要素是中心线、中心面、中心点时，箭头应位于相应尺寸线的延长线上，如图 9-50a 所示。

3）当有多个被测要素具有相同的几何公差要求时，可以共用一个几何公差标注，并分别用指引线指向被测要素，如图 9-50b 所示。

4）当基准符号放置在尺寸线的延长线上时，如果没有足够的位置标注公称尺寸的两个尺寸箭头时，其中一个箭头可以用基准三角形代替。基准三角形也可以放置在轮廓面引出线的水平线上，如图 9-50c 所示。

5）以螺纹轴线为被测要素或基准要素时，默认为螺纹中径圆柱轴线，否则应另加说明，用"MD"表示大径，用"LD"表示小径，如图 9-50c 所示。以齿轮、花键轴线为被测要素或基准要素时，均需说明所指要素，用"PD"表示节径，用"MD"表示大径，用"LD"表示小径。

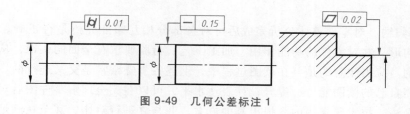

图 9-49　几何公差标注 1

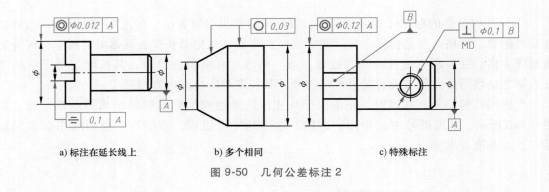

a) 标注在延长线上 b) 多个相同 c) 特殊标注

图 9-50　几何公差标注 2

9.6　读零件图

通过读零件图可以想象出零件的结构形状，分析零件的结构、尺寸，确定零件的功能要求。通过零件图中的技术要求、标题栏等可以确定材料、热处理、装配等要求，进一步可以确定加工方法、制订加工工艺及测量检验方法等，所以准确读取零件图所表达的信息对于工程技术人员来说是非常重要的工作。

9.6.1　读零件图的方法和步骤

为提高读图效率，规避读图差错，读图时应按以下的步骤识读：

1）概括了解。首先查看标题栏，了解零件的名称、材料、比例、设计等内容。接着概览全图，对照图样比例，对零件建立一个初步的认识，如零件类型、外观尺寸大小、主要视图组成等信息。

2）视图分析。根据视图布局确定主视图，然后查看基本配置的视图，再分析其他视图的配置情况和表达方法，特别是这些视图的出处，通过视图的标记进行关联，各类剖视图、断面图确定其剖切方法、剖切位置、表达的构形对象等。

3）构形及形体分析。根据零件的构形规律和视图投影知识，用形体分析法将零件按功能分解为几个大的部分，如工作部分、连接部分、安装部分、加强部分等，找出每个部分所对应的视图表达，明确每个部分的相对位置关系。在形体分析过程中注意零件的一些规定画法和简化画法，最后再综合所有分析所得到的信息想象出零件的完整形状。

4）分析尺寸。根据零件的整体构形，分析零件的尺寸标注基准，确定功能尺寸，根据功能尺寸查找定位尺寸，最后再确定其他构形特征的尺寸。

5）分析技术要求。根据零件图中标注的表面结构要求、尺寸公差要求、几何公差要求及其他技术要求，明确零件中重要的控制部分，为确定合理的加工方法、定性质量控制指标提供依据。

6）综合归纳。对零件整体分析完成后可对各部分相互印证分析是否正确、合理，形成完整的零件构形，并对零件的功能作用、加工工艺、检验要求有全面的认识，从而达到识读零件图的目的。应当注意的是，在读图过程中，上述各步骤常常是交叉进行的。

为了提高自己的读图能力、提升设计表达水平，可以在完全理解零件图后对该图的视图表达、图样画法、技术要求等内容提出其他方案，并与之进行对比，甚至在满足零件功能要求基础上提出自己的设计方案，将能较快提升自己的制图表达与设计水平。

9.6.2 典型零件图举例

在实际生产使用中，零件的构形千变万化，从其结构特点来分析，大致可分为轴套类、盘盖类、叉架类、箱体类、钣金类等。下面结合常用的零件类型介绍识读这些零件的一般方法。

（1）轴套类 轴的主要功能是安装、支承传动件和传递动力等。轴的主体结构是回转体，由若干段相互连接的直径和长度不同的圆柱体（简称为轴段）组成，总长度远大于圆柱体直径，是最为常见的零件之一。大到汽轮机主轴，到常用的减速箱主轴、自行车轮轴，小到机械手表的飞轮轴，可以说是无处不在。

轴上常见的功能结构为键槽、花键、螺纹、弹簧挡圈槽、销孔、退刀槽、倒角等，其主体结构通常是在车床上车削，再通过磨床磨削提高表面质量。下面以图9-51的零件图为例介绍轴类零件的识读方法。

1）概括了解。从标题栏中可以看到零件名称为车轮轴，这是典型的轴类零件，用于安装车轮并将动力传递到车辆以驱动车辆行进。由于机车是典型的重载产品，材料选用了40Cr，图样比例为1:10，也就是图样上量取的尺寸是实物尺寸的1/10，这类非1:1的图样一定要注意标注尺寸与量取尺寸的不同。由于现在图样大量采用CAD之类的软件进行绘制，而在这些软件中绘制时，尺寸绝大部分是按1:1绘制，但为了在大小合适的图纸上打印，会对图框进行缩放，而标题栏中的比例会依据图框的缩放比例填写，所以这要区别于传统的手工绘图比例，在打印图纸上量取值时要关联图样比例，而在CAD软件中量取时则是原值。

2）视图分析。轴类零件主要由回转体组成，所以用轴线水平放置作为主视图表达零件的主构形，同时表达了键槽的结构；由于零件较长，而其中一段结构单一，采用了断裂缩短画法。基本视图配置了左视图，表达了轴端的螺孔结构。键槽深度通过断面图表达，并将断面图放在下方对应位置，断面图中同时表达了中心通孔的结构。砂轮越程槽采用了半圆弧结构，由于原位置标注不便，采用了局部放大图表达。

3）构形及形体分析。轴类零件的构形相对简单，视图分析的过程已包括了所有构形结构。

4）分析尺寸。首先分析主视图中的尺寸，确定尺寸基准和主要加工、配合要求，综合各尺寸可以看出轴向的基准为 S 面，辅助基准为 U、T 面。由（1338±0.210）mm 确定 S 面的位置，再由 S 面确定尺寸 $580_{-0.060}^{0}$ mm、380mm、900mm 三个尺寸。M、N 面是安装车轮的轴段，相对位置非常重要，所以 U 面作为辅助基准确定两车轮轴段的尺寸 $1660_{-0.120}^{0}$ mm，两个端部的轴段则依据加工位置原则标注。由于尺寸较大，计算相对较麻烦，所以给出了两个258mm 的参考尺寸，方便读图。

径向尺寸则以轴线为基准标注，主要分为四个部分，分别为左右两段安装轴承的 ϕ130k6，两段安装车轮的 ϕ195n6，安装齿轮的轴段 ϕ195k7。有安装配合的尺寸均标注了配合公差，但是过盈配合还是过渡配合，还需查看具体零件图才可确认，当前只能大概判断为基孔制。

左视图标注了安装孔的尺寸，断面图标注了键槽尺寸及中心通孔尺寸，局部放大图标注

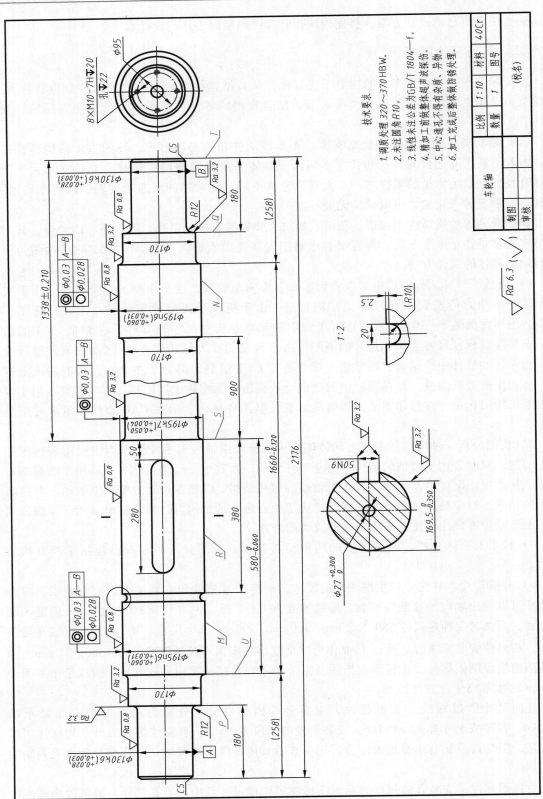

图 9-51 轴类零件

技术要求
1. 调质处理 320～370HBW。
2. 未注圆角 R10。
3. 线性未注公差为GB/T 1804—f。
4. 精加工前做整体超声波探伤。
5. 中心通孔不得有杂质、异物。
6. 加工完成后整体做防锈处理。

		材料	40Cr
		图号	
比例	1：10		
数量	1		(校名)
车轮轴			
制图			
审核			

了砂轮越程槽的尺寸。其余的圆角、倒角尺寸均分布在视图中。

5）分析技术要求。首先分析表面结构要求，配合表面均有单独的表面粗糙度要求，加工时需要制订针对性工序来保证，键槽与两轴承安装端面 P、Q 也有表面粗糙度要求，未注表面粗糙度要求标注在标题栏附近，统一为 $Ra6.3\mu m$。

车轮配合面的几何公差以轴承面 A—B 为共同基准，同轴度要求为 $\phi0.03mm$，同时对圆柱面有圆度要求 $\phi0.028mm$；齿轮安装面也以轴承面 A—B 为共同基准保证同轴度要求。

技术要求则对调质处理、未注圆角、线性未注公差及加工质量做了相应规定，而这些也是制订加工工艺的重要依据。

6）综合归纳。综合以上内容，可以得出结论，该轴是较规则的轴类零件，属于大型轴类零件，加工时需要大型设备，并需要保持架作为辅助工装，各配合表面需要磨削处理。由于尺寸较大，通用检具已满足不了要求，还需要定制检测工装。

除上述阶梯轴外，工程中的曲轴、偏心轴也用类似的表达方法绘制，只是需要注意偏心段的偏心要求即可。

（2）盘盖类　盘盖类零件涵盖面较广，常见的手轮、带轮、法兰盘、轴承盖都属于这一范畴，其常用于与轴配套，起支承、传递转矩、轴向定位的作用。它的主体结构以回转体为主，轴向尺寸远小于径向尺寸，呈盘状。下面以图 9-52 所示零件图为例，介绍盘盖类零件的识读方法。

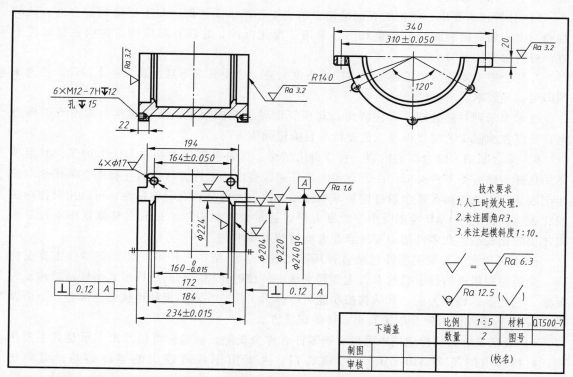

图 9-52　盘盖类零件

1）概括了解。从标题栏中可以看到零件名称为下端盖，通过前面的介绍，可以了解到其用于对图 9-51 所示车轮轴的轴承进行支承，对轴承的外圈起限位作用。材料为 QT500-7，为铸件，所以零件上会有铸造圆角，根据结构需要，局部还需要起模斜度。图样比例为1：5，其注意事项与上一个轴类零件注意事项相同。零件数量为2，说明在部件中使用数量为2个。

2）视图分析。该零件相对较为简单，三个基本视图已基本上表达了零件的主体结构，主视图采用全剖以表达零件的壁厚，同时表达了螺纹孔结构；左视图采用局部剖表达通孔位置及深度；在俯视图中由于上下完全对称，采用了对称画法，减少不必要的绘图工作量，也方便整体视图布置。

3）构形及形体分析。零件以回转体为主体，左右对称的法兰螺纹孔方便在车轮轴左右使用同一零件安装，其孔布置与另一零件侧端盖协调一致；内部的环形槽与轴承配合对车轮轴进行支承；4个 $\phi17mm$ 孔用于与上部座连接，尺寸及布置与其协调。

4）分析尺寸。盘盖类零件主要有径向尺寸及轴向尺寸，关键控制尺寸为与轴承配合的直径与宽度，直径 $\phi240g6$ 只给出了公差带代号，具体公差数值需要查国家标准获取；安装孔通常尺寸公差要求不高，由于与之配对的上部座上也有轴承安装槽，为了保证匹配时的安装精度，对4个 $\phi17mm$ 孔之间的间距增加了尺寸公差要求；从俯视图上看零件左右对称，在不引起误解的前提下，对称的尺寸如 $\phi204mm$、$\phi220mm$、$\phi224mm$，只需在其中一侧标注，另一侧相同尺寸可省略，如会引起误解，则两侧均需标注；由于对称性，轴向尺寸的基准选择了对称中心线。

5）分析技术要求。零件的表面结构要求主要在轴承安装面、与上部座的配合面、两侧端面，由于相同的表面粗糙度值较多，采用了简化标注，并将其对应的值注明在标题栏上方，查看时要注意对应。

几何公差主要是两侧端面与轴线的垂直度公差，公差要求不高，属于基本保证，普通车削即可满足要求。

技术要求则对热处理、未注圆角、起模斜度做了相应规定，由于起模斜度没有明确方向，所以在编制工艺时要根据工艺设计需要确定起模方向。

6）综合归纳。综合以上内容，可以得出结论：盘盖类零件主要在车床上加工，其主视图的选择与轴套类零件类似，由于盘盖类零件通常有内部结构，所以其主视图会采用全剖或半剖表达，安装连接孔等会通过增加基本视图表达；大部分具有对称特性，可以用对称画法简化表达，在使用CAD绘图时由于绘制方便，通常会完整表达，只有在整体视图布置受限时才会简化表达，在零件图中要注意配合面的技术要求。

（3）叉架类　叉架类零件包括各种用途的拨叉、支架、连杆等。叉架类零件主要在机床、变速器等机器的操纵机构上，主要起支承、连接的作用。它的结构形式多样，结构较为复杂，毛坯多以铸件为主，其结构按功能可以分为工作、安装固定和连接三个部分。下面以图9-53所示零件图为例介绍叉架类零件的识读方法。

1）概括了解。从标题栏中可以看到零件名称为支架，从名称可以看出支承是其主要作用；材料选用的是 ZG310-570，为中碳铸钢，主要用于载荷较大的零件铸造；图样比例1：2。

2）视图分析。主视图表达了零件的主体结构，并采用局部剖表达了孔结构；左视图采用全剖表达了配合孔及加强肋；俯视图采用了全剖，为了表达孔位置，其目的是为了简化视图绘制，也可以直接用基本俯视图表达，感兴趣可以绘制基本俯视图与全剖视图进行对比，

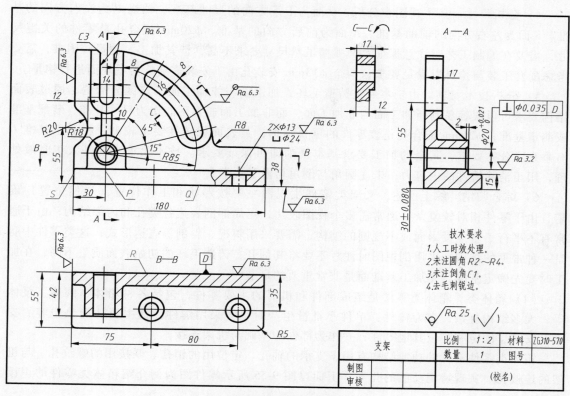

图 9-53 叉架类零件

在手工绘图时，选择视图表达要适当考虑绘制的便捷性，当然还可以通过仰视图表达，只是仰视图使用较少；为了表达圆弧槽的结构，采用了一个断面图并做了旋转表达。

3）构形及形体分析。Q 面上两个 $\phi13mm$ 孔用于连接，工作部分为 $\phi20mm$ 的配合孔、长槽孔及圆弧槽。$\phi20mm$ 配合孔为光孔，与轴配合时轴可以轴向移动，当使用间隙配合时也可有旋转运动；长槽孔是开口状态，为了装配方便，也可以使其他机构的零件在槽中或脱离槽的状态中切换；圆弧槽通常用于限制其他零件在一定角度内调节；加强肋主要起加强作用，减少上方长槽孔工作时的变形；左侧的 $R20mm$ 圆弧没有特别的用途，只是为了规避其他零件。图 9-54 所示为叉架类零件的轴测图，可以直观地观察零件的结构。

图 9-54 叉架类零件的轴测图

4）分析尺寸。从主视图中分析，Q 面为上下方向的尺寸基准，轴线 P 为左右方向的基准，S 面为左右方向的辅助基准，R 面为前后方向的基准。$\phi20mm$ 配合孔是零件的关键尺寸，需要在编制工艺时注意保证；圆弧槽虽然尺寸要求不高，但其加工、测量较困难，需要考虑配套工装与检具以满足要求；两个 $\phi13mm$ 安装孔由于安装需要，对毛坯面进行锪平。

5）分析技术要求。由于零件是铸造毛坯，加工面与非加工面一定区分清楚，通过表面结构要求可以很容易判断加工面与非加工面，而非加工面通常不能作为尺寸基准、装配基准或测量基准；$\phi20mm$ 配合孔是该零件的重要结构，其表面粗糙度要求较高，相对于基准 D 有垂直度公差要求，其余的加工要求基本铣削即可保证要求。技术要求主要是人工时效处理，用于消除铸件的内应力；未注圆角与倒角均做了要求。

6）综合归纳。综上所述，叉架类零件主视图主要按形状和工作位置（自然位置）确定，由于零件相对较复杂，通常需多个视图表达，用局部剖表达各类孔和内部结构；由于通常有不平行于基本投影面或不规则的结构，需要采用斜视、斜剖等表达形式；这类零件中肋是一种常见的结构，采用剖视图时注意不要将其剖开；铸造毛坯的初始表面质量不高，在加工时要先确定基准，先加工基准面是非常重要的环节。

（4）箱体类　箱体类零件是组成部件和机器的主要零件，包括各种箱体、阀体、泵体等，大多结构复杂，多为铸件，单件小批量生产时也会采用焊件，其主要功能是包容、支承、安装、固定和定位其他零件，并作为部件的基础与机架连接。

箱体类零件常见的功能结构有用于支承的轴孔、定位用的销孔、联接用的螺纹孔、与机架的连接孔、实现特定功能的孔等。下面以图 9-55 所示零件图为例介绍箱体类零件的识读方法。

1）概括了解。从标题栏中可以看到零件为铸件，材料为 ZL102；图样比例 1：2。该零件为蜗轮蜗杆减速器的外壳，是典型的箱体类零件。

2）视图分析。零件使用了三个基本视图，主视图、左视图、右视图，主视图采用了半剖视图，半剖部分表达了内部切除部分的结构；右视图采用全剖视图，可以清楚表达主要配合孔 $\phi78mm$、下侧结构的壁厚特征及多个螺纹孔结构；左视图表达了安装法兰孔。从中可以看到复杂的零件其所需的视图数量不一定多，只要保证零件所有的结构均表达清楚就可以了。

3）构形及形体分析。由于箱体类零件通常比较复杂，要全面了解该零件的构形及功能，需要了解整个机器的基本工作原理。蜗轮蜗杆减速器是通过蜗轮蜗杆的减速传动达到减速目的，其两个核心零件是蜗轮与蜗杆，轴线呈十字交叉状态，从箱体中关键配合孔尺寸可以得出 $\phi78mm$ 配合孔是与蜗轮配合的，$\phi42mm$ 配合孔是与蜗杆配合的，了解了这两个关键孔的作用后，其他的构形分析就较为简单了。蜗轮配合孔两侧的 M5 螺纹孔用于安装支承蜗轮的法兰，而蜗杆配合孔的两侧 M5 螺纹孔则是用于安装支承蜗杆的法兰。从主视图中可以看到，为了保证箱体强度，蜗轮孔右下侧 $R201mm$ 环槽没有完全切除，这也是该零件最难分析的部分。蜗杆安装位置的结构相对较复杂，两侧为同心圆，而中间则为多边形，两侧的同心圆方便安装蜗杆，而中间的多边形结构则是由于蜗杆中间齿形部分直径较大，保留足够的空间间隙。上侧 M6 螺纹孔用于安装注油嘴，而两侧的 $\phi20mm$ 凸台为预留的工艺凸台，在该零件中没有作用，这种工艺凸台在铸件中较常见，主要目的是为了预留其他结构所需的构形基础，增加零件的通用性，有时也为了工艺需要，如铸造浇口、整体配重、装夹辅助等。图 9-56 所示为箱体类零件的轴测图，可以直观观察零件的结构构形。

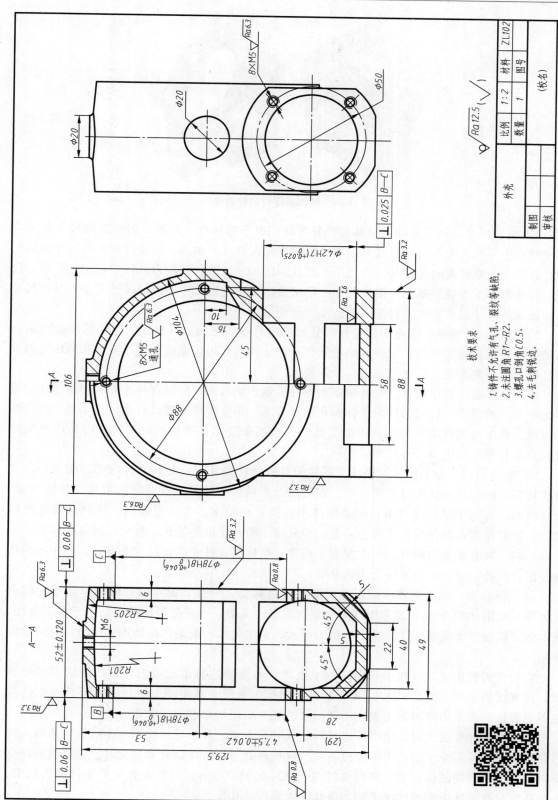

技术要求

1. 铸件不允许有气孔、裂纹等缺陷。
2. 未注圆角 R1~R2。
3. 螺孔口倒角 C0.5。
4. 去毛刺锐边。

图 9-55 箱体类零件

	比例	1:2	材料	ZL102
	数量	1	图号	
外壳				(校名)
制图				
审核				

$\sqrt{Ra12.5}(\sqrt{})$

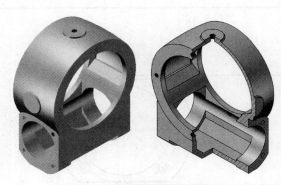

图 9-56　箱体类零件的轴测图

4）分析尺寸。该零件的尺寸基准较好判断，由于对称性，左右、前后方向尺寸基准均使用对称中心线，上下方向尺寸基准则使用了蜗轮配合孔的轴线；该零件的主要尺寸为蜗轮配合孔尺寸与蜗杆配合孔尺寸，均使用了基孔制的尺寸公差，两配合孔的中心距也是核心尺寸，直接影响了安装后蜗轮与蜗杆的中心距精度，图中给定了中心距的尺寸公差；其他尺寸未标注具体尺寸公差，加工时按一般公差处理即可。

5）分析技术要求。铸造毛坯首先区分加工面与非加工面，再根据加工面所对应的表面粗糙度要求选择加工方法；零件以蜗轮配合孔的轴线为几何公差的基准，对两侧的法兰面及蜗杆配合面两侧的法兰标注了垂直度公差要求。

由于零件整体壁厚较薄，铸造缺陷对零件质量影响很大，所以在技术要求中对铸件质量提出了相应的要求；针对铸件对未注圆角做了要求；由于零件中螺纹较多，为了加工时攻螺纹方便、装配时螺钉旋入方便，增加了螺纹孔口倒角要求；铸铝材料在铸造时易产生尖锐边，要求对零件的锐边进行处理。

6）综合归纳。综上所述，箱体类零件相对形状较为复杂，尤其是其内部结构部分，过渡线较多，绘制时表达相对复杂一些，在读图时一定要分区按功能分析，清楚其具体功能、设计目的，有利于图形的理解；这类零件中各类孔也较多，要注意区别，特别是薄壁类箱体，一定要注意孔的深度，是否为通孔。如果将不通孔识读为通孔，将对结果带来非常大的负面影响，其会影响密封性、产生漏油等现象；箱体类零件在确定尺寸基准时，要先找到其核心配合的孔，这类孔是最为常用的基准。

（5）钣金类　钣金类零件是由金属薄板经过剪切、冲孔、折弯而形成的厚度一定的金属制品，如图 9-57 所示，其多用于电气柜、面板、支架、小五金等产品中，由于加工方便、成本低，适合于大批量生产，在一些负载不大、精度要求不高的产品结构件中也得到一定的应用。

它与普通的加工零件在工程图中的主要区别是除表达构形的视图外，还需给出其展开图，以方便加工时下料，如图 9-58 所示。如图样中视图表达不便，展开图也可叠加在已有视图上表达，当采用叠加方法表达展开图时，展开图须用双点画线表达。

钣金类零件在加工时，根据所选材料及板厚的不同，其折弯所使用的半径值也不同，具体需要查看相关钣金手册。为了方便折弯，在折弯处与不折弯部分有冲突时，需要预先冲出缺口，类似于磨削的越程槽，如图 9-58 展开图中的缺口部分。另外在钣金类零件的图样中，各类孔在没有特殊说明的情况下均为通孔，无须标注孔深。

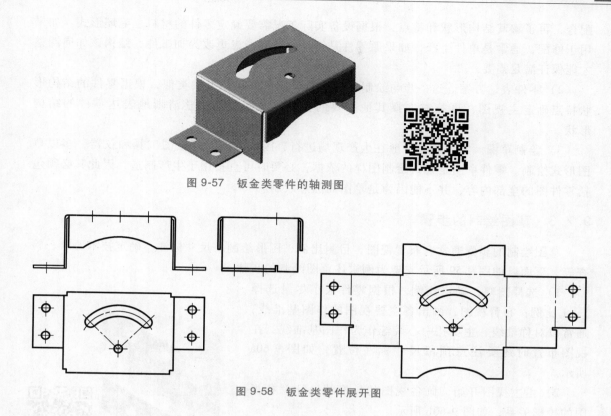

图 9-57　钣金类零件的轴测图

图 9-58　钣金类零件展开图

9.7　零件测绘

根据已有的零件画出零件图的过程称为测绘。测绘是通过测量实际零件尺寸，制定相关技术要求，最终完成零件的工程图样绘制。

9.7.1　测绘的目的

1）设计。为了新产品的设计，对有参考价值的设备或产品进行测绘，作为新设计的参考或依据。

2）修配。设备因零件的损坏不能正常工作或达不到预期的要求，而相应零件采购困难又无图样可查，此时对零件进行测绘并绘制图样，并加工出所需零件用于修配。

3）仿制。对某一类型的先进设备进行整机测绘，得到生产所需的全部图样和有关技术资料，以便组织生产。

测绘是机械设备生产过程中较为经济且效率较高的一种手段，而且能快速积累设计经验，无论是对发达国家还是发展中国家，都有着较重要的意义。

9.7.2　测绘的步骤

测绘时通常按如下步骤进行。

1）了解和分析零件。首先了解所测绘零件在设备中的功能作用，与关联零件的关系及配合，再了解其结构形状和特点，根据设备实际工况需要确定零件的材料、毛坯形式。如果用于修配，通常是单件生产，如果原零件是铸件，还要考虑更改为加工件，结构该如何调整才能保证满足需要。

2）零件表达方案。这一步与绘制零件图时考虑视图表达方案类似，根据零件的结构形状特点确定主视图，再补充选择其他必要的视图，使视图能完整清晰地表达零件的结构形状。

3）绘制草图。零件测绘一般在生产现场进行，因此不便于用绘图工具和仪器，多以草图形式绘制。零件草图是正式绘制图样的依据，必要时可直接用于生产制造，因此其必须包括零件图的全部内容，并不能因为是草图而随意绘制。

9.7.3　草图绘制的步骤

草图绘制的步骤通常有布置视图、目测比例、图形绘制、尺寸标注、确定技术要求、检查等，下面以如图 9-59 所示支架为例讲述草图绘制的步骤。

1）选择图幅，确定比例，根据零件大小尽量选择 1:1 比例；布置视图，画出各主要视图的作图基准线，通常以对称轴线、主要孔中心线等作为作图基准线，在视图布置时还要注意预留尺寸标注位置，如图 9-60a 所示。

2）由主视图开始，画各视图的轮廓线，注意各视图的投影关系，如图 9-60b 所示。

3）画剖面线，确定尺寸的标注基准，画出各尺寸的尺寸界线、尺寸线和箭头，如图 9-60c 所示。

4）标注尺寸并根据零件要求标注尺寸公差、表面粗糙度、几何公差等要求，注写技术要求并填写标题栏，如图 9-60d 所示。

5）检查全图并对关键配合尺寸、功能尺寸进行复核。

图 9-59　测绘零件的轴测图

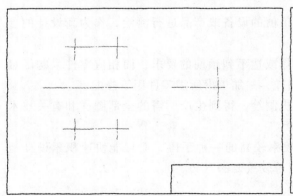

a) 选图幅、定比例、画基准线

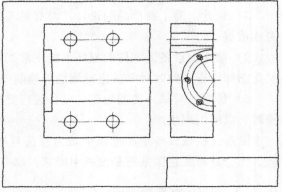

b) 画轮廓线

图 9-60　草图绘制的步骤

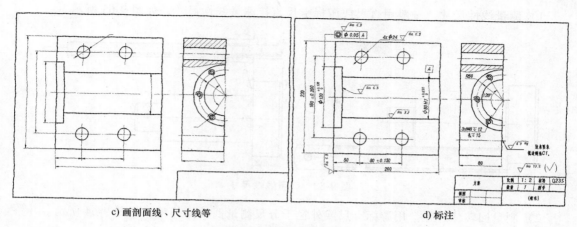

c) 画剖面线、尺寸线等   d) 标注

图 9-60　草图绘制的步骤（续）

9.7.4　测量工具和使用方法

常用的基本测量工具有直尺、外卡钳、内卡钳、外径千分尺、游标卡尺等，如图 9-61 所示。

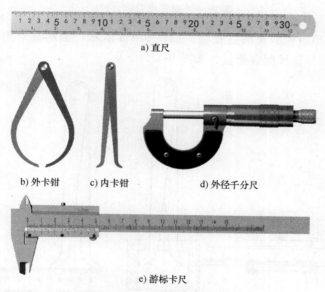

a) 直尺

b) 外卡钳　　c) 内卡钳　　　　d) 外径千分尺

e) 游标卡尺

图 9-61　基本测量工具

除了基本测量工具外还有一些专用测量工具，如测量螺纹的螺纹规、测量半径的半径规等，如图 9-62 所示。

根据测量对象的不同选用不同的测量工具，或这些测量工具的组合，常用的测量方法如下。

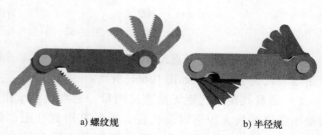

a) 螺纹规　　　　　b) 半径规

图 9-62　专用测量工具

1）测量线性尺寸。一般用直尺或游标卡尺直接测量线性尺寸，如图 9-63 所示。

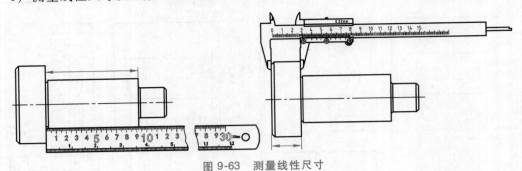

图 9-63　测量线性尺寸

2）测量回转体外径。用游标卡尺或外径千分尺测量回转体外径，如图 9-64 所示。

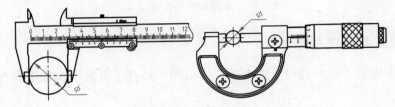

图 9-64　测量回转体外径

3）测量孔径。用游标卡尺测量孔径，如图 9-65a 所示；当测量对象不方便用游标卡尺测量时，可用内卡钳与直尺配合测量，如图 9-65b 所示。

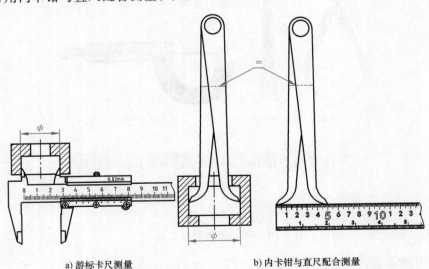

a) 游标卡尺测量　　　　　　　　　b) 内卡钳与直尺配合测量

图 9-65　测量孔径

4）测量壁厚。可用直尺和游标卡尺测量壁厚，如图 9-66a 所示；当测量不便时可用外卡钳与直尺配合测量，如图 9-66b 所示。

5）测量孔距。孔距无法直接测量，通常通过卡钳、游标卡尺、直尺配合，测得两孔间的最小距离或最大距离以及孔径，再计算得到孔距，如图 9-67 所示。当阵列孔数量是奇数时，法兰中心有孔，测量中心孔与所测孔的最小距离再计算；没有中心孔，用作图法找出中

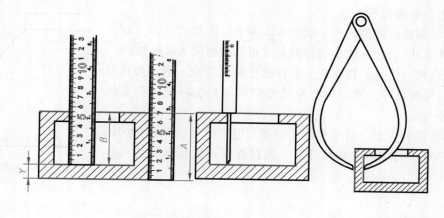

a) Y＝A–B　　　　　　　　　　b) 外卡钳与直尺配合测量

图 9-66　测量壁厚

心再测量。

　　6）测量中心高。用直尺与卡钳或游标卡尺组合测量中心高，原理与测量孔距相似，如图 9-68 所示。

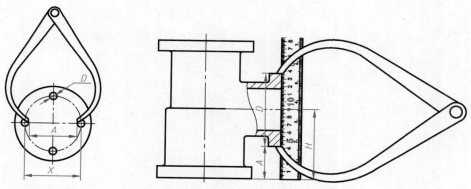

图 9-67　测量孔距（$X=A+D$）　　　　　　图 9-68　测量中心高（$H=A+D/2$）

　　7）测量螺纹。通过螺纹规测量得到螺距，并测量螺纹大径（或内径），再根据标准查询对应的标准规格，如图 9-69 所示，测量时注意螺纹的旋向及线数。

　　8）测量圆角半径。通过半径规与圆角是否吻合确定圆角的半径值，如图 9-70 所示。

图 9-69　测量螺纹　　　　　　　　　　图 9-70　测量圆角半径

　　9）测量曲线。测量曲线使用较多的方法是坐标法，通过直尺与三角板配合，测量曲线上各点的坐标，再根据坐标值描出曲线，如图 9-71 所示，如曲线质量要求较高，可增加取样点。另外还有拓印法、铅丝法，在此不做介绍。

测量注意事项如下。

1）尺寸圆整。零件尺寸一般以 mm 为单位取整数（以寸制为单位的零件除外），在实测中所得的尺寸可以四舍五入取整数。

2）配合尺寸一致。相互配合零件的公称尺寸应一致，如孔与轴、V 形槽与滑块等，测量出公称尺寸后再根据实际配合需要选用合适的公差。

3）标准结构查表。对于螺纹、键槽、退刀槽等已标准化的结构，在测得对应的主体结构尺寸后，通过查阅相关标准确定具体尺寸。

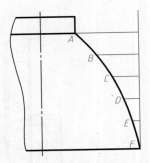

图 9-71　测量曲线

第10章
装 配 图

装配图是完成机械产品的图样最终表现形式,用于表达产品、部件的结构、装配关系等。装配图是了解机器设备结构、分析工作原理和功能的技术文件,也是制定装配工艺规程,进行装配、检验、安装、维修和保养的技术依据。在新产品设计过程中,一般都是先画装配图,再根据装配图完成零件的设计并绘制零件图。本章将讨论装配图的绘制、读图方法以及如何拆画零件图。

10.1 装配图的内容

一般情况下表示一台完整机器的装配图称为总装图,表示机器中某个部件或组件的装配图称为部件装配图。

图 10-1 所示为旋塞阀立体图,图 10-1a 为装配状态,图 10-1b 为爆炸状态,可以清楚看到其内部零件。

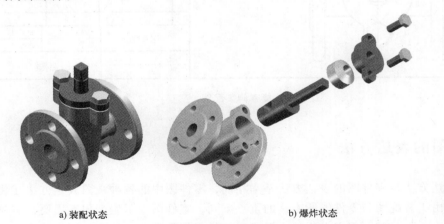

a) 装配状态　　　　　　　　　　　　b) 爆炸状态

图 10-1　旋塞阀立体图

图 10-2 为旋塞阀装配图,从图中可以看出一张完整的装配图应具有下列内容。

1) 一组视图。一组视图用来表达机器或部件的工作原理、结构形状、零件间的装配关系和连接形式以及零件的主要结构形状。

2) 必要的尺寸。标注出反映机器或部件性能、规格、安装、配合、外形的尺寸和其他重要的尺寸。

3) 技术要求。用符号或文字说明装配、检验时必须满足的条件,如图 10-2 所示的密封性测试要求,其他还可以包括运输、外观、包装等相关要求。

4）零部件序号和明细栏。为了生产准备及管理的需要，装配图中要按一定格式标注零部件的序号，并在明细栏对应位置填写序号、名称、数量、材料等信息。

5）标题栏。与零件的标题栏类似，填写名称、比例及相关设计信息。

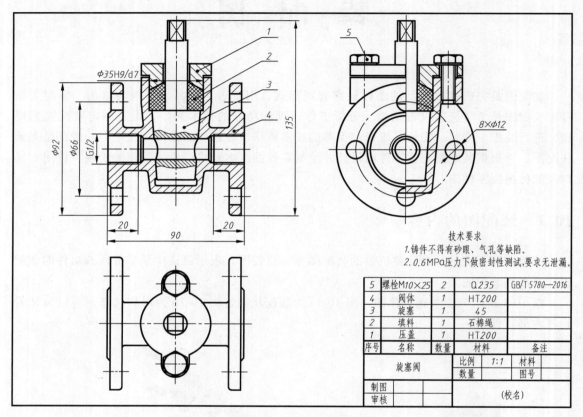

图 10-2　旋塞阀装配图

10.2　装配图的表达方法

装配图的表达方法与零件图的表达方法基本相同，零件图中的各种视图表达方法在装配图中同样适用。由于装配图与零件图所表达的重点不同，零件图为了生产加工需要，需要表达零件的所有要素，而装配图重点在反映机器或部件的工作原理、零件间的配合、连接关系及零件的主要结构，因此为了正确、完整、清晰和简练表达装配图，国家标准规定了规定画法和特殊画法。

10.2.1　规定画法

1）两相邻零件的接触面和配合面只用一条线表示，而非接触面即使间隙很小，也必须画出两条线。如图 10-2 所示主视图中压盖 1 与填料 2 间的接触面为斜面，只画一条线；而压盖 1 与阀体 4 间水平方向的非接触面，间隙非常小，但由于是非接触面，必须画两条线。

2）用剖视图表达时，相邻两个零件的剖面线倾斜方向应相反，如图 10-2 所示主视图中的压盖 1 与阀体 4 的剖面线，如相邻零件多于两个时，剖面线可以通过间距不等进行区别；同一零件在各视图上的剖面线方向和间距应保持一致。如零件的剖面厚度小于 2mm 时，允许以涂黑代替剖面线。

3）对于标准件（螺栓、螺母、垫片、键、销等）和实心零件（实心轴、连杆、球等），剖切平面通过其基本轴线或对称面时，这些零件按不剖绘制，只画外形，如图 10-2 所示左视图中的螺栓 5 和旋塞 3 按不剖表达。

10.2.2　特殊画法

（1）沿结合面剖切　绘制装配图时，为了表达机器或部件的内部结构，可采用沿某些零件的结合面剖切的画法。它的特点是在结合面上不画剖面线，但穿过该结合面被剖切到的零件应按剖视画出。如图 10-3 所示的俯视图，其剖切位置为结合面，螺杆 7 被剖切需按剖视画出，而螺套 5、底座 6 则按不剖画出。

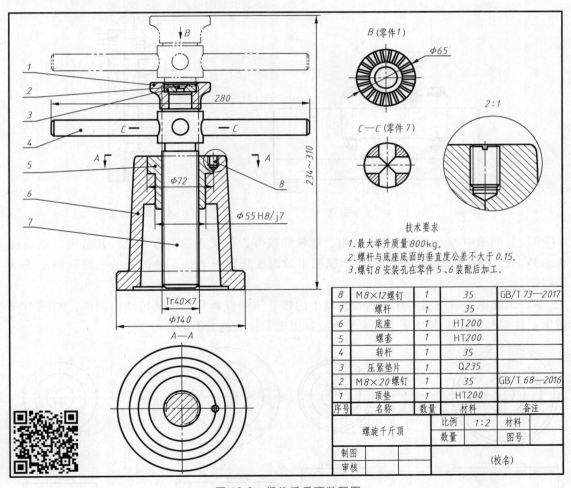

8	M8×12螺钉	1	35	GB/T 73—2017
7	螺杆	1	35	
6	底座	1	HT200	
5	螺套	1	HT200	
4	转杆	1	35	
3	压紧垫片	1	Q235	
2	M8×20螺钉	1	35	GB/T 68—2016
1	顶垫	1	HT200	
序号	名称	数量	材料	备注

技术要求
1. 最大举升质量800kg。
2. 螺杆与底座底面的垂直度公差不大于0.15。
3. 螺钉8安装孔在零件5、6装配后加工。

图 10-3　螺旋千斤顶装配图

（2）单独表达某个零件　在装配图中，当某个零件未表达清楚且对理解配置关系或功能有影响时，应单独画出该零件，并在其上注明"零件××"，在相应视图附近用箭头指明投射方向，并注明相应大写字母，如图 10-3 所示的视图 B。

（3）夸大画法和涂黑表达　对于装配图中较小的间隙、细小的结构、薄件的厚度等，当在图形中表现的尺寸小于等于 2mm 时，允许不按原比例而将其适当夸大画出，也可用涂黑代替剖面符号，如图 10-4 所示视图中，小垫片采用涂黑表达，较厚的垫片则是正常表达。

（4）假想画法　在装配图中，当需要表达运动零件的极限位置时，可用细双点画线表达。如图 10-3 所示主视图中，为了表达千斤顶最高工作位置时，采用了假想画法，极限位置的零件采用细双点画线表达。

（5）简化画法

1）装配图中对零件的工艺结构，如小圆角、倒角、退刀槽等，允许省略不画，如图 10-5 所示视图中，轴的磨削槽、轴承端盖的圆角、倒角均可省略。

2）装配图中的滚动轴承允许采用特征画法，如图 10-5 所示轴承采用了简化的特征画法。

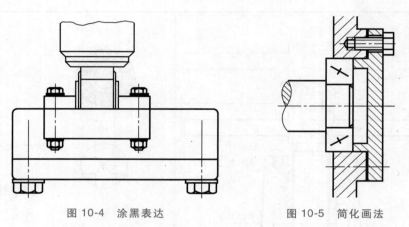

图 10-4　涂黑表达　　　　　　　　图 10-5　简化画法

3）装配图中若干个相同的零件组、螺栓联接等，可仅详细画出一处，其余则以点画线表示其中心位置即可，如图 10-5 所示视图中的螺栓联接只表达了一侧，另一侧只画出了点画线。

4）装配图中可用粗实线表示带传动中的带，用细点画线表示链传动中的链，如图 10-6 所示，必要时可在粗实线或细点画线上绘制出表示带或链类型的符号。

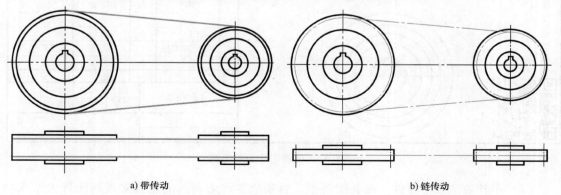

a) 带传动　　　　　　　　　　　　　b) 链传动

图 10-6　带传动与链传动的简化

10.3 装配图尺寸标注及技术要求

10.3.1 尺寸标注

　　装配图尺寸标注的目的与零件图尺寸标注的目的完全不同，零件图中必须标注出零件的全部尺寸以确定零件的形状和大小，而装配图中只需标注出必要的尺寸以说明机器或部件的性能、工作原理、配合关系、外形尺寸和安装尺寸即可，主要包括以下几种尺寸。

　　（1）性能（规格）尺寸　性能（规格）尺寸是表示机器或部件性能和规格的尺寸。它们是设计和选用机器或部件的主要依据。例如：图 10-2 所示旋塞阀的 G1/2 管螺纹尺寸，决定了产品在什么样的管路中可以选用；图 10-3 所示的高度范围提示了螺旋千斤顶的极限高度。

　　（2）装配尺寸

　　1）配合尺寸。配合尺寸表示两零件间的配合性质，是分析工作原理、拆画零件和制订装配工艺的重要依据。例如：图 10-2 所示旋塞阀中的尺寸 $\phi35H9/d7$；图 10-3 所示螺旋千斤顶中的尺寸 $\phi55H8/j7$。

　　2）相对位置尺寸。零件之间、部件之间或它们与机座之间必须保证的相对位置尺寸，如图 10-3 所示螺旋千斤顶中的高度尺寸 234mm，如果使用时空间最小尺寸小于该值，会造成工作空间无法容纳的现象。

　　（3）外形尺寸　外形尺寸是表示机器或部件总长、总宽和总高的尺寸，用于说明机器或部件工作时所需的空间，也是包装、运输、安装的主要尺寸依据，如图 10-2 所示旋塞阀中的尺寸 135mm、90mm、$\phi92mm$；当部件中的零件运动而使总体尺寸为变值时，还需标明其极限尺寸，如图 10-3 所示螺旋千斤顶中的尺寸 234～310mm。

　　（4）安装尺寸　安装尺寸是将机器或部件安装在地基或其他机器上，或者部件间连接时所需的尺寸，包括安装面、连接孔、限位等尺寸，如图 10-2 所示旋塞阀中的尺寸 $\phi92mm$、$\phi66mm$、$8\times\phi12mm$，当使用法兰连接时，需通过这些尺寸进行匹配。

　　（5）其他重要尺寸　其他重要尺寸包括与功能有直接关系的关键结构的尺寸，在拆画零件图时需保持不变的尺寸，如图 10-3 所示螺旋千斤顶中的尺寸 Tr40×7、$\phi65mm$。

　　以上几类尺寸并不是在每张装配图中都要全部标出，有时一个尺寸可能有几种含义，实际标注时要根据实际情况做具体分析，再确定是否标注。

10.3.2 技术要求

　　用文字注写机器或部件装配时必须遵守的技术要求，如装配要求、检验要求、使用维护要求等，如图 10-3 所示螺旋千斤顶装配图的技术要求；有时也会标注关键零件的特定技术要求，供拆画零件图时作为依据，如图 10-2 所示旋塞阀装配图中关于铸件的技术要求。

10.4 装配图的明细栏和零部件序号

　　装配图中所有零部件一般必须编号，并填写相应的明细栏，以便读图时根据编号对照明细栏了解零部件的名称、代号、材料、数量等信息，也有利于图样管理及统计零件信息进行生产准备。

10.4.1 明细栏

由序号、代号、名称、数量、材料、重量、备注等内容组成的栏称为明细栏。装配图中一般应有明细栏，其标准格式见第 1 章中的图 1-7，一般配置在标题栏的上方，按由下而上的顺序填写，当由下而上延伸位置不够时，可以紧靠在标题栏的左侧由下而上延续。

当装配图中不能在标题栏的上方配置明细栏时，可以用装配图的续页按 A4 幅面单独给出，其顺序应由上而下延伸，可以连续加页，同时在明细栏下方配置与相应装配图完全相同的标题栏。

10.4.2 零部件序号

为了便于阅读装配图，装配图中所有零部件必须编写序号，且装配图中零部件的序号应与明细栏中该零部件的序号一致。

装配图中零部件序号的编排方法与规定如下。

1）装配图中的序号由横线（或圆圈）、指引线、圆点和数字四个部分组成。指引线应自零件的可见轮廓线内引出，并在末端画一圆点，在另一端附近、横线上（或圆圈内）填写零部件的序号，指引线和横线（或圆圈）都用细实线画出，指引线间不允许出现交叉，避免与剖面线平行，序号的数字要比装配图上的尺寸数字大一号或两号，如图 10-7 所示。同一装配图中序号的标注形式应一致。

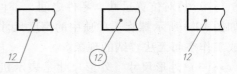

图 10-7　序号的标注形式

2）每种不同的零件编写一个序号，相同的零部件用一个序号，一般只标注一次。标准化的组件作为一个整体时，只编注一个序号，如轴承、电动机、气缸等。

3）零件的序号应沿水平或垂直方向布置，并按顺时针或逆时针方向排列，并尽量使序号间的间距相等，如图 10-8a 所示。

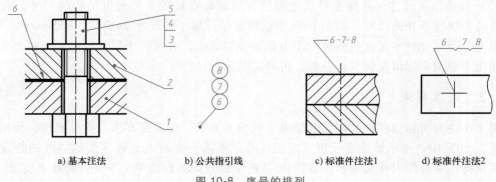

| a）基本注法 | b）公共指引线 | c）标准件注法1 | d）标准件注法2 |

图 10-8　序号的排列

4）紧固件或装配关系清楚的零件组，允许采用公共的指引线，如图 10-8a、b 所示。

5）装配图中可省略螺栓、螺母、销等紧固件的投影，只用点画线指明它们的位置时，指示紧固件的公共指引线应根据其不同类型从被联接件的某一端引出，如螺钉、螺柱、销联接从其装入端引出，螺栓联接从其装有螺母的一端引出，如图 10-8c、d 所示。

6）如果指引线所指部位较薄，不便画圆点时，可在指引线末端画出箭头，并指向该部位的轮廓线，如图10-8a所示序号6。

10.5　装配体结构简介

为了实现机器或部件能合理装配，保证装配质量，达到装配性能要求，同时兼顾加工制造和拆卸维修等，在装配设计时必须考虑装配结构的合理性。

10.5.1　接触面与配合面结构

1）长度方向。两零件在同一方向应避免同时有两对或以上的接触面，如图10-9所示。

2）轴线方向。轴线方向的轴与孔不能同时有两对或以上的接触面，如图10-10所示。

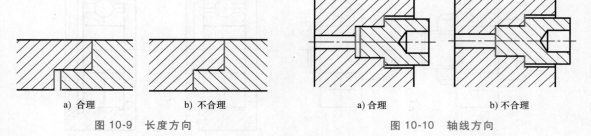

a) 合理　　b) 不合理　　图10-9　长度方向　　　　a) 合理　　b) 不合理　　图10-10　轴线方向

3）径向方向。避免两个或以上的圆柱面接触，如图10-11所示。

4）孔口与轴肩。为了使孔口与轴肩平面接触良好，孔口边要设计出倒角或轴肩要设计出退刀槽，如图10-12所示。

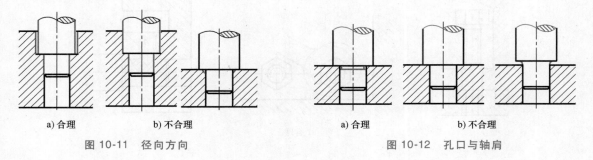

a)合理　　b)不合理　　图10-11　径向方向　　　　a)合理　　b)不合理　　图10-12　孔口与轴肩

10.5.2　轴承限位

为了防止滚动轴承在轴上产生轴向窜动，必须采用一定的结构加以限位，限位时需考虑拆装的方便性，通常轴肩直径应小于滚动轴承内圈外径，而孔直径要大于滚动轴承外圈内径，如图10-13所示。

轴承的外侧通常用螺母、端盖、弹性挡圈等构件加以限位，如图10-14所示。

10.5.3　拆装方便

为便于拆装，必须留出拆装螺纹紧固件的空间与扳手等工具活动的空间，如图10-15所示为设计时需考虑的结构问题。

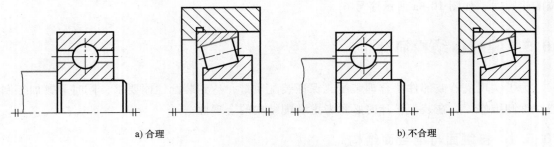

a) 合理   b) 不合理

图 10-13   轴承内侧限位

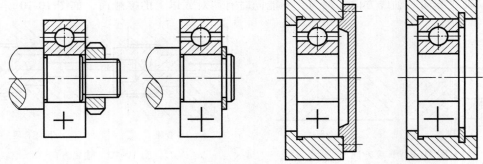

图 10-14   轴承外侧限位

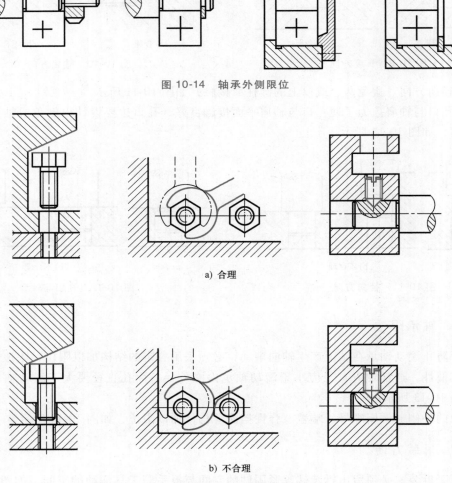

a) 合理

b) 不合理

图 10-15   拆装方便

10.5.4　防松结构

为避免紧固件因机器工作时振动而松动，需要采用防松结构，尤其是涉及安全的结构，如工作时高速旋转的齿轮、有较大惯性矩的飞轮等，如图 10-16 所示为常用的防松结构。

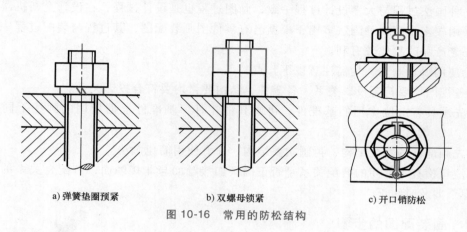

a) 弹簧垫圈预紧　　　　　　　b) 双螺母锁紧　　　　　　　c) 开口销防松

图 10-16　常用的防松结构

10.5.5　密封结构

为防止内部的液体或气体向外渗漏，同时也防止外面的灰尘等异物进入机器，常常需要采用密封结构。图 10-2 所示的旋塞阀是采用填料密封，此外常用的有毡圈密封，如图 10-17a 所示；密封圈密封，如图 10-17b 所示，密封圈的样式较多，以截面形状分类，常用的有 O 型、U 型、V 型、组合型等，以材料分类，常用的有丁腈橡胶、氯丁橡胶、天然橡胶、氟橡胶、三元乙丙橡胶等，实际选用时要根据具体工况及密封要求选择合适的密封圈。

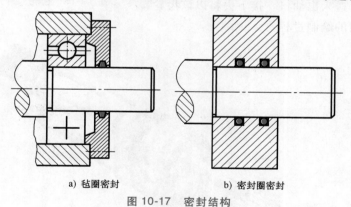

a) 毡圈密封　　　　　　　b) 密封圈密封

图 10-17　密封结构

10.6　画装配图的方法和步骤

10.6.1　画装配图的方法

画装配图时从画图顺序区分常用有以下两种方法。

1）从各装配体的核心零件开始，由内向外，按装配关系逐层扩展画出各个零件，最后画壳体、箱体等支承类零件。

2）由外向内，先画支承类、结构复杂的箱体类零件，再按装配线和装配关系依次画出其他零件。

第一种画法过程与大多设计过程一致，画图过程也是设计过程，在设计全新机器绘制装配图时采用较多。第二种画法多用于根据已有零件图画装配图，其过程与装配过程一致，对于测绘、老产品改型比较有利。

无论使用哪种画法，均需注意以下几点。

1）各视图均要符合投影关系，各零件、结构要素均要符合投影关系。

2）先画具有定位作用的基准件，再画其他零件，基准件根据使用的画法不同而有所不同。

3）先画部件的主要结构，再画次要结构，注意使用简化画法。

4）注意检查零件间的装配关系是否正确，如接触面与非接触面，有配合关系的配合面等，发现干涉及时纠正。

10.6.2　画装配图的步骤

图 10-18 所示为齿轮泵外形图，图 10-19 所示为齿轮泵爆炸图，可以看到其包含的所有零件。它的工作原理是当主动轮旋转并带动从动轮同步旋转时，进油口形成真空，油在大气压作用下进入进油管，填满齿轮间隙部分，然后齿轮旋转将其带到出油口，将油压入出油管，齿轮高速旋转时，油将被源源不断由进油口送入出油口。接下去将以该齿轮泵为例介绍装配图的绘制过程。

图 10-18　齿轮泵外形图

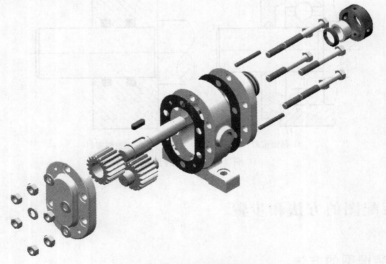

图 10-19　齿轮泵爆炸图

　　1）确定表达方案。选择主视图，从进出油口的方向能最多表达该齿轮泵的零部件，由于主要结构均为内部结构，主视图采用全剖视图；配置左视图用于表达安装尺寸及油口尺寸，由于齿轮泵的核心是齿轮传动，这里采用了拆去左端盖的表达方法，而此时用于联接的标准件在主视图中已表达清楚，无须重复表达，且表达后会给绘图带来大量工作量，所以同时拆去了联接的标准件。

　　2）选比例、定图幅。根据装配体的整体大小、复杂程度，选择适当的比例，合理布置视图，同时应考虑尺寸标注、零件序号、标题栏、明细栏所占位置，从而确定所选图幅大小，确定图幅后绘制图框、标题栏外形。

　　3）画基准。画出各视图的主要基准线，包括主视图中的齿轮轴线、左视图中齿轮的中心线，如图 10-20a 所示。

　　4）画各视图的主要轮廓。以齿轮为基准件，先画齿轮在两个视图中的轮廓线，如图 10-20b 所示；接着画泵体、端盖，如图 10-20c 所示；再画辅助零件，如压紧螺母、轴套等，如图 10-20d 所示，最后画标准件，如图 10-20e 所示。

　　5）检查校对。对照产品结构、绘图标准进行全图检查，发现问题及时修改，尤其是零件的可见性，是检查重点。

　　6）标注。根据装配图要求标注必要尺寸、配合要求等，如图 10-20f 所示。

　　7）加深图线、画剖面线，如图 10-20g 所示。

　　8）编零件序号，填写明细栏、标题栏与技术要求，如图 10-20h 所示。

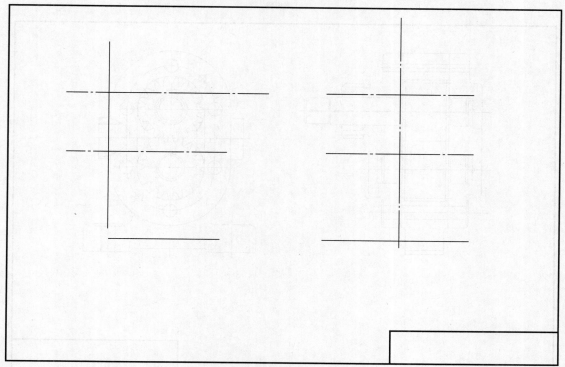

a) 画基准

图 10-20　齿轮泵画图步骤

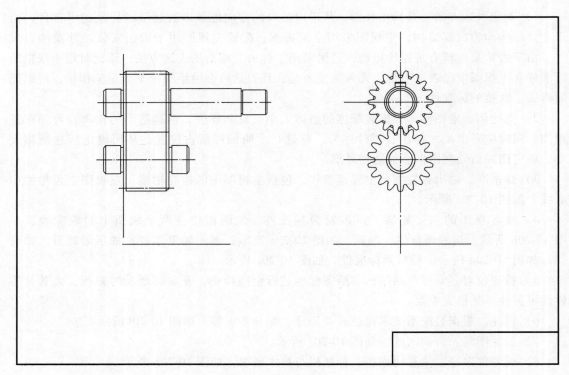

b) 画齿轮

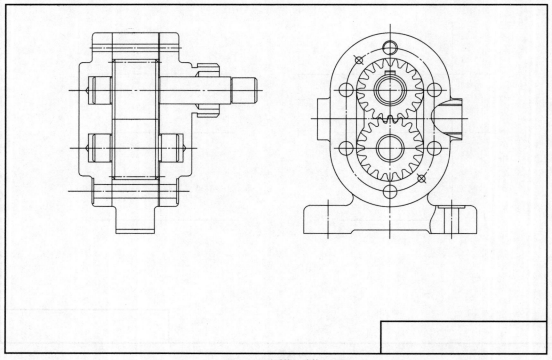

c) 画泵体、端盖

图 10-20　齿轮泵画图步骤（续）

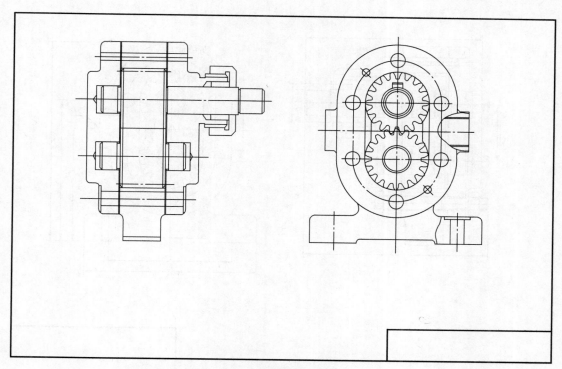

d) 画辅助零件

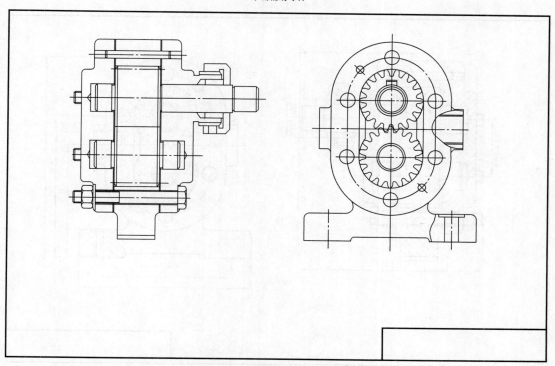

e) 画标准件

图 10-20　齿轮泵画图步骤（续）

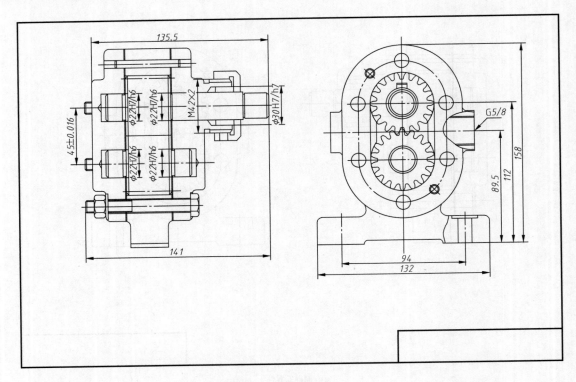

f) 标注

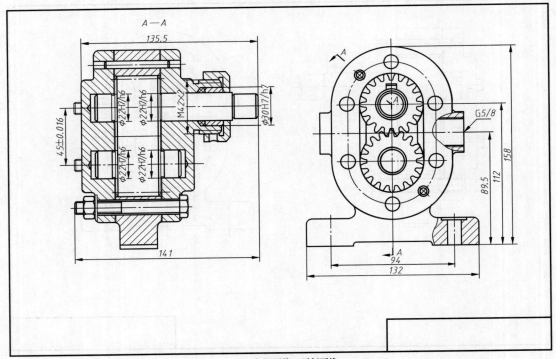

g) 加深图线、画剖面线

图 10-20 齿轮泵画图步骤（续）

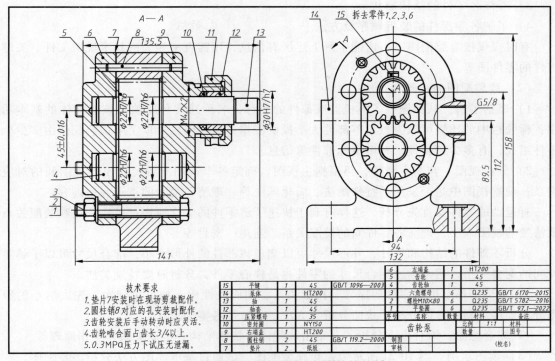

技术要求
1.垫片7安装时在现场剪裁制作。
2.圆柱销8对应的孔安装时制作。
3.齿轮安装后手动转动时应灵活。
4.齿轮啮合面占齿长3/4以上。
5.0.3MPa压力下试压无泄漏。

15	平键	1	45	GB/T 1096—2003
14	泵体	1	HT200	
13	轴	1	45	
12	轴套	1	45	
11	压紧螺母	1	35	
10	密封圈	1	NY150	
9	右端盖	1	HT200	
8	圆柱销	2	45	GB/T 119.2—2000
7	垫片	2	纸板	

6	左端盖	1	HT200	
5	齿轮	1	45	
4	齿轮轴	1	45	
3	六角螺母	6	Q235	GB/T 6170—2015
2	螺栓M10×80	6	Q235	GB/T 5782—2016
1	平垫圈	6	Q235	GB/T 97.1—2022
序号	名称	数量	材料	备注

齿轮泵　　比例 1:1　材料
数量　　图号
制图
审核　　　　　　　　(校名)

h) 编零件序号，填写明细栏、标题栏与技术要求

图 10-20 齿轮泵画图步骤（续）

10.6.3 注意事项

1）当有运动零件需要表达其极限位置时，在规划时一定要预留绘制空间。

2）在剖视表达的视图中，按由里到外的顺序画出零件，可以减少零件图线后续因为是否可见反复修改的情况。

3）装配线上零件较多，互相关联，如果其中一个位置产生错误，会影响到后续零件，因此在画装配图时，要随时检查装配关系、投影关系等，发现错误及时修改，防止后期发现后引起大量关联修改。

4）在进行装配体测绘时，应画出装配体的示意图并辅以简单文字说明，作为画装配图的参考，关于装配简图的画法，国家标准 GB/T 4460—2013 中有详细介绍。

10.7 读装配图、拆画零件图

10.7.1 读装配图

（1）读装配图的目的　在设计、制造、检验、维修等生产活动中，均会遇到装配图，在读装配图时需要了解以下信息。

1）明确机器或部件的结构，包括由哪些零件组成，零件的定位方式及零件间的关联关系。

2）弄清机器或部件的性能、功用和工作原理。

3）看懂各零件的结构形状。

4）了解各零部件的装拆顺序及方法。

有时仅仅依靠装配图不一定能了解上述所有信息，还需查阅相关的技术说明文件、关键零件的零件图等。

（2）读装配图的步骤和方法

1）概括了解。从标题栏了解机器或部件的名称，名称通常会反映出该装配体的基本功用；标题栏中的比例可以为想象零部件大小提供依据；从明细栏可以了解该装配体由多少个零件组成，有多少自制件，有多少标准件等信息。

2）分析视图。判断主视图，再根据主视图，确定各个视图配置，找出各视图间的对应关系；观察视图中是否采用了特殊画法、简化画法等，理清各视图的重点表达内容。

有运动的零件要首先分析，这样有利于快速了解零件的工作原理；其次从反映装配关系最清楚的视图入手，理清各零件间的装配关系、连接、密封等。

分析零部件的结构和尺寸，外形尺寸可以知道该部件的外形大小，配合尺寸可以了解零件间的配合关系，通常标注配合尺寸的零件也是核心零件，分析时要特别关注。

3）分离零件。根据零件的序号、投影关系、剖面线性质，按由主到次、先大后小的原则分离零件。利用形体分析、线面分析等方法，想清楚各零件形状。

4）综合想象。综合以上分析，总结出装配体的整体结构、传动关系、工作原理等。

（3）读图示例 图 10-21 所示为截止阀装配图，试通过基本读图方法分析该装配体。

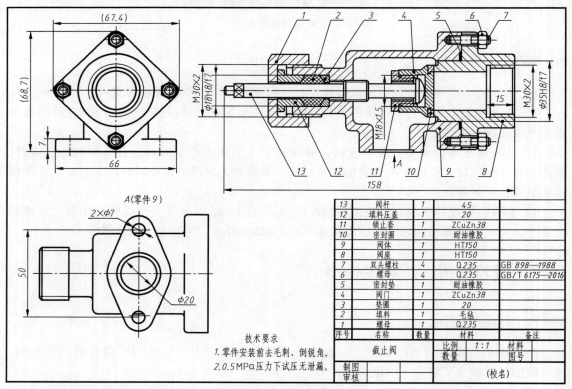

13	阀杆	1	45	
12	填料压盖	1	20	
11	锁止套	1	ZCuZn38	
10	密封圈	1	耐油橡胶	
9	阀体	1	HT150	
8	阀座	1	HT150	
7	双头螺柱	4	Q235	GB 898—1988
6	螺母	4	Q235	GB/T 6175—2016
5	密封垫	1	耐油橡胶	
4	阀门	1	ZCuZn38	
3	垫圈	1	20	
2	填料	1	毛毡	
1	螺母	1	Q235	
序号	名称	数量	材料	备注

截止阀		比例	1:1	材料	
		数量		图号	
制图					
审核				(校名)	

技术要求
1. 零件安装前去毛刺、倒锐角。
2. 0.5MPa压力下试压无泄漏。

图 10-21 截止阀装配图

1）概括了解。从标题栏中可以看到名称为截止阀，可以初步判断其可用于流体管路中对流体进行截止；图样比例为 1 : 1，图中所示大小与实体大小一致；由 13 个零件组成，其中 2 个为标准件。

2）分析视图。视图采用了两个基本视图与一个单一零件的辅助视图表达安装尺寸。主视图采用全剖视图，清楚表达了装配体的结构。阀体 9 是箱体类零件，其余零件以此为基准装配，阀杆 13 为主动零件，其逆时针旋转时向左移动，带动锁止套 11、阀门 4、密封圈 10 向左移动，阀门打开，流体得以流动；顺时针旋转时相关零件向右移动，密封圈 10 压紧阀座 8 端面，达到截止作用，流体无法流动。

为了保证密封性，使用了密封垫 5 作为阀座 8 与阀体 9 的密封，阀杆 13 与阀体 9 间则采用了填料 2 密封；为了保证截止的可靠性，阀门 4 的主要功能截止面使用了密封圈 10 为接触面。

该装配体在接入管路时，阀座 8 的 M30×2 螺纹联接输入端，阀体 9 的法兰面联接输出端，法兰面有环槽，用于配置密封圈。

右视图主要为了表达阀座 8 与阀体 9 的双头螺柱联接分布及宽度、高度的整体尺寸，其宽度与高度使用了带括号的尺寸是因为阀座是铸件，而四边的圆角通常不加工，尺寸误差较大，用括号表示为参考尺寸。A 向视图只表达了阀体 9 的法兰尺寸，这是重要的安装尺寸，所以单独表达，也可以简化只表达法兰，将其余投影线均去除。

3）分离零件。结合明细栏与主视图，该截止阀共有 11 个零件需要画出零件图，分离零件图时有两个思路：一是先分离支承件阀体 9，再由阀体根据装配线依次分离；另一个是主动零件阀杆 13 先分离，再根据其运动线将关联零件依次分离。

分离时需注意图中所标注的配合尺寸，这是分离零件时要优先保证的尺寸。由于装配图中相邻零件剖面线是不同的，所以这是分离零件的主要判断依据之一。零件间分离另一个需要注意的是螺纹联接部分，通过螺纹线长度、内外螺纹表达的不同，可以判断零件的螺纹大小与长度，标注时相互配合的零件螺纹要一致。

4）综合想象。综合以上分析，可以想象出装配体的整体结构形状，如图 10-22 所示。

10.7.2 拆画零件图

由装配图拆画零件，确定零件的主要结构，然后根据装配图将零件结构、形状和大小完全确定，这种根据装配图画零件图的工作称为拆图。拆图的过程也是完成零件设计的过程。接下去以截止阀中的零件为例，说明拆图的步骤和方法。

图 10-22 截止阀立体图

（1）零件分类 拆画零件前应已读懂了装配图，拆图前对零件进行分类，大致分为五类。

1）标准件。首先确定标准件，标准件的判断依据是明细栏中有相应的标准编号，包括国家标准（GB）、行业标准、企业标准等。由于标准件的尺寸是确定的，拆画零件图时可作为基本依据，如关联的螺孔、键槽、销孔、轴承孔、沉孔等尺寸均可由此推定。

2）外购件。外购件通常是指可以在市场上直接采购的零部件，如电动机、气缸、行程开关、法兰等。外购件在明细栏中同样会备注型号等要求，如果是特定厂家的还会备注厂家信息。这些外购件的外形尺寸、安装尺寸是一定的，拆画零件时与其关联的尺寸必须配套才行，确定外购件可以直接决定这部分关联零件的尺寸。

3）借用件。为了更好适应市场、减少设计工作量，企业产品通常会形成系列，产品中类似的零部件会尽量保持其共用性，这些零部件在拆画时是不需要画出零件图的，识别借用件可以通过明细栏中的备注或有规律的图样代号等。

4）关键零件。关键零件是设计时经过特殊考虑、计算的重要零件，或是有安全性要求的零件，如发动机活塞，在设计时已根据功率需要确定了直径、行程等关键尺寸，拆画时要优先保证其尺寸要求，通常也会首先拆画这类关键零件。

5）一般零件。一般零件通常表现的设计余度会比较大，按照装配图中所表达的形状、大小、关联零件和技术要求进行拆画。

从截止阀装配图中可以分析出零件6、7为标准件，无须出图；零件5、10这种简单形状的零件不清楚能否外购，可以查阅相关资料或供应商样本来确定；由于该装配体是独立存在的，所以没有借用件，但在企业设计时确定是否有借用件是一项非常重要的工作，因为其直接影响了设计效率、制造成本、互换性等；零件9、13是影响产品设计的关键零件，如只有零件13直径与螺纹尺寸确定，其关联零件的孔直径、内螺纹才能确定，直接影响到多个关联零件；其余零件可看成是一般零件。

（2）分离零件　分离零件与读图时分离零件的方法相同，从如图 10-23a 所示的装配图局部看，可以分离出如图 10-23b 所示的各个零件，此时分离的零件图并不完整，需结合其他视图进行补充，或设计补充完整。

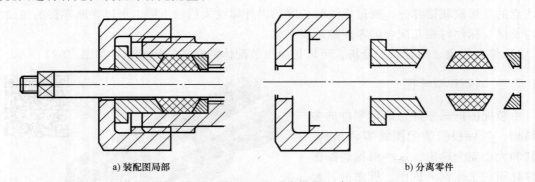

a) 装配图局部　　　　　　　　　　　　　　　　　　b) 分离零件

图 10-23　分离零件

综合各视图，阀体 9 可以分离出如图 10-24 所示的视图。

（3）补充视图、确定结构　根据分离所得视图，结合装配图要求、关联零件尺寸，对没有明确的结构部分进行设计，得到零件的整体构形，如图 10-25a 所示。图 10-25b 所示为阀体三维立体图。

（4）确定表达方案　因为零件图与装配图的表达重点不同，在装配图中主要是表达装配关系和工作原理，而零件图主要用于生产、检验，需要详细的结构与尺寸表达，所以在确定好零件的最终结构后，要按零件图的要求确定视图表达方案，而不能简单地照抄装配图中

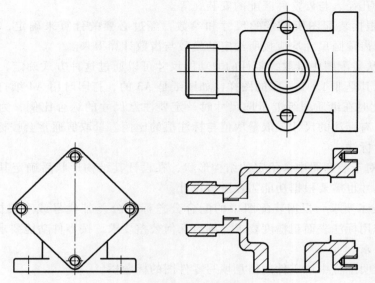

图 10-24 阀体分离视图

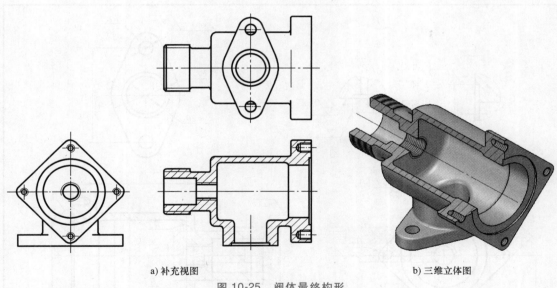

a) 补充视图   b) 三维立体图

图 10-25 阀体最终构形

的视图表达方案。在确定表达方案时,主视图与装配图中的主视图方案相同时有利于两者对照,当然对于较简单的零件两者可以相同,但前提是达到详尽表达零件的目的。

阀体 9 的视图表达如图 10-26 所示,使用了主视图与右视图两个基本视图,主视图采用全剖表达零件内部结构,右视图采用了局部剖表达法兰安装孔;为了表达法兰构形,采用了局部视图,配置在仰视图位置;由于两处密封圈槽尺寸较小,采用了局部放大图表达。

(5)标注尺寸 拆画零件图的尺寸基本要求与画零件图要求相同,应正确、完整、清晰、合理,其尺寸来源主要有五个方面。

1)抄注。装配图上已注出的该零件相关尺寸,如 M30×2、ϕ18H8、ϕ35H8。

2)查取。零件上的标准结构需要查阅相关标准获取,如内螺纹的内径、轴上退刀槽、轴上键槽、轴承孔径、与外购件匹配的安装孔等。

3）计算。根据装配图所给定的尺寸和参数，经过必要的计算来确定，如在拆画齿轮时，其分度圆、齿顶圆尺寸均应按所给定的模数与齿数计算得来。

4）量取。从装配图中量取，零件的非功能尺寸可以通过这种方式确定，量取要特别注意图样比例，尤其是非 1∶1 打印的图样，如图纸是 A3 的，打印时用 A4 纸打印，而标题栏比例是 1∶2，此时在纸质图纸上量取尺寸时一定要注意尺寸的综合比例，为防止出错，可量取装配图中已有标注的尺寸，取量取值与标注值的比例。量取值通常会按标准系列适当圆整，以规范尺寸标注。

5）设计。对于装配图中未给定的结构形状，在设计其结构形状后确定其尺寸。对于某些重要的量取尺寸也需要根据功能需要进行设计。

（6）标注技术要求　根据装配图中的配合公差标注公差带代号或查表标注公差数值，根据各表面的作用标注表面粗糙度要求，确定几何公差要求。按零件功能要求、加工要求等标注文字技术要求。

根据装配图明细栏中该零件的信息填写零件图的标题栏。

阀体 9 最终拆画的零件图如图 10-26 所示。尝试根据拆画步骤拆画阀座 8。

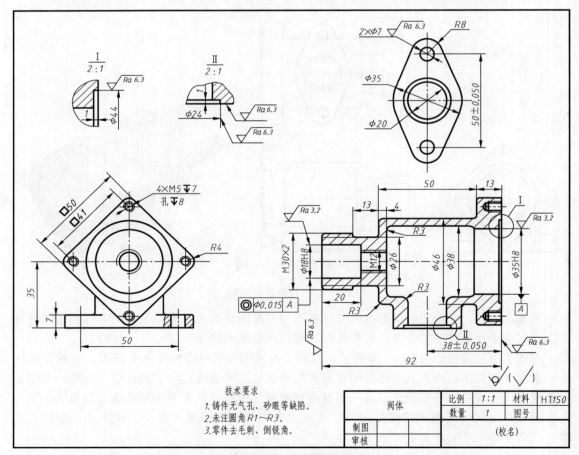

图 10-26　阀体零件图

第 11 章
焊 接 图

焊接是一种常用的不可拆连接方式，利用电弧或火焰在连接处加热并填充（或不填充）熔化的金属，将连接的零件熔合在一起。焊接具有工艺简单、连接可靠、节省材料等优点，被广泛应用于设备制造行业中。

11.1 焊缝符号

常用的焊接方式有电弧焊、钎焊、气焊、电阻焊等。焊接零件间熔接处称为焊缝。焊缝一般采用焊缝符号表示。焊缝符号一般由基本符号和指引线组成，必要时可以加上补充符号和尺寸符号等。

1）基本符号。基本符号是表示焊缝横截面形状的符号，国家标准 GB/T 324—2008 规定了常用的基本符号，见表 11-1。

表 11-1 常用基本符号

焊缝名称	基本符号	焊缝形式	一般表示法	符号表示法
I 形焊缝	‖		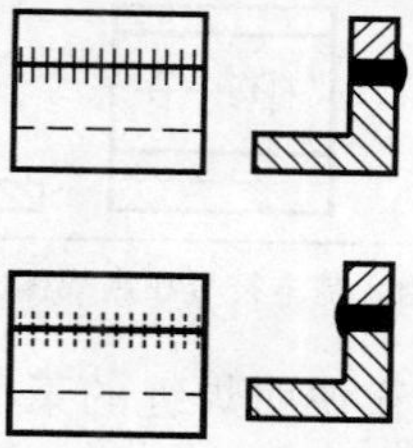	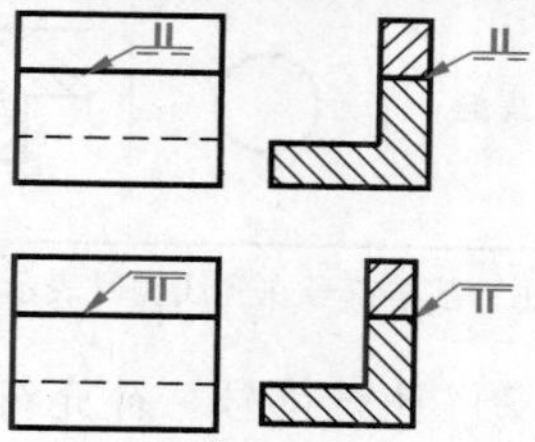
V 形焊缝	 ∨		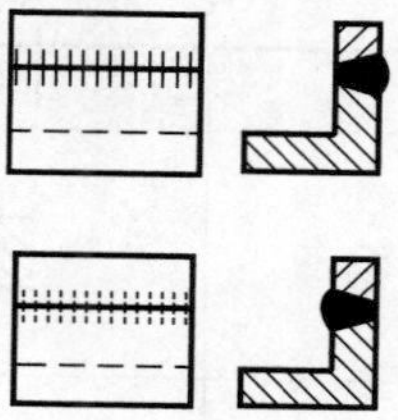	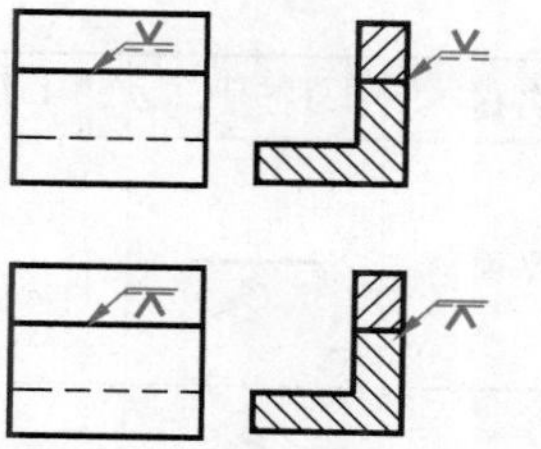
单边 V 形焊缝	 Ⅴ		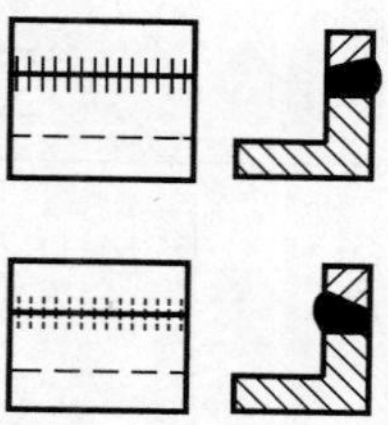	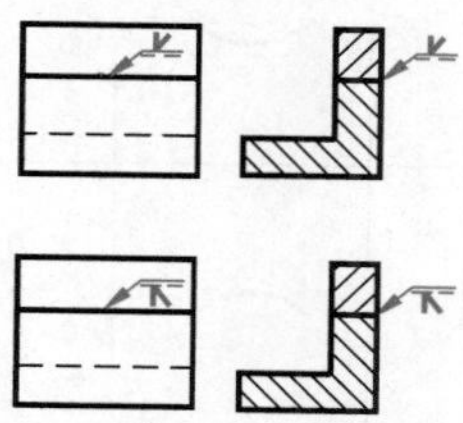

（续）

焊缝名称	基本符号	焊缝形式	一般表示法	符号表示法
带钝边 V 形焊缝			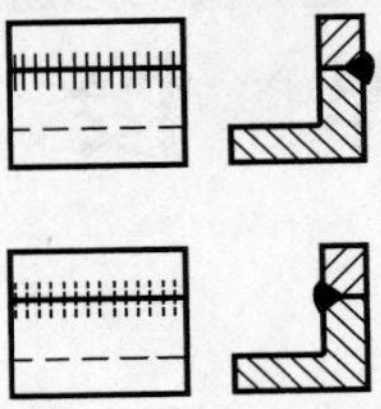	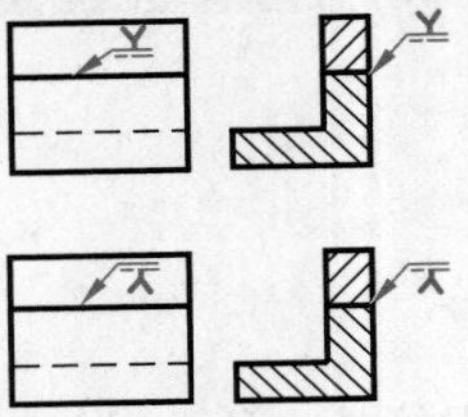
带钝边 U 形焊缝			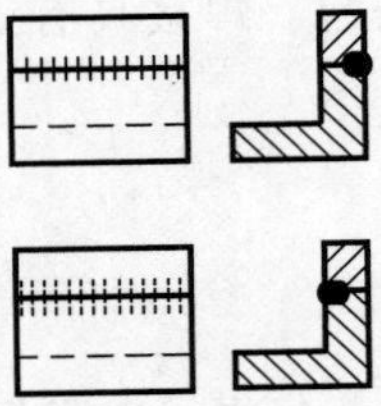	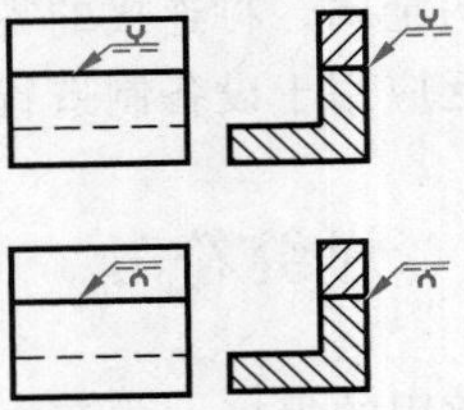
角焊缝		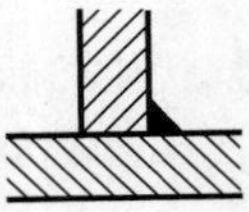	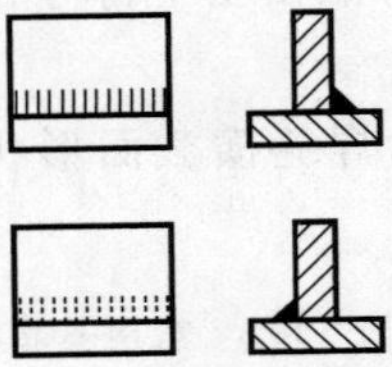	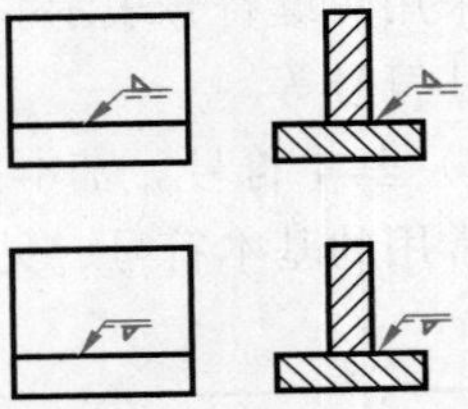
点焊缝		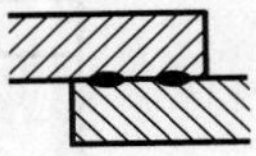	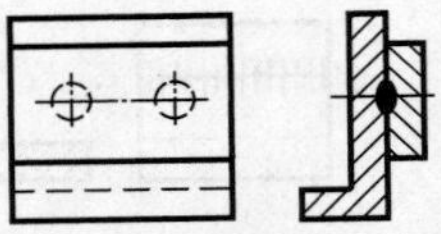	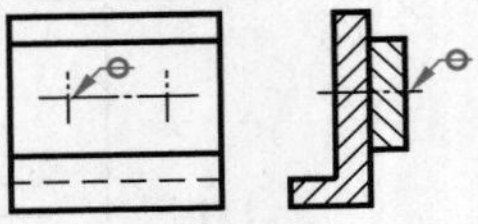

注：基本符号在实线侧时表示焊缝在箭头侧，基本符号在虚线侧时表示焊缝在非箭头侧，对称焊缝允许省略虚线。

2）补充符号。补充符号用来补充说明焊缝的某些特征，见表 11-2。

表 11-2　补充符号

名称	符号	符号说明	焊缝形式	标注示例
平面	 ——	焊缝表面平齐		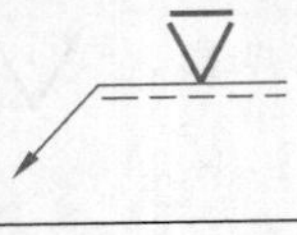
凹面	⌣	焊缝表面凹陷	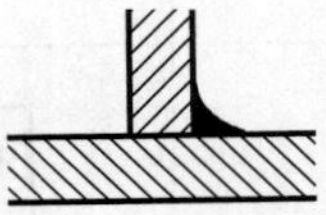	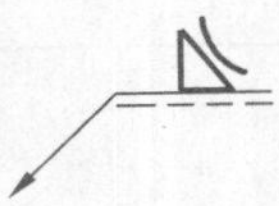
凸面	⌢	焊缝表面凸起		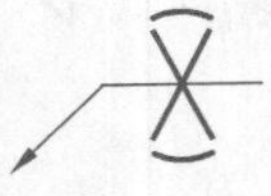

（续）

名称	符号	符号说明	焊缝形式	标注示例
永久衬垫	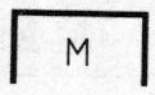 M	表示焊缝底部有衬垫	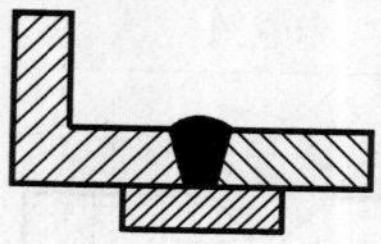	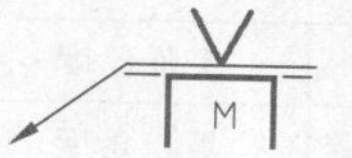
临时衬垫	 RM			
三面焊缝	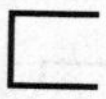 ⊏	工件三面带有焊缝	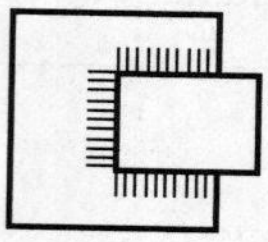	
周围焊缝	 ○	工件周围均有焊缝	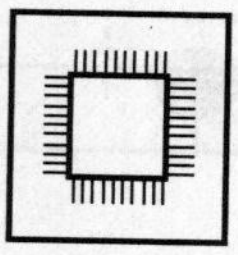	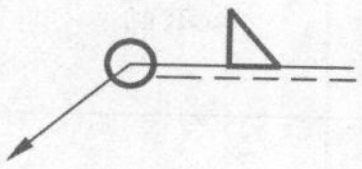
现场焊缝	 ▶	在现场或工地进行焊接		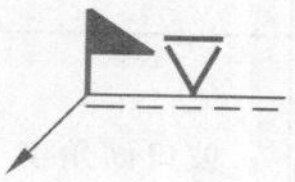
尾部	 <	可以表示焊接方法等工艺内容（数字代号含义见表11-3）		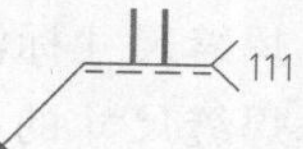

11.2　焊接方法

　　焊接方法很多，可以用文字在技术要求中注明，也可以用数字代号注写在焊缝符号的尾部。焊接方法的数字代号见表11-3。

表 11-3　焊接方法的数字代号

焊接方法	数字代号	焊接方法	数字代号
焊条电弧焊	111	激光焊	52
埋弧焊	12	气焊	3
电渣焊	72	硬钎焊	91
高能束焊	5	点焊	21

11.3　焊缝尺寸符号

　　焊缝尺寸是指工件厚度、坡口尺寸、根部间隙等数值，当设计或生产中需要注明焊缝尺寸时应做出相应标注。常用的焊缝尺寸符号见表11-4。

表 11-4　常用的焊缝尺寸符号

符号	名称	示意图	符号	名称	示意图
δ	工件厚度		K	焊脚尺寸	
α	坡口角度		l	焊缝长度	
p	钝边		e	焊缝间距	
b	根部间隙		n	焊缝段数	
c	焊缝宽度		R	根部半径	
h	余高		H	坡口深度	
S	焊缝有效厚度		d	熔核直径	
β	坡口面角度		N	相同焊缝数量	

　　焊缝尺寸标注位置如图11-1所示。

　　焊缝尺寸的标注规则：横向尺寸在基本符号左侧，纵向尺寸在基本符号右侧，坡口角度 α、坡口面角度 β、根部间隙 b 标注在基本符号的上侧或下侧，相同焊缝数量 N 标注在尾部，当同时有 N 和焊接方法

图 11-1　焊缝尺寸标注位置

的数字代号时，中间可以用"／"分开，如"8/52"；当尺寸较多不易分辨时，可在尺寸前标注相应的尺寸符号。基本符号的右侧无任何尺寸标注又无其他说明时，则表明焊缝在整个长度方向上是连续的。在基本符号左侧无任何尺寸标注又无其他说明时，则表明对接焊缝应完全焊透。

　　当若干条焊缝相同时，可采用公共指引线标注。需要注意的是表示焊缝位置的尺寸不在焊缝符号中标注，应标注在图样上。

11.4　焊接图示例

　　焊接图实际上是由多个焊接组件形成的装配图，但焊接图同时又包含零件图内容。焊接图的画法主要有两种。

　　（1）整体式画法　它主要用于较简单的焊接件，各组件的全部尺寸均直接标注在焊接图中，不必为组件单独画零件图，如图11-2所示。它的基本要求与装配图类似，用序号引出标注所有组件，并在明细栏中填写各组件的名称、材料等信息；在剖视表达的视图中，各

相邻组件的剖面线不同；焊接位置按焊缝符号标注方法进行标注；各组件的尺寸、技术要求等均在图中标出，通过焊接图就可生产制造。这种画法表达集中、出图快，适合结构简单的焊接件小批量生产。

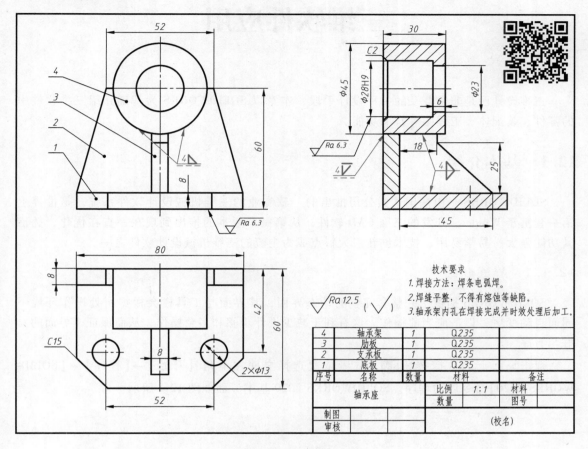

图 11-2　焊接图

（2）**分拆式画法**　焊接图主要表达装配连接关系、焊接要求，各组件单独画零件图，与装配图相同，主要用于比较复杂的焊接件和大批量生产的焊接件。

第 12 章
三维软件应用

三维设计已是非常普及的一种设计手段，本章以 SOLIDWORKS 为基础介绍三维软件中的零件、装配体、工程图等常用功能。

12.1 基本介绍

SOLIDWORKS 是由法国达索公司推出的一款专业的三维机械设计软件系统，是世界上第一套基于 Windows 开发的三维 CAD 软件，从第一个版本的推出到现在一直在优化，凭借其功能强大、易学易用、技术创新三大特点成为主流的三维机械设计软件之一。

12.1.1 界面介绍

SOLIDWORKS 提供了一整套完整的动态界面，其界面与工具栏会根据所处操作环境不同而自动变更，以适应当前操作。这有利于减少设计步骤和多余操作，从而保证了界面的友好与有序。

双击桌面上的快捷按钮，或者依次选择桌面左下角【开始】→【程序】→【SOLID-WORKS 2020】命令启动程序。SOLIDWORKS 2020 基本界面如图 12-1 所示。

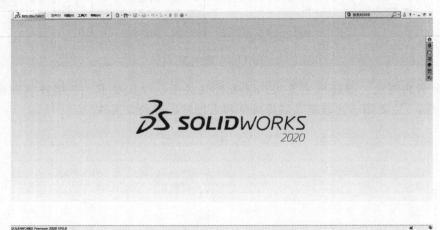

图 12-1　SOLIDWORKS 2020 基本界面

SOLIDWORKS 基本界面包含菜单栏、标准工具栏、任务栏、状态栏。

（1）菜单栏　菜单栏中包含 SOLIDWORKS 的所有命令。SOLIDWORKS 2020 继承了之前版本的习惯，采用伸缩式菜单，如需固定菜单，单击菜单最右侧的图钉按钮，可将菜单的位置锁住，再次单击后又变回伸缩方式。

菜单分为下拉菜单和快捷菜单，单击伸缩菜单上任一菜单都会出现下拉菜单，下拉菜单为具体的功能。如该菜单右侧有小箭头，则将鼠标移至该处会弹出下一级子菜单。

（2）标准工具栏　同其他标准的 Windows 程序一样，标准工具栏中的工具按钮用来对文件执行最基本的操作，如新建、打开、保存、打印等。

（3）任务栏　任务栏向用户提供当前设计状态下的多重任务工具。它包括 SOLID-WORKS 资源、设计库、文件探索器、视图调色板、外观/布景和自定义属性等工具面板。

（4）状态栏　状态栏用于显示当前的操作状态，反馈即时提示信息，注意从该处观察相应信息有助于提高入门学习的效率。

12.1.2　工具栏

工具栏按钮是常用菜单命令的快捷方式，通过使用工具栏，可以大大提高 SOLID-WORKS 的设计效率。由于 SOLIDWORKS 2020 有着强大且丰富的功能，所以对应的工具栏也非常多，如何在利用工具栏使操作方便的同时，又不让操作界面过于复杂呢？SOLID-WORKS 提供了分组式工具栏，根据当前所处的工作状态自动匹配相应的工具栏。如果在零件建模环境中，则出现的是如图 12-2 所示的特征工具栏。

图 12-2　特征工具栏

除了系统所提供的默认工具栏外，用户可以根据个人的习惯自定义工具栏，同时还可以定义单个工具栏中的按钮。工具栏中有些按钮是我们平时不常用的，所以系统在初始设置中没有添加这些按钮到工具栏中，当我们需要时，可以按以下操作方式去添加按钮。

移动光标至任一工具栏按钮上，右击，弹出快捷菜单，选择【自定义】命令后出现如图 12-3 所示对话框，单击命令列表，选择左侧需要添加的类别后，拖动右侧按钮到对应的工具栏上，就实现了工具按钮的添加。

想要删除不常用的按钮，在自定义时光标放在按钮上右击，选择【删除】命令即可，如图 12-4 所示。

12.1.3　设计树

SOLIDWORKS 中最著名的技术就是其设计树，该技术已经成为 Windows 平台三维 CAD软件的标准。用户通过设计树可以观察模型设计或装配图的过程以及检查工程图中的各个图样和视图。设计树控制面板包括 FeatureManager（特征管理器）、PropertyManager（属性管理器）、ConfigurationManager（配置管理器）、DimXpertManager（尺寸管理器）和 DisplayMan-ager（显示管理器），如图 12-5 所示。

设计树主要有以下几种功能。

1）选择基准面，用作草图基准。

2）选择对象。

3）显示、隐藏选定对象。

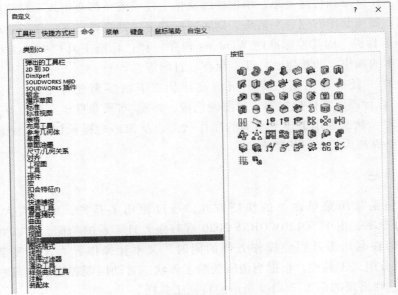

图 12-3　工具栏自定义

图 12-4　删除按钮

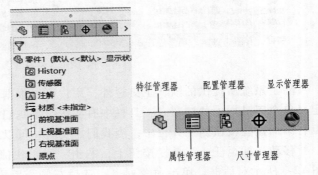

图 12-5　设计树

4）提供编辑对象的快捷方式。右击出现的快捷方式可以快速编辑选定对象或者查看状态。

5）查看并编辑建模过程。退回控制棒在这里起到很重要的作用。拖动退回控制棒到不同位置查看此位置生成的模型；或有时基准面缺失，可拖动退回控制棒到缺失面之前新建基准面。

6）更改特征生成顺序。

7）查看父子关系。

8）压缩与解除压缩特征或装配体中的零件。

9）方程式定义。

12.1.4　文件类型

SOLIDWORKS 提供了三种类型的文件格式，分别为零件（sldprt）、装配体（sldasm）、工程图（slddrw）。

选择菜单【文件】→【新建】命令或者单击快速访问工具栏上的【新建】按钮，出现

【新建 SOLIDWORKS 文件】对话框，如图 12-6 所示。

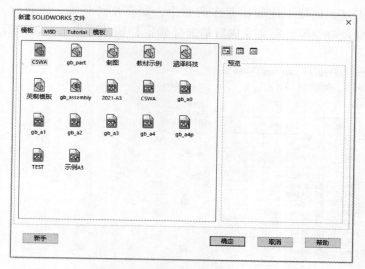

图 12-6　新建文件

该对话框中的模板文件分别对应着三种文件类型，根据需要选择所需的模板即可。

12.1.5　鼠标快捷键

鼠标左键用来选择命令或对象；右击出现快捷菜单。

按住鼠标中键拖动为旋转当前视图或者零件。

<Ctrl>+中键（按住并拖动）为平移当前视图。

<Shift>+中键（按住并拖动）为动态缩放。

<Alt>+中键（按住并拖动）为绕轴旋转。

关于视图控制还可以通过前导视图操作，前导视图在绘图区的上端，如图 12-7 所示。当光标移动到某一按钮上时，会自动显示该按钮的作用。

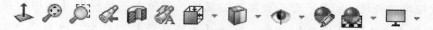

图 12-7　前导视图

12.1.6　鼠标笔势

鼠标笔势是根据鼠标在屏幕上的移动方向自动对应到相应的命令，这对于习惯鼠标操作的人来讲是一个极大的便利。具体操作方式是按住鼠标右键在屏幕上拖动，按住右键并拖动且有所停顿时会出现笔势选择圈供选择，熟悉后可快速拖动较长距离，以便直接选择命令提高效率。拖动距离和方向可多练习几次以便快速熟悉该操作。

鼠标笔势是非常高效的快捷方式，对草图、零件、装配体、工程图都可以设置上下左右等笔势的功能，提高绘制效率。

鼠标笔势对应的功能也可自定义，定义方法为：右击菜单栏空白区域，选择【自定义】命令，选择【鼠标笔势】选项卡设置鼠标笔势快捷键，如图 12-8 所示，分为 4 笔势、8 笔势、12 笔势，分别代表鼠标的 4 个方向、8 个方向和 12 个方向，熟悉后一般会选择 12 笔势来设置常用命令工具，以便对应到尽量多的命令，如在草图界面，设置向右拖动为直线命令、向左拖动为剪裁命令等。定义完成后单击【确定】按钮退出该对话框后即可使用。

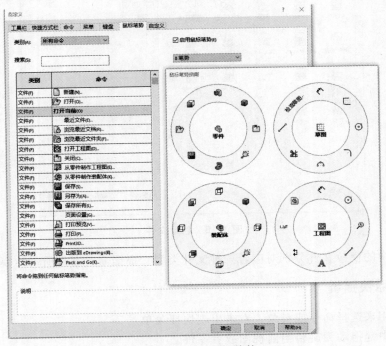

图 12-8　定义鼠标笔势

12.1.7　选项设置

用户可以根据使用习惯或相关标准对 SOLIDWORKS 进行必要的设置。例如，在【系统选项】对话框的【文档属性】选项卡中将尺寸的标准设置为 GB 后，在随后的设计工作中就会按照国家标准进行尺寸标注。要设置系统的属性，可单击工具栏中【选项】按钮 ⚙，或者选择菜单中【工具】→【选项】命令，打开【系统选项】对话框。该对话框由【系统选项】和【文档属性】两个选项卡组成。

在【系统选项】选项卡中设置的内容都将保存在系统中，这些更改会影响当前和将来的所有文件，直到下一次更改才会改变。

在【文档属性】选项卡中设置的内容仅应用于当前文件。每个选项卡下都包括多个项目，并以目录树的形式显示在选项卡的左侧。单击其中一个项目时，该项目的相关选项就会出现在选项卡的右侧。限于篇幅，关于具体选项含义可参考机械工业出版社出版的《SOLIDWORKS 操作进阶技巧 150 例》（ISBN 978-7-111-65508-4）一书。

12.2　草图绘制

草图是与实体模型相关联的二维图形，一般作为三维实体模型的基础，可以在三维空间中利用任何一个平面创建所需草图。SOLIDWORKS 草图中提出了"约束"的概念，可以通过几何约束与尺寸约束控制草图中的图形，实现尺寸驱动，并可以方便地实现参数化建模。应用草图工具，用户可以绘制近似的曲线轮廓，再添加精确的约束定义后，以完整表达设计的意图。

建立的草图后续使用实体特征工具进行拉伸、旋转、扫描和放样等操作，生成与草图相关联的实体模型。草图在特征树上显示为一个特征，其具有参数化和便于编辑修改的特点。

12.2.1 草图绘制状态

进入草图绘制状态，首先要选择一个基准面，在基准面上才能进行草图绘制。基准面类似于在二维绘中的 *XOY* 平面，不管选择哪个基准面，在进入草图绘制后都假想为 *XOY* 平面；在特征设计树中有三个基准面，此三个基准面为系统默认的基准面，分别为前视基准面（*XOY* 平面）、上视基准面（*YOZ* 平面）、右视基准面（*ZOX* 平面）。鼠标单击任一基准面，在一侧弹出的快捷菜单，单击【草图绘制】按钮，进入草图绘制。

草图绘制完成后，单击绘图区右上角的按钮退出草图绘制，或者右击选择【退出草图】按钮。如果当前所做修改不需要保留，单击绘图区右上角的按钮×，出现如图 12-9 所示的警告框，单击【丢弃更改并退出】按钮，则当前所有编辑修改将丢弃，若是无意点出此警告框，单击【取消】按钮回到之前编辑状态。

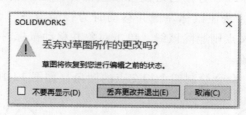

图 12-9 警告框

12.2.2 绘制草图

SOLIDWORKS 中草图绘制包括绘制命令，如【直线】、【矩形】、【圆】、【圆弧】、【槽】、【多边形】、【椭圆】、【绘制圆角】、【文字】等；修改命令，如【剪裁实体】、【镜向实体】、【移动实体】等。部分命令在右下角还有指示箭头，单击时有下拉列表出现，有更多的二级命令可供使用。

现以图 7-27 为例介绍草图绘制的一般步骤。

1）选择"前视基准面"新建草图。

2）以原点为圆心绘制如图 12-10 所示两个同心圆。

3）用【槽】命令的二级命令【中心点圆弧槽口】，以原点为中心绘制如图 12-11 所示圆弧槽。

4）以上一步绘制的圆弧槽左侧圆弧圆心为圆心绘制圆，如图 12-12 所示。

5）用【槽】命令的二级命令【中心点圆弧槽口】，以原点为中心绘制如图 12-13 所示小圆弧槽。

6）绘制两条竖直直线，如图 12-14 所示。

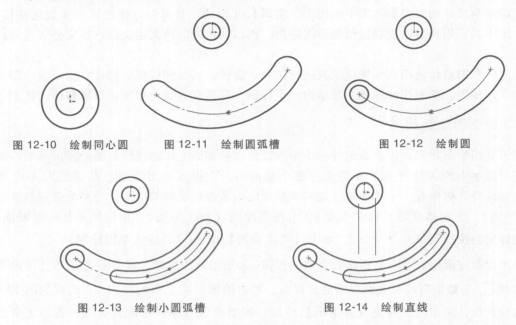

图 12-10 绘制同心圆　　图 12-11 绘制圆弧槽　　　　　　图 12-12 绘制圆

图 12-13 绘制小圆弧槽　　　　　　　　图 12-14 绘制直线

7）使用【剪裁实体】命令剪裁已绘图形多余部分并延长较短部分，如图 12-15 所示。使用【剪裁实体】命令时，按住鼠标左键并移动时为智能剪裁，会自动剪裁所碰到的线到最近交叉点，如果没有交叉点则删除该线。单击对象并移动鼠标时为延长该对象，当选择参考对象时将延长至所选对象。

8）使用【绘制圆角】命令绘制四个相交点的圆角，如图 12-16 所示。

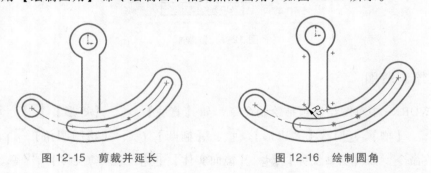

图 12-15 剪裁并延长　　　　　　　　图 12-16 绘制圆角

12.2.3 添加约束

草图绘制只完成了基本轮廓，要达到要求还需要添加约束。SOLIDWORKS 中约束分为两类：一类是几何约束，如【水平】━━、【竖直】┃、【相等】＝、【同心】◎、【相切】♂、【平行】＼、【对称】▨ 等；另一类是尺寸约束，通过添加尺寸将对象定义成所需值。在添加约束时通常几何约束优先添加。

对上一节所绘草图添加约束。

1）由于两条竖直直线需要沿上方圆的圆心两侧对称，所以先绘制一条中心线作为参考，如图 12-17 所示。【中心线】 是【直线】命令的二级命令，SOLIDWORKS 中中心线为构造线，不参与模型特征的生成，草图所有图线均可在实体线与构造线之间切换，单击草图线后在快捷工具栏中单击【构造几何线】按钮 进行切换，反之亦然。

2）按住<Ctrl>键，选择两条竖直线与上一步绘制的中心线，选择【对称】几何关系，结果如图 12-18 所示。

3）按住<Ctrl>键，选择上方圆的圆心与下方小圆弧槽左侧圆弧圆心，选择【竖直】几何关系，结果如图 12-19 所示。

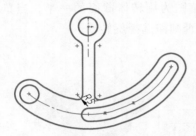

图 12-17　绘制中心线

图 12-18　添加对称关系

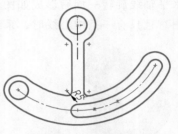

图 12-19　添加竖直关系

4）为了标注圆弧槽相关的角度尺寸，绘制两条过圆心的辅助线，如图 12-20 所示。

5）使用【智能尺寸】命令 标注尺寸，如图 12-21 所示。当草图约束完全定义后，所有草图线均变为黑色，如有未变为黑色的草图线，检查有没有未定义的对象，如果出现黄色或红色，则草图过定义，删除过定义的约束。

6）为了看清草图，以上图形均隐藏了几何约束标记，可以在前导视图【隐藏/显示类型】 中通过【观阅草图几何关系】 打开或关闭，当打开时如图 12-22 所示。

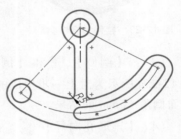

图 12-20　绘制辅助线

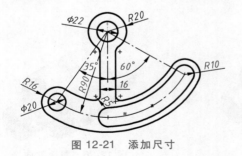

图 12-21　添加尺寸

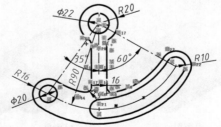

图 12-22　观阅草图几何关系

12.3　零件建模

通过特征命令可以将绘制完成的草图生成三维模型，或对已有的模型进行编辑操作。SOLIDWORKS 中提供了大量的特征生成工具，通过草图增加材料或去除材料生成、编辑已有特征。

12.3.1　常用特征命令

（1）【拉伸凸台/基体】和【拉伸切除】　通过封闭的草图增加一定的厚度形成实体模型或切除已有模型，如对上一节绘制的草图使用【拉伸凸台/基体】命令，给定【深度】值为"20"时，结果如图 12-23 所示。

（2）【旋转凸台/基体】和【旋转切除】　对封闭草图绕中心轴旋转一定角度形成实体模型或切除已有模型，是生成轴类模型的主要方法。图 12-24a 所示为封闭草图，绕水平轴线旋转一周后形成如图 12-24b 所示模型。旋转所用草图为旋转体截面的一半，当草图有且只有一条中心线时，系统自动以该中心线为旋转轴，否则需选择旋转轴。

图 12-23　拉伸凸台/基体

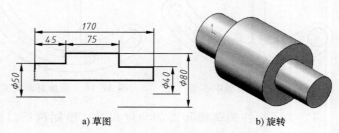

a) 草图　　　　　　　b) 旋转

图 12-24　旋转凸台/基体

（3）【倒圆】和【倒角】　对已有的实体模型边线进行倒圆和倒角，如图 12-25a 所示为对上一步生成的轴类模型轴肩倒圆 R5mm 的结果，如图 12-25b 所示为对其端面倒角 C5mm 的结果。

（4）【异形孔向导】　此命令生成各种类型的孔，如柱形沉孔、锥形沉孔、螺孔等。在使用该命令生成孔时可以选择孔规格，如果系统所带规格满足不了要求，可以通过自定义输入所需孔规格。如图 12-26 所示，使用该命令在轴上生成一沉孔，在轴端生成一 M10 螺孔。

a) 倒圆　　　　　　　b) 倒角

图 12-25　倒圆和倒角

图 12-26　异形孔向导

（5）【线性阵列】、【圆周阵列】、【镜向】　这些命令用于快速生成多个相同的特征：【线性阵列】在一个线性方向或两个线性方向同时复制多个特征；【圆周阵列】在圆周方向复制多个特征；【镜向】在参考面的另一侧复制对称特征。如图 12-27 所示，绕回转体轴线的圆周方向复制多个孔特征。

（6）【抽壳】　将已有实体模型保留一定厚度形成壳体，如图 12-28 所示为将前面所生成的拉伸实体，保留 2mm 厚度并将表面移去形成的壳体。

（7）【肋】  通过肋的外边缘草图线快速生成肋，其生成原理是向已有实体方向填充一定厚度的材料，如图 12-29 所示。

图 12-27　圆周阵列　　　　图 12-28　抽壳　　　　图 12-29　肋

12.3.2　材料赋予

零件建模完成后，只有赋予了材料，才具备确定的物理属性，如质量、惯性矩等。分析功能时还需进一步确定泊松比、弹性模量、屈服强度等属性，而这些均依赖于材料的定义。

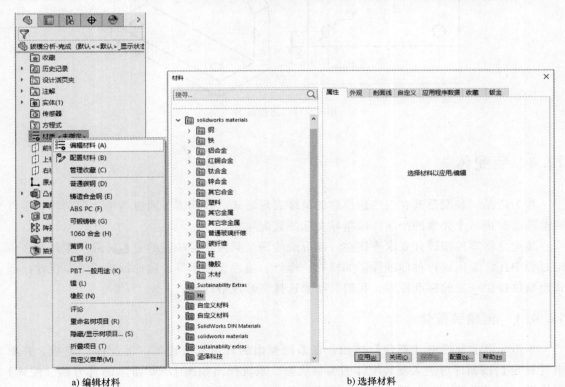

a) 编辑材料　　　　　　　　　　　　b) 选择材料

图 12-30　材料赋予

在设计树上的【材质】上右击，弹出如图 12-30a 所示快捷菜单，选择【编辑材料】命令，系统弹出如图 12-30b 所示【材料】对话框，在左侧材料库中选择所需的材料后，单击

【应用】按钮，再单击【关闭】按钮，退出材料选择，此时在设计树上可以看到所选择的材料。

材料赋予后可以通过【评估】→【质量属性】命令 ⚖ 查看当前模型的相关物理属性。

12.3.3 建模练习

创建如图 12-31 所示图样的三维模型。

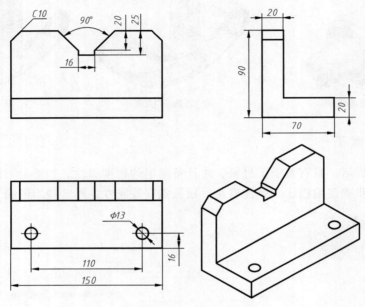

图 12-31　建模练习

12.4　装配体

作为产品，装配是其在三维建模中的最终表现形式。我们需要通过各种装配功能将零件或部件装配成一个完整的产品，以指导实际的装配生产。

装配是将零件按设计要求连接在一起形成能满足某种特定功能的过程。除了零件外，装配过程中还需要用到各种标准件，如螺钉、螺母、垫片、轴承等，这些标准件无须设计，通常由软件提供一定的标准件库，我们只需要选择型号规格即可。

12.4.1 创建装配体

单击标准工具栏中【新建】按钮，在系统弹出的对话框中选择"装配体"模板，并单击【确定】按钮即可进入新装配体的编辑状态。系统弹出如图 12-32 所示的【开始装配体】对话框，该对话框中列出了当前已打开的模型清单，如果待装入的零部件处于打开状态可直接在该对话框中选择即可，如果不在列表中可单击【浏览】按钮，在弹出的【打开】对话框中选择所需装入的零部件，通常作为装配基准的零部件要首先装入并固定。后续操作需要再次插入零部件时，单击工具栏【装配体】→【插入零部件】按钮，系统会再次弹出【打开】对话框，以选择需要装入的零部件。

装配体中常常涉及各种各样的标准件，为了减少不必要的标准件建模时间，SOLID-WORKS 提供了专业的标准件工具 Toolbox，包含了常用的螺栓、螺母、垫片、键、轴承等。在标准工具栏中单击【选项】→【插件】按钮，弹出如图 12-33 所示【插件】对话框，选中【SOLIDWORKSToolbox Library】。当 Toolbox 启用后，在任务栏的设计库中会出现标准件清单列表供选用。

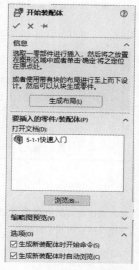

图 12-32 【开始装配体】对话框

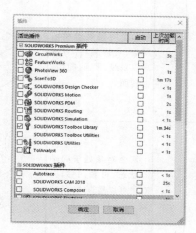

图 12-33 启用 Toolbox

12.4.2 常用配合关系

每个零部件在空间均有 6 个自由度，3 个平移自由度与 3 个旋转自由度，配合用于在零部件之间生成约束关系，以限制零部件的自由度。常用的配合关系见表 12-1。

表 12-1 常用的配合关系

序号	符号	名称	描述	示例	示例说明
1		重合	两个对象处于重合状态，没有间隙，对象可以是点、线、面		三棱柱的棱边与长方体的侧面重合，顶面重合，此时三棱柱可以移动并可绕重合边旋转
2		平行	两个对象处于平行状态，距离任意，对象可以是直线、平面		三棱柱的侧面与长方体的侧面平行，顶面平行，此时三棱柱可以移动不可旋转

（续）

序号	符号	名称	描述	示例	示例说明
3	⊥	垂直	两个对象处于垂直状态，夹角90°，对象可以是直线、平面、曲面	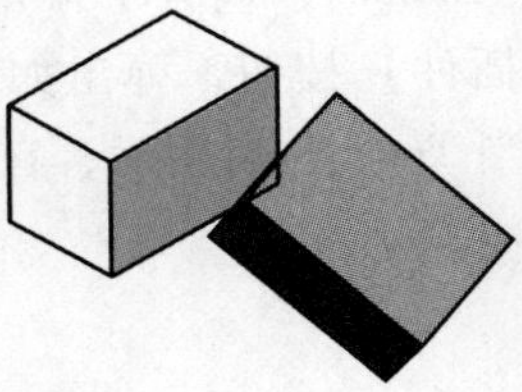	三棱柱的侧面与长方体的侧面垂直，三棱柱可以移动，非垂直限制方向可以旋转，注意这里容易产生误解，所选面默认为无限大，并不受限于其形状，这也是示例为什么看起来斜的原因
4	⌀	相切	两个对象处于相切状态，可以旋转，对象可以是线、平面、曲面、回转面	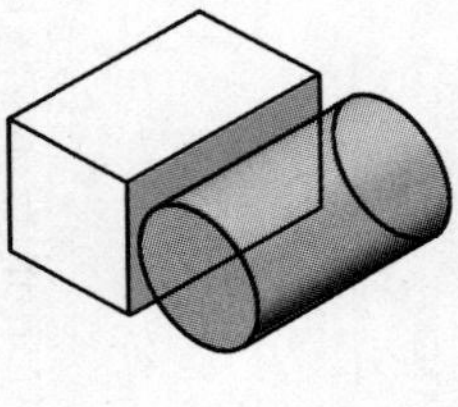	圆柱面与长方体侧面相切，相切限定的径向方向无法移动，无法绕切平面上且与切边垂直的线旋转
5	◎	同轴心	两个对象处于同轴心状态，可轴向移动，对象可以是直线、回转面	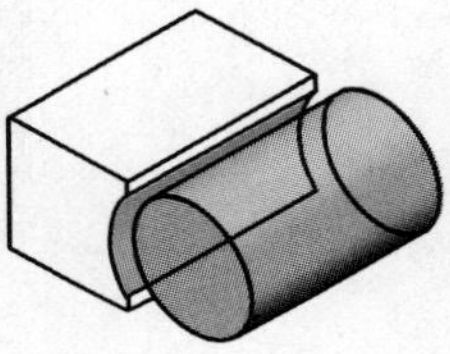	圆柱面与长方体圆弧槽同轴心，圆柱体可以轴向移动及旋转
6	🔒	锁定	两个对象全相关，无相对运动，对象任意		圆柱体与长方体锁定，任何移动旋转均同步，无相对运动
7	↔	距离	两个对象间的距离固定，距离尺寸为0时与重合作用相同，对象可以是点、线、面	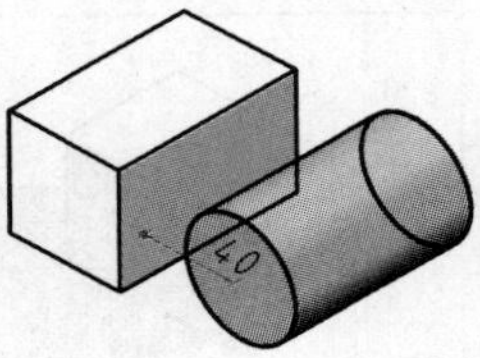	圆柱体与长方体侧面有距离，距离方向无法移动与旋转，当选择对象为回转体时，距离以回转体中心轴为参考
8	 ↱	角度	两个对象间的夹角固定，当角度为90°时与垂直作用相同，对象可以是直线、平面	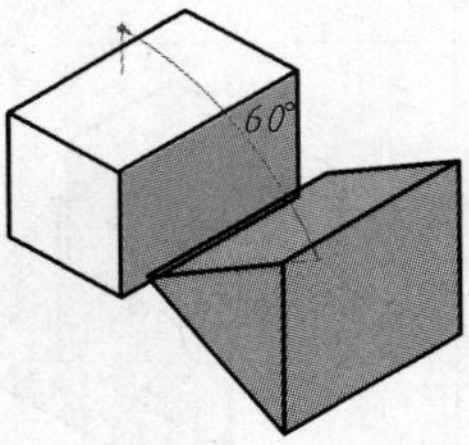	三棱柱侧面与长方体侧面有角度，角度定义的方向不能旋转，其他任意

12.4.3　配合关系的添加

配合关系的添加主要有两种方法。

1）单击工具栏中【装配体】→【配合】按钮 ，弹出如图 12-34 所示【配合】属性框，在【配合选择】中选择所需配合的对象，选择完成后在下方选择所需要的配合关系，再单击【确定】按钮，完成配合关系的添加。当所选对象不适合某种配合关系时，该配合关系会自动变为灰色不可选状态。

2）按住<Ctrl>键，用鼠标单击选择待装配零部件的配合参考对象，选择完成后松开<Ctrl>键，此时会弹出如图 12-35 所示的配合关联工具栏，再根据需要选择所需要的配合关系即可完成配合。选择对象不同则配合关联工具栏中可选的配合关系也不同，取决所选对象的性质。

图 12-34　【配合】属性框

12.4.4　装配体练习

以图 10-21 所示截止阀为基础，将其所有零件拆画为零件模型后进行装配。

图 12-35　配合关联工具栏

12.5　工程图

工程图作为设计人员之间传递设计信息，部门间沟通信息的纽带，加工生产的主要依据，在工程领域有着不可或缺的地位。虽然三维设计有着全面的应用场景，近年来 MBD 技术也有着长足的发展，但在大多数情况下还需要通过工程图表达三维所不便表达的信息，如尺寸精度、几何公差、加工要素、工艺要求等仍需要借助二维工程图进行表达，因此创建合理、合规的工程图仍是工程技术人员的基本能力要求。

12.5.1　零件工程图

打开 12.3.3 节所创建的模型，单击标准工具栏上的【新建】→【从零件/装配体制作工程图】按钮，弹出如图 12-36 所示工程图模板选择对话框。

选择"gb_ a3"模板，系统进入工程图环境并在任务栏打开【视图调色板】，如图 12-37 所示。选择合适的视图作为主视图，在这里选择"右视"为主视图，将其拖至工程图区域，生成主视图后自动进入【投影视图】操作，移动鼠标会看到相应的视图预览，如果视图与期望的一致单击鼠标即可生成，在此我们生成俯视图、左视图、轴测图，结果如图 12-38 所示。如果位置有差异，可在【确定】后再通过鼠标拖动进行调整。

单击【注解】→【模型项目】按钮 ，将【来源】选择为"整个模型"，单击【确定】按钮，生成如图 12-39 所示尺寸。

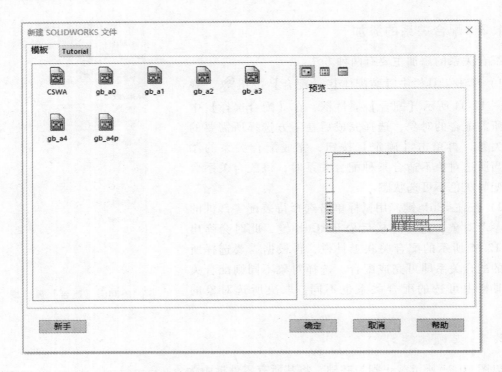

图 12-36　模板选择

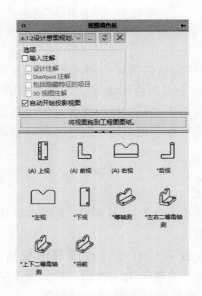

图 12-37　视图调色板

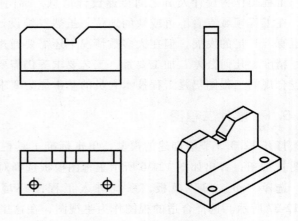

图 12-38　基本视图生成

　　此时可以发现尺寸比较杂乱，这是因为尺寸的排列默认是参考模型中尺寸的位置。如果模型中尺寸标注规范，那么在这里自动生成的尺寸也将较规范。

　　框选中所有尺寸，松开鼠标时出现如图 12-40a 所示的尺寸编辑图标，将鼠标移至该图标

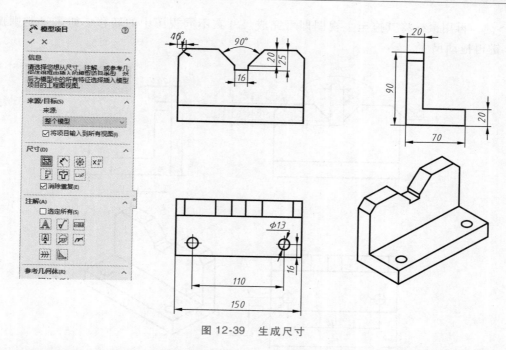

图 12-39　生成尺寸

上，会展开该图标，如图 12-40b 所示，单击左下角的【自动排列尺寸】按钮，系统按【文档属性】中定义的规则自动排列尺寸，结果如图 12-40c 所示，此时的尺寸排列已较为规范。

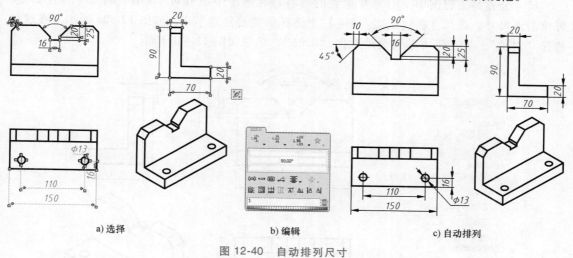

a) 选择　　　　　　　　　　　b) 编辑　　　　　　　　　　　c) 自动排列

图 12-40　自动排列尺寸

　　通过【模型项目】生成的尺寸将保持与模型的双向关联性，在模型中更改尺寸，工程图中尺寸会相应更改，同样在工程图中也可对尺寸进行更改，更改后会驱动模型同步修改，这也是参数化建模的一大优势。虽然大多尺寸均可通过【模型项目】生成，但不是每一个尺寸均符合标注要求，此时就需要在【选项】→【文档属性】→【绘图标准】中进行定义。

　　个别尺寸不合理需要删除并重新标注，此处将倒角的标注删除并通过【注解】→【智能标注】→【倒角尺寸】按钮进行标注，结果如图 12-41 所示。部分尺寸标注所对应的视图需要调整，如图 12-41 所示的总长尺寸"150"需要移至主视图中表达，此时可以按住

<Shift>键，再用鼠标将其拖至主视图即可完成尺寸在不同视图中的转移，如需复制则按住
<Ctrl>键再拖动尺寸。

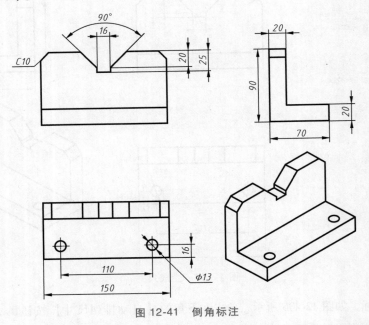

图 12-41　倒角标注

　　尺寸公差是工程图中一个非常重要的内容，在该图中需要对"110"的尺寸标注公差，
可单击该尺寸，在尺寸的【公差/精度】中选择所需的公差形式，如图 12-42a 所示。在这里
选择"对称"，并在下方输入公差数值"0.06"，结果如图 12-42b 所示。

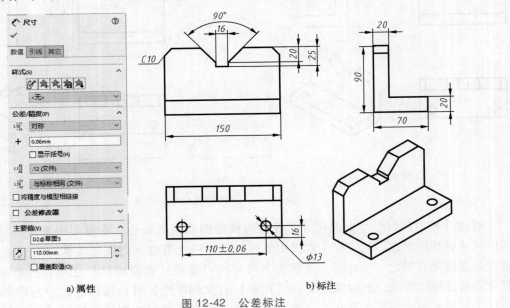

a) 属性　　　　　　　　　　　　　　　　　b) 标注

图 12-42　公差标注

　　在标注位置公差前需先标注基准符号，单击【注解】→【基准特征】按钮 🅰 ，弹出如
图 12-43a 所示对话框，选择所需的参数后在图形区选择基准符号的参考线并放在合适的位

置，如图 12-43b 所示，标注完成后再单击【确定】按钮退出。

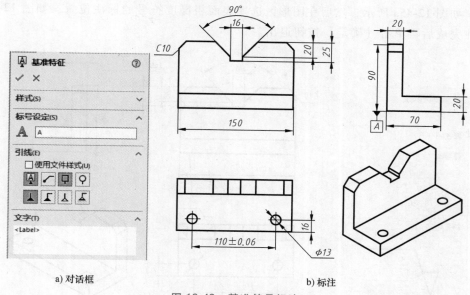

a) 对话框　　　　　　　　　　　　　b) 标注

图 12-43　基准符号标注

单击【注解】→【形位公差[⊖]】按钮 ，弹出如图 12-44a 所示对话框，符号中选择"垂直"，公差 1 中输入值"0.08"，主要中输入"A"，输入时图形区会实时显示结果的预览，注意此时不要退出【形位公差】对话框，可以将其移至一侧，然后选择需标注的位置再单击【确定】按钮退出，如位置不合理可直接用鼠标拖动调整而不要再次进入【形位公差】对话框，结果如图 12-44b 所示。

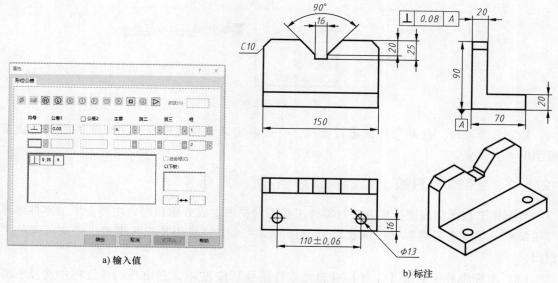

a) 输入值

b) 标注

图 12-44　形位公差标注

⊖　国家标准中"形位公差"已修改为"几何公差"，为与软件保持一致，此章仍用"形位公差"。

单击【注解】→【表面粗糙度符号】按钮 ✓，在其对话框中选择所需的"符号"并输入所需值，如图 12-45a 所示，然后在图形区选择表面粗糙度符号的标注位置，如图 12-45b 所示，标注完成后再单击【确定】按钮退出。

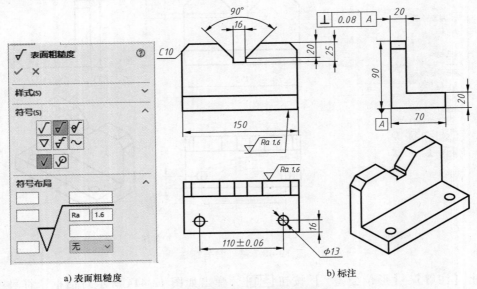

a) 表面粗糙度　　　　　　　　　　　　　　b) 标注

图 12-45　表面粗糙度标注

工程图中的技术要求之类的文字说明内容可通过【注释】标注，单击【注解】→【注释】按钮 **A**，在图形区选择标注位置后输入所需的注释文字，如图 12-46 所示，可以通过【格式化】工具栏对当前所输文字进行格式定义。

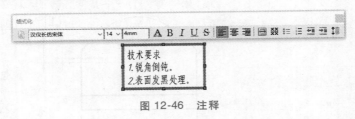

图 12-46　注释

标题栏可以按"注释"方法进行填写，也可以定义工程图模板时将标题栏信息关联至模型的对应信息。

12.5.2　装配体工程图

装配体工程图的视图生成方法与零件工程图的视图生成方法相同，主要会增加零件序号与明细栏（软件中名称为"明细表"）。打开 12.4.4 节生成的装配体模型，生成所需的工程图。

（1）生成序号　单击【注解】→【自动零件序号】按钮 ⚲，在出现的属性框中选择所需的【阵列类型】，如图 12-47 所示，系统的序号默认是按三维装配体中的装配顺序生成。生成的序号可以根据需要在属性栏中进行调整。

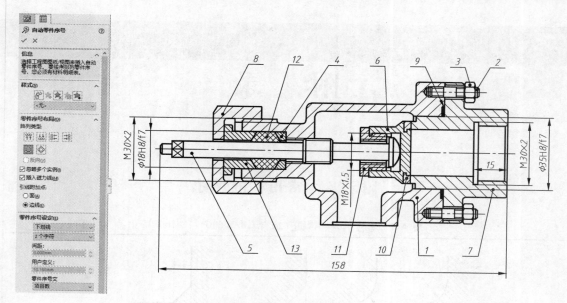

图 12-47　生成序号

（2）生成明细表　单击【注解】→【材料明细表】按钮，提示选择与材料明细表关联的视图，在【材料明细表】的【表格模板】中选择"gb-bom-material"模板，单击【确定】按钮，出现明细表预览，将其放在合适的位置，如图 12-48 所示。

13	填料压盖	1	20	0.027	0.027	
12	填料	1	毛毡	0.002	0.002	
11	锁止套	1	ZCuZn38	0.018	0.018	
10	密封圈	1	耐油橡胶	0.001	0.001	
9	密封垫	1	耐油橡胶	0.001	0.001	
8	螺母	1	Q235	0.109	0.109	
7	阀座	1	HT150	0.305	0.305	
6	阀门	1	ZCuZn38	0.046	0.046	
5	阀杆	1	45	0.050	0.050	
4	垫圈	1	20	0.006	0.006	
3	螺母	4	Q235	0.002	0.008	GB/T 6175—2016
2	双头螺柱	4	Q235	0.003	0.012	GB 898—1988
1	阀体	1	HT150	0.515	0.515	
序号	名称	数量	材料	单重	总重	备注

图 12-48　生成明细表

关于零部件属性、标准件属性、工程图模板创建，可参考机械工业出版社出版的《SOLIDWORKS 参数化建模教程》（ISBN 978-7-111-68573-9）一书。

附　录

附录 A　常用标准尺寸

表 A-1　零件倒角和倒圆（摘自 GB/T 6403.4—2008）　　　（单位：mm）

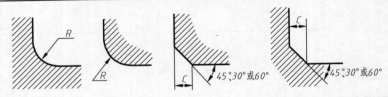

直径 φ	<3	3~6	>6~10	>10~18	>18~30	>30~50	>50~80	>80~120	>120~180
C 或 R	0.2	0.4	0.6	0.8	1.0	1.6	2.0	2.5	3.0

注：倒角一般均用 45°，也允许用 30°、60°。

表 A-2　砂轮越程槽（摘自 GB/T 6403.5—2008）　　　（单位：mm）

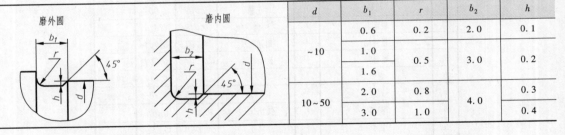

d	b_1	r	b_2	h
~10	0.6	0.2	2.0	0.1
	1.0	0.5	3.0	0.2
	1.6			
10~50	2.0	0.8	4.0	0.3
	3.0	1.0		0.4

表 A-3　普通螺纹直径与螺距系列（摘自 GB/T 193—2003、GB/T 196—2003）

（单位：mm）

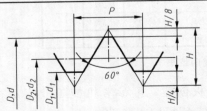

$$D_1 = d_1 = D - 2 \times \frac{5}{8} H$$

$$D_2 = d_2 = D - 2 \times \frac{3}{8} H$$

$$H = 0.866025404P$$

公称直径 D,d		螺距 P		中径 D_2,d_2	小径 D_1,d_1
第 1 系列	第 2 系列	粗牙	细牙	粗牙	
3		0.5	0.35	2.675	2.459
	3.5	0.6	0.35	3.110	2.850

（续）

公称直径 D,d		螺距 P		中径 D₂,d₂	小径 D₁,d₁
第1系列	第2系列	粗牙	细牙	\(中径 D_2,d_2\) 粗牙	粗牙
4		0.7		3.545	3.242
	4.5	0.75	0.5	4.013	3.688
5		0.8		4.480	4.134
6		1	0.75	5.350	4.917
8		1.25	1,0.75	7.188	6.647
10		1.5	1.25,1,0.75	9.026	8.376
12		1.75	1.25,1	10.863	10.106
	14	2	1.5,1.25,1	12.701	11.835
16		2	1.5,1	14.701	13.835
	18	2.5	2,1.5,1	16.376	15.294
20		2.5	2,1.5,1	18.376	17.294
	22	2.5	2,1.5,1	20.376	19.294
24		3	2,1.5,1	22.051	20.752
	27	3	2,1.5,1	25.051	23.752
30		3.5	（3），2,1.5,1	27.727	26.211
	33	3.5	（3），2,1.5	30.727	29.211
36		4	3,2,1.5	33.402	31.670

注：1. 螺纹公称直径应优先选用第1系列，第3系列未列入。
2. 括号内的螺距尽可能不用。
3. M14×1.25 仅用于火花塞。

表 A-4 梯形螺纹（摘自 GB/T 5796.2—2005）　　　（单位：mm）

公称直径	第1系列	10		12		16		20		24		28		32		36		40		44		48		52		60
	第2系列		11		14		18		22		26		30		34		38		42		46		50		55	
螺距	优先选用	2		3		4		5			6			7			8			9	
	一般选用	1.5	3		2			3,8			3,10				3,12			3,14	

表 A-5 55°非密封管螺纹（摘自 GB/T 7307—2001）　　　（单位：mm）

尺寸代号	每25.4mm 内所包含的牙数 n	螺距 P	基本直径	
			大径 d = D	小径 d₁ = D₁
1/8	28	0.907	9.728	8.566
1/4	19	1.337	13.157	11.445
3/8			16.662	14.950
1/2	14	1.814	20.955	18.631
5/8			22.911	20.587
3/4			26.441	24.117
7/8			30.201	27.877
1	11	2.309	33.249	30.291
1⅛			37.897	34.939
2			59.614	56.656
2⅛			75.184	72.226
3			87.884	84.926
3⅛			100.330	97.372

表 A-6　紧固件通孔及沉头座尺寸（摘自 GB/T 5277—1985、GB/T 152.2—2014、GB/T 152.3—1988、GB/T 152.4—1988）　（单位：mm）

螺纹规格 d		M4	M5	M6	M8	M10	M12	M14	M16	M18	M20	M22	M24	M30	M36
通孔直径 d_h	精装配	4.3	5.3	6.4	8.4	10.5	13	15	17	19	21	23	25	31	37
	中等装配	4.5	5.5	6.6	9	11	13.5	15.5	17.5	20	22	24	26	33	39
	粗装配	4.8	5.8	7	10	12	14.5	16.5	18.5	21	24	26	28	35	42
用于沉头螺钉 GB/T 152.2—2014（90°±1°）	D_c	9.4	10.4	11.5	12.6	17.3	20								
	$t \approx$	2.55	2.58	2.88	3.1	4.28	4.65								
	d_h	4.5	5.5	6	6.6	9	11								
用于内六角圆柱头螺钉 GB/T 152.3—1988	d_2	8	10	11	15	18	20	24	26	33		40		48	57
	t	4.6	5.7	6.8	9	11	13	15	17.5	21.5		25.5		32	38
	d_3	—	—	—	—	16	18	20	24			28		36	42
	d_1	4.5	5.5	6.6	9	11	13.5	15.5	17.5	22		26		33	39
用于开槽圆柱头螺钉和内六角花形圆柱头螺钉	d_2	8	10	11	15	18	20	24	26	33					
	t	3.2	4	4.7	6	7	8	9	10.5	12.5					
	d_3	—	—	—	—	16	18	20	24						
	d_1	4.5	5.5	6.6	9	11	13.5	15.5	17.5	22					
用于六角头螺栓和六角螺母 GB/T 152.4—1988	d_2	10	11	13	18	22	26	30	33	36	40	43	48	61	71
	t	只要能制出与通孔轴线垂直的圆平面即可													
	d_3	—	—	—	—	16	18	20	22	24	26	28		36	42
	d_1	4.5	5.5	6.6	9	11	13.5	15.5	17.5	20	22	24	26	33	39

附录 B　常用标准件

表 B-1　六角头螺栓　　　　　　　　　　　　　　　　　　　　　（单位：mm）

六角头螺栓—A 和 B 级（GB/T 5782—2016）　　六角头螺栓—全螺纹—A 和 B 级（GB/T 5783—2016）

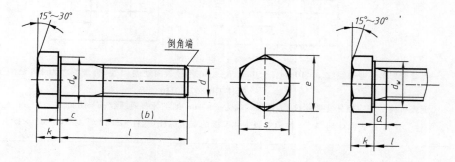

标记示例

螺纹规格为 M12、公称长度 $l=80$mm、性能等级为 8.8 级、不经表面处理、产品等级为 A 级的六角头螺栓：

螺栓 GB/T 5782　M12×80

螺纹规格为 M12、公称长度 $l=80$mm、全螺纹、性能等级为 8.8 级、不经表面处理、产品等级为 A 级的六角头螺栓：

螺栓 GB/T 5783　M12×80

螺纹规格			M4	M5	M6	M8	M10	M12	M16	M20	M24	M30	M36
s			7	8	10	13	16	18	24	30	36	46	55
k			2.8	3.5	4	5.3	6.4	7.5	10	12.5	15	18.7	22.5
e(min)		A 级	7.66	8.79	11.05	14.38	17.77	20.03	26.75	33.53	39.98	50.85	60.79
		B 级	7.5	8.63	10.89	14.20	17.59	19.85	26.17	32.95	39.55	50.85	60.79
d_w(min)		A 级	5.88	6.88	8.88	11.63	14.63	16.63	22.49	28.19	33.61	—	—
		B 级	5.74	6.74	8.74	11.47	14.47	16.47	22	27.7	33.25	42.75	51.11
c			0.4	0.5	0.5	0.6	0.6	0.6	0.8	0.8	0.8	0.8	0.8
GB/T 5782 —2016	b 参考	$l≤125$	14	16	18	22	26	30	38	46	54	66	78
		$125<l≤200$	20	22	24	28	32	36	44	52	60	72	84
		$l>200$	33	35	37	41	45	49	57	65	73	85	97
	l 范围		25~40	25~50	30~60	40~80	45~100	50~120	65~160	80~200	90~240	110~300	140~360
GB/T 5783 —2016	a (max)		2.1	2.4	3	3.75	4.5	5.25	6	7.5	9	10.5	12
	l 范围		8~40	10~50	12~60	16~80	20~100	25~120	30~50	40~50	50~150	60~200	70~200
l 系列			2,3,4,5,6,8,10,12,16,20,25,30,35,40,45,50,55,60,70~160（10 进位），180~360（20 进位）										

注：1. A 级用于 $d=1.6~24$mm 和 $l≤10d$ 或 $l≤150$mm 的螺栓；B 级用于 $d>24$mm 和 $l>10d$ 或 $l>150$mm 的螺栓。

2. a 为螺杆上具有螺尾部分的长度。

表 B-2 双头螺柱　　　　　　　　　　　　　　　（单位：mm）

$b_\mathrm{m} = 1d$（GB 897—1988），$b_\mathrm{m} = 1.25d$（GB 898—1988）

$b_\mathrm{m} = 1.5d$（GB/T 899—1988），$b_\mathrm{m} = 2d$（GB/T 900—1988）

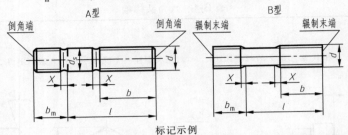

标记示例

两端均为粗牙普通螺纹、$d = 10\mathrm{mm}$、$l = 50\mathrm{mm}$、$b_\mathrm{m} = 1d$、不经表面处理、B 型、性能等级为 4.8 级的双头螺柱：

螺柱 GB 897　M10×50

旋入机体一端为粗牙普通螺纹、旋螺母一端为 $P = 1\mathrm{mm}$ 的细牙普通螺纹、$d = 10\mathrm{mm}$、$l = 50\mathrm{mm}$、$b_\mathrm{m} = 1.25d$、

不经表面处理、A 型、性能等级为 4.8 级的双头螺柱：螺柱 GB 898　AM10—M10×1×50

螺纹规格 d	b_m				l/b
	GB 897—1988	GB 898—1988	GB 899—1988	GB 900—1988	
M4	—	—	6	8	$(16\sim20)/8，(25\sim45)/14$
M5	5	6	8	10	$(16\sim22)/10，(25\sim50)/16$
M6	6	8	10	12	$(20\sim22)/10，(25\sim30)/14，(32\sim75)/18$
M8	8	10	12	16	$(20\sim22)/12，(25\sim30)/16，(32\sim90)/22$
M10	10	12	15	20	$(25\sim28)/14，(30\sim38)/16，(40\sim120)/26，130/32$
M12	12	15	18	20	$(25\sim30)/16，(32\sim40)/20，(45\sim120)/30，(130\sim180)/36$
M16	16	20	24	32	$(30\sim38)/20，(40\sim55)/30，(60\sim120)/38，(130\sim200)/44$
M20	20	25	30	40	$(35\sim40)/25，(45\sim65)/35，(70\sim120)/46，(130\sim200)/52$
M24	24	30	36	48	$(45\sim50)/30，(55\sim75)/45，(80\sim120)/54，(130\sim200)/60$
M30	30	38	45	60	$(60\sim65)/40，(70\sim90)/50，(95\sim120)/66，(130\sim220)/72，(210\sim250)/85$
M36	36	45	54	72	$(65\sim75)/45，(80\sim110)/60，120/78，(130\sim200)/84，(210\sim300)/97$
l 系列	16,(18),20,(22),25,(28),30,(32),35,(38),40,45,50,(55),60,(65),70,(75),80,(85),90,(95),100,110,120,130,140,150,160,170,180,190,200,210,220,230,240,250,260,280,300				

注：1. 尽可能不用括号内的规格。

2. $d_\mathrm{s} \approx$ 螺纹中径，$X = 2.5P$（螺距）。

表 B-3　螺母　　　　　　　　　　　　　　　（单位：mm）

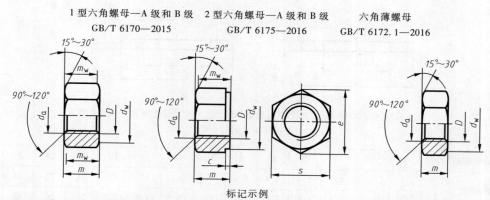

1 型六角螺母—A 级和 B 级　　2 型六角螺母—A 级和 B 级　　六角薄螺母
GB/T 6170—2015　　　　　　　GB/T 6175—2016　　　　GB/T 6172.1—2016

标记示例

螺纹规格为 M12、性能等级为 8 级、不经表面处理、产品等级为 A 级的 1 型六角螺母：螺母 GB/T 6170　M12

螺纹规格为 M12、性能等级为 04 级、不经表面处理、产品等级为 A 级的六角薄螺母：螺母 GB/T 6172.1　M12

螺纹规格 D		M5	M6	M8	M10	M12	M16	M20	M24	M30	M36
e(min)		8.79	11.05	14.38	17.77	20.03	26.75	32.95	39.55	50.85	60.79
s	max	8	10	13	16	18	24	30	36	46	55
	min	7.78	9.78	12.73	15.73	17.73	23.67	29.16	35	45	53.8
d_w(min)		6.9	8.9	11.6	14.6	16.6	22.5	27.7	33.2	42.7	51
d_a(max)		5.75	6.75	8.75	10.8	13	17.3	21.6	25.9	32.4	38.9
c(max)		0.5	0.5	0.6	0.6	0.6	0.8	0.8	0.8	0.8	0.8
m_w(min)		3.5	3.9	5.2	6.4	8.3	11.3	13.5	16.2	19.4	23.5
GB/T 6170—2015 m	max	4.7	5.2	6.8	8.4	10.8	14.8	18	21.5	25.6	31
	min	4.4	4.9	6.44	8.04	10.37	14.1	16.9	20.2	24.3	29.4
GB/T 6172.1—2016 m	max	2.7	3.2	4	5	6	8	10	12	15	18
	min	2.45	2.9	3.7	4.7	5.7	7.42	9.1	10.9	13.9	16.9
GB/T 6175—2016 m	max	5.1	5.7	7.5	9.3	12	16.4	20.3	23.9	28.6	34.7
	min	4.8	5.4	7.14	8.94	11.57	15.7	19	22.6	27.3	33.1

注：A 级用于 $D \leqslant 16$mm 的螺母；B 级用于 $D > 16$mm 的螺母。

表 B-4 垫圈　　　　　　　　　　　　　　　　　　　　　　　（单位：mm）

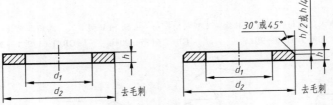

小垫圈—A 级	平垫圈—A 级	平垫圈倒角型—A 级	平垫圈—C 级
GB/T 848—2002	GB/T 97.1—2002	GB/T 97.2—2002	GB/T 95—2002

标记示例

标准系列、公称规格 8mm、硬度等级为 200HV 级、不经表面处理的 A 级平垫圈：

垫圈 GB/T 97.1 8

公称规格（螺纹大径 d）			4	5	6	8	10	12	14	16	20	24	30	36
内径 d_1	产品等级	A	4.3	5.3	6.4	8.4	10.5	13	15	17	21	25	31	37
		C	4.5	5.5	6.6	9	11	13.5	15.5	17.5	22	26	33	39
GB/T 848—2002	外径 d_2		8	9	11	15	18	20	24	28	34	39	50	60
	厚度 h		0.5	1	1.6	1.6	1.6	2	2.5	2.5	3	4	4	5
GB/T 97.1—2002 GB/T 97.2—2002 GB/T 95 —2002	外径 d_2		9	10	12	16	20	24	28	30	37	44	56	66
	厚度 h		0.8	1	1.6	1.6	2	2.5	2.5	3	3	4	4	5

注：硬度等级 200HV 表示材料钢的硬度，HV 表示维氏硬度，200 表示硬度值。

表 B-5 标准型弹簧垫圈（摘自 GB 93—1987）　　　　　　　（单位：mm）

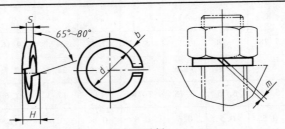

标记示例

规格 16mm、材料为 65Mn、表面氧化的标准型弹簧垫圈：

垫圈 GB 93 16

规格（螺纹大径）		4	5	6	8	10	12	16	20	24	30
d	min	4.1	5.1	6.1	8.1	10.2	12.2	16.2	20.2	24.5	31.5
	max	4.4	5.4	6.68	8.68	10.9	12.9	16.9	21.04	25.5	31.5
$S(b)$	公称	1.1	1.3	1.6	2.1	2.6	3.1	4.1	5	6	7.5
	min	1	1.2	1.5	2	2.45	2.95	3.9	4.8	5.8	7.2
	max	1.2	1.4	1.7	2.2	2.75	3.25	4.3	5.2	6.2	7.8
H	min	2.2	2.6	3.2	4.2	5.2	6.2	8.2	10	12	15
	max	2.75	3.25	4	5.25	6.5	7.75	10.25	12.5	15	18.75
$m \leqslant$		0.55	0.65	0.8	1.05	1.3	1.55	2.05	2.5	3	3.75

表 B-6　螺钉 (单位：mm)

开槽圆柱头螺钉（GB/T 65—2016）　　　开槽盘头螺钉（GB/T 67—2016）　　　开槽沉头螺钉（GB/T 68—2016）

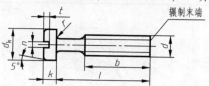

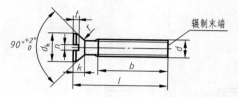 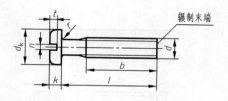

标记示例

螺纹规格为 M5、公称长度 l = 20mm、性能等级为 4.8 级，不经表面处理的 A 型开槽圆柱头螺钉：

螺钉 GB/T 65　M5×20

螺纹规格 d		M1.6	M2	M2.5	M3	M4	M5	M6	M8	M10
P(螺距)		0.35	0.4	0.45	0.5	0.7	0.8	1	1.25	1.5
b(min)		25				38				
n		0.4	0.5	0.6	0.8	1.2	1.2	1.6	2	2.5
GB/T 65—2016	d_k(公称：max)	3	3.8	4.5	5.5	7	8.5	10	13	16
	k(公称：max)	1.1	1.4	1.8	2	2.6	3.3	3.9	5	6
	t(min)	0.45	0.6	0.7	0.85	1.1	1.3	1.6	2	2.4
	r(min)	0.1				0.2	0.2	0.25	0.4	0.4
	l	2~16	3~20	3~25	4~30	5~40	6~50	8~60	10~80	12~80
	全螺纹时最大长度	30				40				
GB/T 67—2016	d_k(公称：max)	3.2	4	5	5.6	8	9.5	12	16	20
	k(公称：max)	1	1.3	1.5	1.8	2.4	3	3.6	4.8	6
	t(min)	0.35	0.5	0.6	0.7	1	1.2	1.4	1.9	2.4
	r(min)	0.1				0.2	0.2	0.25	0.4	0.4
	l	2~16	2.5~20	3~25	4~30	5~40	6~50	8~60	10~80	12~80
	全螺纹时最大长度	30				40				
GB/T 68—2016	d_k(公称：max)	3	3.8	4.5	5.5	8.4	9.3	11.3	15.8	18.3
	k(公称：max)	1	1.2	1.5	1.65	2.7	2.7	3.3	4.65	5
	t(min)	0.32	0.4	0.5	0.6	1	1.1	1.2	1.8	2
	r(max)	0.4	0.5	0.6	0.8	1	1.3	1.5	2	2.5
	l	2.5~16	3~20	4~25	5~30	6~40	8~50	8~60	10~80	12~80
	全螺纹时最大长度	30				45				
l 系列		2, 2.5, 3, 4, 5, 6, 8, 10, 12, (14), 16, 20, 25, 30, 35, 40, 45,50, (55), 60, (65), 70, (75), 80								

注：1. 对 GB/T 65—2016，M1.6~M3 螺钉，公称长度 $l \leqslant 30$mm 的，制出全螺纹；M4~M10 螺钉，公称长度 $l \leqslant 40$mm 的，制出全螺纹。

2. 对 GB/T 67—2016，M1.6~M3 的螺钉，公称长度 $l \leqslant 30$mm 的，制出全螺纹；M4~M10 的螺钉，公称长度 $l \leqslant 40$mm 的，制出全螺纹。

3. 对 GB/T 68—2016，M1.6~M3 的螺钉，公称长度 $l \leqslant 30$mm 的，制出全螺纹；M4~M10 的螺钉，公称长度 $l \leqslant 45$mm 的，制出全螺纹。

表 B-7　平键、键槽的剖面尺寸（GB/T 1095—2003）、普通型平键（GB/T 1096—2003）

（单位：mm）

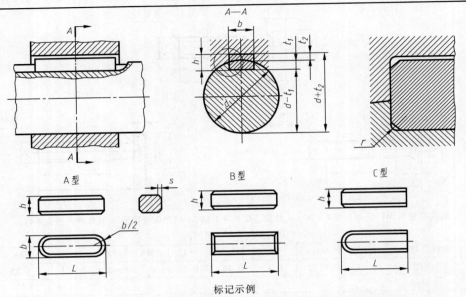

标记示例

普通 A 型平键，$b=16mm$、$h=10mm$、$L=100mm$：GB/T 1096　　　键 16×10×100

普通 B 型平键，$b=16mm$、$h=10mm$、$L=100mm$：GB/T 1096　　　键 B 16×10×100

普通 C 型平键，$b=16mm$、$h=10mm$、$L=100mm$：GB/T 1096　　　键 C 16×10×100

轴	键		键槽												
			宽度 b						深度				半径		
				极限偏差					轴 t_1		毂 t_2		r		
公称直径 d	键尺寸 $b×h$	长度 L 范围	公称尺寸 b	松联结		正常联结		紧密联结	公称尺寸	极限偏差	公称尺寸	极限偏差			s
				轴 H9	毂 D10	轴 N9	毂 JS9	轴和毂 P9					min	max	
6~8	2×2	6~20	2	+0.025 0	+0.060 +0.020	−0.004 −0.029	±0.0125	−0.006 −0.031	1.2	+0.1 0	1	+0.1 0	0.08	0.16	0.16~ 0.25
>8~10	3×3	6~36	3						1.8		1.4				
>10~12	4×4	8~45	4	+0.030 0	+0.078 +0.030	0 −0.030	±0.015	−0.012 −0.042	2.5		1.8		0.16	0.25	0.25~ 0.4
>12~17	5×5	10~56	5						3.0		2.3				
>17~22	6×6	14~70	6						3.5		2.8				
>22~30	8×7	18~90	8	+0.036 0	+0.098 +0.040	0 −0.036	±0.018	−0.015 −0.051	4.0		3.3				
>30~38	10×8	22~110	10						5.0		3.3				0.4~ 0.6
>38~44	12×8	28~140	12	+0.043 0	+0.120 +0.050	0 −0.043	±0.0215	−0.018 −0.061	5.0		3.3		0.25	0.40	
>44~50	14×9	36~160	14						5.5		3.8				
>50~58	16×10	45~180	16						6.0	+0.2 0	4.3	+0.2 0			
>58~65	18×11	50~200	18						7.0		4.4				
>65~75	20×12	56~220	20	+0.052 0	+0.149 +0.065	0 −0.052	±0.026	−0.022 −0.074	7.5		4.9				0.6~ 0.8
>75~85	22×14	63~250	22						9.0		5.4		0.4	0.6	
>85~95	25×14	70~280	25						9.0		5.4				
>95~110	28×16	80~320	28						10.0		604				
>110~130	32×18	90~360	32						11.0		7.4				
>130~150	36×20	100~400	36	+0.062 0	+0.180 +0.080	0 −0.062	±0.031	−0.026 −0.088	12.0	+0.3 0	8.4	+0.3 0	0.7	0.1	1~ 1.2
>150~170	40×22	100~400	40						13.0		9.4				
>170~200	45×25	110~450	45						15.0		10.4				
L 系列	6,8,10,12,14,16,18,20,22,25,28,32,36,40,45,50,56,63,70,80,90,100,110,125,140,160,180,200,220,250,280,320,360,400,450,500														

注：在 2003 年发布的国家标准 GB/T 1095 中取消"公称直径 d"一列，本附表增加"公称直径 d"和"长度 L 范围"两列，是为初学者在完成作业时提供方便，根据轴径来确定键尺寸 $b×h$，选定键的长度值 L；本附表中未给出普通平键的极限偏差。

表 B-8 圆柱销（GB/T 119.1—2000） （单位：mm）

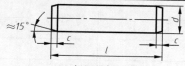

标记示例

公称直径 $d = 8$mm、公差为 m6、长度 $l = 30$mm、材料为钢、不经淬火、不经表面处理的圆柱销：

销 GB/T 119.1 8 m6×30

公称直径 $d = 6$mm、公差为 m6、公称长度 $l = 30$mm、材料为 A1 组奥氏体不锈钢、表面简单处理的圆柱销：

销 GB/T 119.1 6 m6×30-A1

d（公称）	2.5	3	4	5	6	8	10	12	16	20	25	30
$c \approx$	0.4	0.50	0.63	0.80	1.2	1.6	2.0	2.5	3.0	3.5	4.0	5.0
l	6~24	8~30	8~40	10~50	12~60	14~80	18~95	22~140	26~180	35~200	50~200	60~200
l 系列	6,8,10,12,14,16,18,20,22,24,26,28,30,32,35,40,45,50,55,60,65,70,75,80,85,90,95,100,120,140,160,180,200											

表 B-9 深沟球轴承（GB/T 276—2013） （单位：mm）

标记示例

滚动轴承 6012 GB/T 276—2013

轴承代号	尺寸			轴承代号	尺寸		
	d	D	B		d	D	B
10 系列				03 系列			
6000	10	26	8	6300	10	35	11
6001	12	28	8	6301	12	37	12
6002	15	32	9	6302	15	42	13
6003	17	35	10	6303	17	47	14
6004	20	42	12	6304	20	52	15
6005	25	47	12	6305	25	62	17
6006	30	55	13	6306	30	72	19
6007	35	62	14	6307	35	80	21
6008	40	68	15	6308	40	90	23
6009	45	75	16	6309	45	100	25
6010	50	80	16	6310	50	110	27
6011	55	90	18	6311	55	120	29
6012	60	95	18	6312	60	130	31
6013	65	100	18	6312	65	140	33
6014	70	110	20	6314	70	150	35
6015	75	115	20	6315			

（续）

轴承代号	尺寸			轴承代号	尺寸		
	d	D	B		d	D	B
02 系列				04 系列			
6200	10	30	9	6403	17	62	17
6201	12	32	10	6404	20	72	19
6202	15	35	11	6405	25	80	21
6203	17	40	12	6406	30	90	23
6204	20	47	14	6407	35	100	25
6205	25	52	15	6408	40	110	27
6206	30	62	16	6409	45	120	29
6207	35	72	17	6410	50	130	31
6208	40	80	18	6411	55	140	33
6209	45	85	19	6412	60	150	35
6210	50	90	20	6413	65	160	37
6211	55	100	21	6414	70	180	42
6212	60	11	22	6415	75	190	45
6213	65	120	23	6416	80	200	48
6214	70	125	24	6417	85	210	52

表 B-10 圆锥滚子轴承（GB/T 297—2015）　　　（单位：mm）

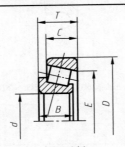

标记示例
滚动轴承 30205 GB/T 297—2015

轴承代号	尺寸						轴承代号	尺寸					
	d	D	T	B	C	E		d	D	T	B	C	E
02 系列							22 系列						
30204	20	47	15.25	14	12	37.3	32206	30	62	21.25	20	17	48.9
30205	25	52	16.25	15	13	41.1	32207	35	72	24.25	23	19	57
30206	30	62	17.25	16	14	49.9	32208	40	80	24.75	23	19	64.7
30207	35	72	18.25	17	15	58.8	32209	45	85	24.75	23	19	69.6
30208	40	80	19.75	18	16	65.7	32210	50	90	24.75	23	19	74.2
30209	45	85	20.75	19	16	70.4	32211	55	100	26.75	25	21	82.8
30210	50	90	21.75	20	17	75	32212	60	110	29.75	28	24	90.2
30211	55	100	22.75	21	18	84.1	32213	65	120	32.75	31	27	99.4
30212	60	110	23.75	22	19	91.8	32214	70	125	33.25	31	27	103.7
30213	65	120	24.75	23	20	101.9	32215	75	130	33.25	31	27	108.9
30214	70	125	26.25	24	21	105.7	32216	80	140	35.25	33	28	117.4
30215	75	130	27.25	25	22	110.4	32217	85	150	38.5	36	30	124.9
30216	80	140	28.25	26	22	119.1	32218	90	160	42.5	40	34	132.6
30217	85	150	30.5	28	24	126.6	32219	95	170	45.5	43	37	140.2
30218	90	160	32.5	30	26	134.9	32220	100	180	49	46	39	148.1

（续）

轴承代号	尺寸						轴承代号	尺寸					
	d	D	T	B	C	E		d	D	T	B	C	E
03 系列							23 系列						
30304	20	52	16.25	15	13	41.3	32304	20	52	22.25	21	18	39.5
30305	25	62	18.25	17	15	50.6	32305	25	62	25.25	24	20	48.6
30306	30	72	20.75	19	16	58.2	32306	30	72	28.75	27	23	55.7
30307	35	80	22.75	21	18	65.7	32307	35	80	32.75	31	25	62.8
30308	40	90	25.25	23	20	72.7	32308	40	90	35.25	33	27	69.2
30309	45	100	27.25	25	22	81.7	32309	45	100	38.25	36	30	78.3
30310	50	110	29.25	27	23	90.6	32310	50	110	42.25	40	33	86.2
30311	55	120	31.5	29	25	99.1	32311	55	120	45.5	43	35	94.3
30312	60	130	33.5	31	26	107.7	32312	60	130	48.5	46	37	102.9
30313	65	140	36	33	28	116.8	32313	65	140	51	48	39	111.7
30314	70	150	38	35	30	125.2	32314	70	150	54	51	42	119.7
30315	75	160	40	37	31	134	32315	75	160	58	55	45	127.8
30316	80	170	42.5	39	33	143.1	32316	80	170	61.5	58	48	136.5
30317	85	180	44.5	41	34	150.4	32317	85	180	63.5	60	49	144.2
30318	90	190	46.5	43	36	159	32318	90	190	67.5	64	53	151.7

附录 C　极限与配合

公差带代号应尽可能从图 C-1 给出的孔和轴相应的公差带代号中选取。框中所示的公差带代号应优先选取。图 C-1 中的公差带代号仅应用于不需要对公差带代号进行特定选取的一般性用途。例如，键槽需要特定选取。在特定应用中若有必要，偏差 js 和 JS 可被相应的偏差 j 和 J 替代。

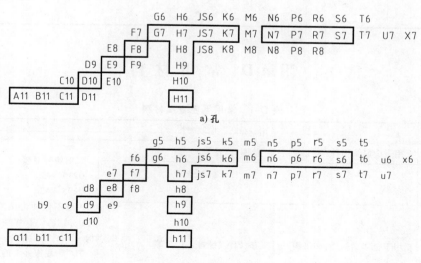

a) 孔

b) 轴

图 C-1　公差带代号的选取

表 C-1 配合特性及应用

基孔制	基轴制	配合特性及应用
H11/b11 H11/c11	B11/h9 D10/h9	间隙非常大,用于很松的、转动很慢的间隙配合,或要求大公差与大间隙的外露组件,或要求方便装配的很松的配合
H9/e8	E9/h9 H9/h9	间隙很大的自由转动配合,用于精度非主要要求,或有大的温度变动、高转速或大的轴颈压力时
H8/e8	F8/h9 H8/h9	间隙不大的转动配合,用于中等转速与中等轴颈压力的精确转动,也用于装配较易的中等定位配合
H8/f7 H8/h7	F8/h7 H8/h7	间隙很小的滑动配合,用于不希望自由转动,但可自由移动和滑动并精密定位时,也可用于要求明确的定位配合
H7/g6 H7/h6	G7/h6	均为间隙定位配合,零件可自由拆装,而工作时一般相对静止不动。在最大实体条件下的间隙为零,在最小实体条件下的间隙由公差等级决定
H7/js6 H7/k6	JS7/h6 K7/h6	过渡配合,用于精密定位
H7/n6	N7/h6	过渡配合,允许有较大过盈的更精密定位
H7/p6	P7/h6	过盈定位配合,即小过盈配合,用于定位精度特别重要时,能以最好的定位精度达到部件的刚性及对中性的要求,而对内孔承受压力无特殊要求,不依靠配合的紧固性传递摩擦载荷
H7/s6	R7/h6	中等压入配合,用于一般钢件或用于薄壁件的冷缩配合,用于铸铁件可得到最紧的配合
H7/s6	S7/h6	压入配合,用于可以承受大压入力的零件或不宜承受大压入力的冷缩配合

附录 D 常用材料

表 D-1 常用黑色金属材料

名称	牌号		应用举例	说明
碳素结构钢	Q195	—	用于金属结构件,如拉杆、心轴、垫圈、凸轮等	新旧牌号对照 Q215→A2 Q235→A3 A 级不做冲击试验,B 级做常温冲击试验,C、D 级用于重要焊接结构 "Q"为屈服强度的"屈"字汉语拼音首位字母,数字为屈服强度数值(单位为 MPa)
	Q215	A		
		B		
	Q235	A	用于金属结构件,如吊钩、拉杆、套、螺栓、螺母、楔、盖等	
		B		
		C		
		D		
	Q275	—	用于轴、轴销、螺栓等高温件	

（续）

名称	牌号	应用举例	说明
优质碳素钢	10	屈服强度和抗拉强度比值较低，塑性和韧性均高。在冷状态下，容易模压成形，一般用于拉杆、卡头、钢管垫片、垫圈、铆钉。这种钢焊接性甚好	牌号的两位数字表示平均碳的质量分数的万分数，45 号钢即表示平均碳的质量分数为 0.45%，含锰量较高的钢，须加注化学元素符号"Mn" 平均碳的质量分数小于 0.25% 的碳素钢是低碳钢（渗碳钢）。平均碳的质量分数在 0.25%~0.60% 之间的碳素钢是中碳钢（调质钢）。平均碳的质量分数大于 0.60% 的碳素钢是高碳钢
	15	塑性、韧性、焊接性和冲压性均良好，但强度较低，用于制造受力不大、韧性要求较高的零件及不需要热处理的低载荷零件，如螺栓、螺钉、拉条、法兰盘及化工贮器、蒸汽锅炉等	
	35	具有良好的强度和韧性，用于制造曲轴、转轴、轴销、杠杆、连杆、横梁、星轮、圆盘、套筒、钩环、垫圈、螺钉、螺母等。一般不作为焊接使用	
	45	用于强度要求较高的零件，如汽轮机的叶轮、压缩机和泵的零件等	
	60	强度和弹性相当高，用于制造轧辊、轴、弹簧圈、弹簧、离合器、凸轮、钢绳等	
	65Mn	性能与 15 号钢相似但其淬透性、强度和塑性比 15 号钢都高些，用于制造中心部分的力学性能要求较高且须渗碳的零件，这种钢焊接性好	
	15Mn	强度高，淬透性较大，脱碳倾向小，但有过热敏感性，易产生淬火裂纹，并有回火脆性，适宜做大尺寸的各种扁、圆弹簧，如板簧、弹簧发条	
灰铸铁	HT100	属于低强度铸铁，用于一般盖、手把、手轮等不重要的零件	"HT"是灰铸铁的代号，是由"灰铁"的汉语拼音首位字母组成，代号后面的一组数字，表示抗拉强度值（MPa）
	HT150	属于中等强度铸铁，用于一般零件，如机床座、端盖、带轮、工作台等	
	HT200 HT250	属于高强度铸铁，用于较重要零件，如气缸、齿轮、凸轮、床身、飞轮、带轮、齿轮箱、阀壳、联轴器、衬筒、轴承座等	
	HT300 HT350	属于高强度、高耐磨铸铁，用于齿轮、凸轮、床身、高压液压筒、液压泵和滑阀的壳体、车床卡盘等	
球墨铸铁	QT700-2	用于曲轴、缸体、车轮等	"QT"是球墨铸铁的代号，是由"球铁"的汉语拼音首位字母组成，代号后面的数字表示抗拉强度和断后伸长率的大小
	QT600-3		
	QT500-7	用于阀体、气缸、轴瓦等	
	QT450-10	用于减速器箱体、管路、阀体、盖等	
	QT400-15		

表 D-2　常用有色金属材料

类别	名称和牌号	应用举例
加工青铜	4-4-4 锡青铜 QSn4-4-4	用于一般摩擦条件下的轴泵、轴套、衬套、油底壳及衬套内圈
	7-0.2 锡青铜 QSn7-0.2	用于中载荷、中等滑动速度下的摩擦零件，如耐磨垫圈、轴承、轴套、蜗轮等
	9-4 铝黄铜 QAl9-4	用于高载荷下的耐蚀零件，如轴承、轴套、衬套、阀座、齿轮、蜗轮等
	10-3-1.5 铝青铜 QAl10-3-1.5	用于高温下工作的耐磨零件，如齿轮、轴承、衬套、油底壳、飞轮等
	10-4-4 铝青铜 QAl10-4-4	用于高强度耐磨件及高温下工作零件，如轴衬、轴套、齿轮、螺母、法兰盘、滑座等
	2 铁青铜 QFe2	用于高速、高温、高压下工作的耐磨零件，如轴承、衬套等

（续）

类别	名称和牌号	应用举例
铸造铜合金	5-5-5 锡青铜 ZCuSn5Pb5Zn5	用于较高载荷、中等滑动速度下工作的耐磨、耐蚀零件，如轴瓦、衬套、油塞、蜗轮等
	10-1 锡青铜 ZCuSn10P1	用于小于 20MPa 和滑动速度小于 8m/s 条件下工作的耐磨零件，如齿轮、蜗轮、轴瓦、套等
	10-2 锡青铜 ZCuSn10Zn2	用于中等载荷和小滑动速度下工作的管配件及阀旋塞、泵体、齿轮、蜗轮、叶轮等
	8-13-3-2 铝青铜 ZCuAl8Mn13Fe3Ni2	用于强度高、耐蚀的重要零件，如船舶螺旋桨、高压阀体、泵体、耐压耐磨的齿轮、蜗轮、法兰、衬套等
	9-2 铝青铜 ZCuAl9Mn2	用于耐磨、结构简单的大型铸件，如衬套、蜗轮及增压器内气封等
	10-3 铝青铜 ZCuAl10Fe3	用于强度高、耐磨、耐蚀零件，如蜗轮、轴承、衬套、管嘴、耐热管配件
	9-4-4-2 铝青铜 ZCuAl9Fe4Ni4Mn2	用于高强度重要零件，如船舶螺旋桨、耐磨及 400℃ 以下工作的零件，如轴承、齿轮、蜗轮、螺母、法兰、阀体、导向套管等
	25-6-3-3 铝黄铜 ZCuZn25Al6Fe3Mn3	用于高强耐磨零件，如螺母、螺杆、耐磨板、滑块、蜗轮等
	38-2-2 锰黄铜 ZCuZn38Mn2Pb2	用于一般用途结构件，如套筒、衬套、轴瓦、滑块等
铸造铝合金	ZL301	用于受大冲击载荷、耐蚀的零件
	ZL102	用于气缸活塞以及高温工作的复杂形状零件
	ZL401	用于压力铸造的高强度铝合金

表 D-3 常用非金属材料

类别	名称	代号	说明及规格		应用举例
			厚度/mm	宽度/mm	
工业用橡胶板	普通橡胶板	1608	0.5、1、1.5、2、2.5、3、4、5、6、8、10、12、14、16、18、20、22、25、30、40、50	500~2000	能在 -30~60℃ 的空气中工作，适用于冲制各种密封、缓冲垫、垫板及铺设工作台、地板
		1708			
		1613			
	耐油橡胶板	3707			可在温度 -30~80℃ 之间的机油、汽油、变压器油等介质中工作，适用于冲制各种形状的垫圈
		3807			
		3709			
		3809			
尼龙	尼龙	66	有高的抗拉强度和良好的冲击韧度，一定的耐热性（可在 100℃ 以下使用），能耐弱酸、弱碱，耐油性好		用于制作机械传动零件，有良好的消音性，运转时噪声小，常用来制作齿轮等零件
		1010			
石棉制品	耐油橡胶石棉板		厚度为 0.4~6mm		用于航空发动机的煤油、润滑油及冷气系统结合处的密封衬垫材料
	油浸石棉盘根	YS450	盘根形状分 F（方形）、Y（圆形）、N（扭制）三种，按需选用		用于在回转轴、往复活塞或阀门杆上作为密封材料，介质为蒸汽、空气、工业用水、重质石油产品

（续）

类别	名称	代号	说明及规格	应用举例
石棉制品	橡胶石棉盘根	XS450	盘根形状只有 F（方形）	用于在蒸汽机、往复泵的活塞和阀门杆上作为密封材料
其他	毛毡	112-32~44（细毛） 122-30~38（半粗毛） 132-32~36（粗毛）	厚度为 1.5~25mm	用于密封、防漏油、防振、缓冲衬垫等，按需选用细毛、半粗毛、粗毛
	软钢板纸		厚度为 0.5~3.0mm	用于密封连接处垫片
	聚四氯乙烯		耐蚀、耐高温（250℃）并具有一定的强度，能切削加工成各种零件	用于腐蚀介质中起密封和减腐作用，用作垫圈等
	有机玻璃板		耐盐酸、硫酸、草酸、烧碱和纯碱等一般酸碱以及二氧化硫、臭氧等气体腐蚀	用于耐蚀和需要透明的零件

表 D-4　常用热处理和表面处理名词解释

名词		代码及标注示例	解释	应用举例
退火		Th	将钢件加热到临界温度（一般是710~715℃，个别合金钢是800~900℃）以上30~50℃，保温一段时间，然后缓慢冷却（一般在炉中冷却）	用来消除铸、锻、焊件的内应力、降低硬度，便于切削加工，细化金属晶粒，改善组织、增加韧性
正火		Z	将钢件加热到临界温度以上，保温一段时间，然后用空气冷却，冷却速度比退火要快	用来处理低碳和中碳结构钢及渗碳零件，使其组织细化，增强强度与韧性，减少内应力，改善切削性能
淬火		C C48（淬火后回火到45~50HRC）	将钢件加热到临界温度以上，保温一段时间，然后在水、盐水或油中（个别材料在空气中）急速冷却，使其得到高硬度	用来提高钢的硬度和强度极限，但淬火会引起内应力使钢变脆，所以淬火后必须回火
回火			回火是将脆硬的钢件加热到临界温度以下，保温一段时间，然后在空气或油中冷却	用来消除淬火后的脆性和内应力，提高钢的塑性和冲击韧性
调质		T T235（调质到220~250HBW）	淬火后在450~650℃进行高温回火，称为调质	用来使钢获得高的韧性和足够的强度，重要的齿轮、轴及丝杠等零件要调质处理
表面淬火	火焰淬火	H54（火焰淬火后，回火到52-58HRC）	用火焰或高频电流将零件表面迅速加热至临界温度以上，急速冷却	使零件表面获得高硬度，而心部保持一定的韧性，使零件既耐磨又能承受冲击。表面淬火常用来处理齿轮等
	高频淬火	G52（高频淬火后，回火到50~55HRC）		

名词	代码及标注示例	解释	应用举例
渗碳淬火	S0.5-C59（渗碳层深 0.5mm，淬火后回火到 56~62HRC）	在渗碳剂中将钢件加热到 900~950℃，保温一定时间，将碳渗入钢表面，深度约为 0.5~2mm，再淬火后回火	增加钢件的耐磨性，表面硬度、抗拉强度及疲劳强度，适用于低碳、中碳（碳的质量分数小于 0.40%）结构钢的中小型零件
氮化	D0.3-900（氮化深度 0.3mm，硬度大于 850HV）	氮化是在 500~600℃ 通入氨的炉子内加热，向钢的表面渗入氮原子的过程。氮化层为 0.025~0.8mm，氮化时间为 40~50h	增加钢件的耐磨性，表面硬度、疲劳强度和耐蚀性，适用于合金钢、碳素钢、铸铁件，如机床主轴、丝杠以及在潮湿碱水和燃烧气体介质的环境中工作的零件
碳氮共渗	Q59（碳氮共渗淬火后回火至 56~62HRC）	在 820~860℃ 炉内通入碳和氮，保温 1~2h，使钢件表面同时渗入碳、氮原子，可得到 0.2~0.5mm 的碳氮共渗层	增加表面硬度、耐磨性、疲劳强度和耐蚀性，用于要求硬度高、耐磨的中、小型薄片零件和刀具等
时效		低温回火后，精加工之前，加热到 100~160℃，保持 10~14h。对铸件也可用天然时效（放在露天中一年以上）	使零件消除内应力和稳定形状，用于量具、精密丝杠、床身导轨、床身等
发蓝（发黑）		将金属零件放在很浓的碱和氧化剂溶液中加热氧化，使金属表面形成一层氧化铁所组成的保护性薄膜	防腐蚀、美观，用于一般连接的标准件和其他电子类零件
硬度	HBW（布氏硬度）	材料抵抗硬的物体压入其表面的能力称为硬度。根据测定方法的不同，硬度可分为布氏硬度、洛氏硬度和维氏硬度等 硬度测定是检验材料经热处理后的力学性能	用于退火、正火、调质的零件及铸件的硬度检验
	HRC（洛氏硬度）		用于经淬火、回火及表面渗碳、渗氮等处理的零件硬度检验
	HV（维氏硬度）		用于薄层硬化零件的硬度检验

参 考 文 献

［1］马慧，孙曙光．机械制图［M］．4版．北京：机械工业出版社，2013．

［2］吴红丹，李丽．工程制图与三维设计［M］．北京：机械工业出版社，2021．

［3］丁一，王健．工程图学基础［M］．3版．北京：高等教育出版社，2018．

［4］王暸，严海军，麻东升．SOLIDWORKS CSWA认证指导［M］．北京：机械工业出版社，2020．

［5］罗蓉，王彩凤，严海军．SOLIDWORKS参数化建模教程［M］．北京：机械工业出版社，2021．